모아 전기기사
전기설비 기술기준

필기 이론+과년도 8개년

모아합격전략연구소

전기기사 자격시험 알아보기

01 전기기사는 어떤 업무를 담당하는가?

A. 전기기사는 전기 설비의 설계, 시공, 유지 보수, 안전 관리 및 연구 개발을 담당합니다. 주요 취업 분야는 한국전력공사, 전기기기 제조업체, 전기공사업체, 전기 설계 전문업체 등 다양하며, 전기부품과 장비의 설계, 제조, 실험을 담당하는 연구실에서도 근무할 수 있습니다. 특히 신기술의 급격한 발전과 에너지 절약형 기기의 개발로 인해 전기 전문가의 수요가 꾸준히 증가할 전망입니다.

02 전기기사 자격시험은 어떻게 시행되는가?

시행기관
한국산업인력공단

시험과목(필기)
전기자기학
전력공학
전기기기
회로이론 및 제어공학
전기설비기술기준

시행과목(실기)
전기설비설계 및 관리

검정방법(필기)
객관식 과목당 20문항
(과목당 20분)
※ 2025년부터 시험시간 단축

검정방법(실기)
필답형 2시간 30분

합격기준
필기 : 100점 만점에 과목당 40점 이상
전과목 평균 60점 이상
실기 : 100점 만점에 60점 이상

03 전기기사 자격시험은 언제 시행되는가?

구분	필기원서접수	필기시험	필기 합격자 발표 (예정자)	실기 원서접수	실기 시험	최종 합격자 발표일
2024년 제1회	01.23 ~ 01.26	02.15 ~ 03.07	03.13(수)	03.26 ~ 03.29	04.27 ~ 05.12	1차 : 05.29(수) 2차 : 06.18(화)
2024년 제2회	04.16 ~ 04.19	05.09 ~ 05.28	06.05(수)	06.25 ~ 06.28	07.28 ~ 08.14	1차 : 08.28(수) 2차 : 09.10(화)
2024년 제3회	06.18 ~ 06.21	07.05 ~ 07.27	08.07(수)	09.10 ~ 09.13	10.19 ~ 11.08	1차 : 11.20(수) 2차 : 12.11(수)

2025년 시험일정과 자세한 정보는 큐넷(https://www.q-net.or.kr)을 참고 바랍니다.

04 전기기사 최근 합격률은 어떠한가?

연도	필기			실기		
	응시	합격	합격률	응시	합격	합격률
2023	51,630명	11,477명	22.2%	23,643명	8,774명	37.1%
2022	52,187명	11,611명	22.2%	32,640명	12,901명	39.5%
2021	60,500명	13,365명	22.1%	33,816명	9,916명	29.3%
2020	56,376명	15,970명	28.3%	42,416명	7,151명	16.9%
2019	49,815명	14,512명	29.1%	31,476명	12,760명	40.5%
2018	44,920명	12,329명	27.4%	30,849명	4,412명	14.3%
2017	43,104명	10,831명	25.1%	25,309명	9,457명	37.4%

05 전기기사 자격시험 응시 사이트는 어디인가?

A. 큐넷(http://www.q-net.or.kr) 원서 접수는 온라인(인터넷, 모바일앱)에서만 가능합니다. 스마트폰, 태블릿PC 사용자는 모바일앱 프로그램을 설치한 후 접수 및 취소, 환불서비스를 이용하시기 바랍니다.

참 잘 만들어서 참 공부하기 쉬운
모아 전기기사 전기설비기술기준 필기

이 책의 특징 살짝 엿보기

예제 및 개념 체크 OX문제로 ONE-STEP 정리하기

이론을 학습한 후
예제와 개념 체크 OX문제를 통해
개념을 확실히 체크하고
문제에 바로 적용할 수 있습니다.
이론 이해와 문제 적용을
ONE-STEP으로 **해결**하세요.

최다빈출 N제로 유형 파악하기

과년도 15개년을 분석하여
최다 빈출 유형을
단계별 난이도로 분류하였습니다.

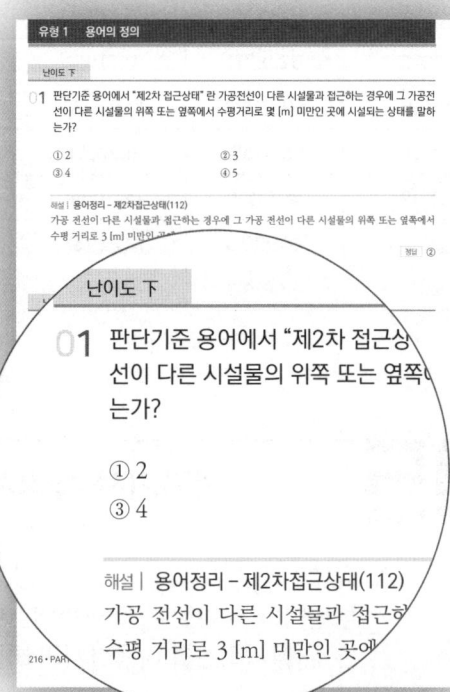

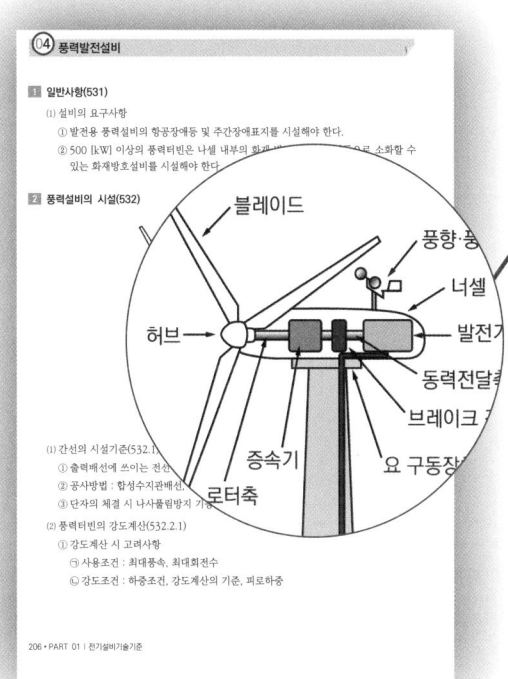

다양한 그림자료로 쉽게 이해하기

이론 내용을 한눈에 보고
이해를 도울 수 있게
다양한 그림자료를 수록했습니다.

8개년 기출로 시험 정복하기

기출 정복이 곧 합격 정복입니다.
2024년 최신 기출 복원문제부터
2017년 기출문제까지 모두 수록하여
충분한 연습이 가능하도록 하였습니다.
또한 **풍부한 해설을 포함**하여
어려움 없이 문제를 해결할 수 있습니다.

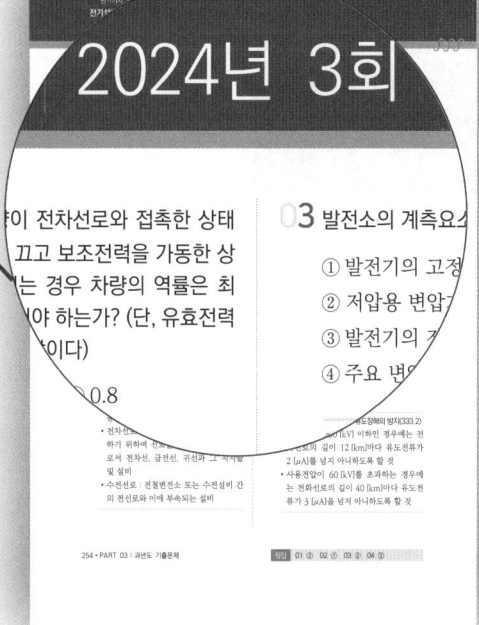

전기기사 전기설비기술기준 필기
15일 만에 완성하기

하루 소요 공부예정시간
대략 평균 3시간

📝 모아 전기기사 전기설비기술기준 **필기**

기간	내용	학습 Comment
DAY 1 ~ DAY 2	CHAPTER 01 KEC 총칙	용어정리를 확실히 알아두어야 하고 절연내력 내용이 자주 출제됩니다. 또한 피뢰시스템이 등장하고 있으니 놓치면 안 됩니다.
DAY 3 ~ DAY 5	CHAPTER 02 저압 전기설비	저압 설비 기준 이론이 확실해야 고압에서 유리합니다. 어설프게 암기하고 가면 더 헷갈릴 수 있으니 주의해주세요.
DAY 6 ~ DAY 8	CHAPTER 03 고압, 특고압 전기설비	암기법에 충실해야 합니다. 저압과 다른 부분을 비교하며 암기하기를 추천합니다. 특고압은 좀 더 꼼꼼히 확인해주세요.
DAY 9	CHAPTER 04 전기철도설비	저압, 고압, 특고압에 비해 출제빈도는 높지 않으니 기출문제 위주로 학습해주세요.
DAY 10	CHAPTER 05 분산형 전원설비	이전의 출제빈도는 낮았지만, 개정되며 신재생에 대한 관심이 높아져 향후 출제될 가능성이 있습니다. 하지만 너무 세분화하며 학습할 필요까지는 없습니다
DAY 11	최다빈출 N제 플러스	핵심문제와 이론을 확인하며 과년도 문제풀이를 준비해주세요.
DAY 12 ~ DAY 15	기출문제 풀이 2개년씩	이론에 나오지 않았던 문항은 따로 표시한 후 최소 2회독은 풀어보셔야 합니다. 스스로 문제를 풀어보고 답을 맞추기를 추천합니다.

최종점검 ▶▶▶ 과년도의 틀린 문제 위주로 학습하고 빈출 유형을 정리할 것

막힘없이 달려가다 보면
가끔은 막막한 순간이 다가올 때가 있습니다

"어떤 길을 걸어야 하지?"
"얼마나 걸어야 할까?"
"이제 어떻게 걸어야 하지…"

본 교재가 수많은 물음표에 느낌표가 되어드리겠습니다.
믿고 도전해 보세요.

천천히 걷다 보면 어느새 그리던 목적지가 나타날 것입니다.
그 곳을 향해 함께 걸어가겠습니다.

합격을 응원합니다.

- 김영언 드림

모아 전기기사
전기설비 기술기준

필기 이론+과년도 8개년

모아합격전략연구소

이 책의 순서

PART 01
전기설비기술기준

Ch 01 KEC 총칙

01 기술기준 총칙 및
   KEC 총칙에 관한 사항 ·············· 14
02 전선 ································· 18
03 전로의 절연 ······················· 21
04 접지시스템 ······················· 27
05 감전보호용 등전위본딩 ········ 35
06 피뢰시스템 ······················· 37
개념 체크 OX ························ 41

Ch 02 저압 전기설비

01 통칙 ································ 42
02 안전을 위한 보호 ··············· 45
03 전선로 ····························· 52
04 배선설비 ··························· 63
05 조명설비 ··························· 86
06 특수설비 ··························· 94
개념 체크 OX ······················· 114

Ch 03 고압, 특고압 전기설비

01 통칙 ······························· 115
02 접지설비 ························· 117
03 전선로 ··························· 119
04 기계, 가구 시설 및 옥내배선 ·········· 162
05 발전소, 변전소, 개폐소 등의
   전기설비 ························· 169
06 전력보안통신설비 ············· 176
개념 체크 OX ······················· 184

Ch 04 전기철도설비

01 통칙 ······························· 185
02 전기철도의 방식 ··············· 187
03 전기철도의 전차선로 ········· 188
04 전기철도의 설비 ··············· 191
05 전기철도의 보호 ··············· 193
개념 체크 OX ······················· 198

Ch 05 분산형 전원설비

01 통칙 ······························· 199
02 전기저장장치 ··················· 200
03 태양광발전설비 ················ 204
04 풍력발전설비 ··················· 206
05 연료전지설비 ··················· 210
개념 체크 OX ······················· 212

PART 02

최다빈출 N제 플러스

01 용어의 정의 ······················ 216
02 절연내력 ························· 220
03 전선의 높이 ····················· 222
04 지지물의 경간 ··················· 225
05 이격거리 ························· 228
06 안전율 ··························· 232
07 전선의 굵기 ····················· 235
08 지지점 간의 거리 ················ 238

PART 03

과년도 기출문제

2024년 1회 ························· 242
2024년 2회 ························· 248
2024년 3회 ························· 254
2023년 1회 ························· 259
2023년 2회 ························· 265
2023년 3회 ························· 271
2022년 1회 ························· 277
2022년 2회 ························· 283
2022년 3회 ························· 290
2021년 1회 ························· 296
2021년 2회 ························· 302
2021년 3회 ························· 308
2021년 4회 ························· 315
2020년 1, 2회 ······················ 321
2020년 3회 ························· 326
2020년 4회 ························· 332
2019년 1회 ························· 338
2019년 2회 ························· 343
2019년 3회 ························· 347
2019년 4회 ························· 352
2018년 1회 ························· 357
2018년 2회 ························· 363
2018년 3회 ························· 368
2018년 4회 ························· 374
2017년 1회 ························· 379
2017년 2회 ························· 384
2017년 3회 ························· 388
2017년 4회 ························· 394

CHAPTER 01 KEC 총칙
CHAPTER 02 저압 전기설비
CHAPTER 03 고압, 특고압 전기설비
CHAPTER 04 전기철도설비
CHAPTER 05 분산형 전원설비

PART 01

필기

모아 전기기사

전기설비
기술기준

CHAPTER 01 | KEC 총칙

01 기술기준 총칙 및 KEC 총칙에 관한 사항

1 전압의 구분(111.1)

구분	교류	직류
저압	1 [kV] 이하	1.5 [kV] 이하
고압	저압 초과 7 [kV] 이하	
특고압	7 [kV] 초과	

2 용어정리(112)

⑴ 가공인입선 : 가공전선로의 지지물로부터 다른 지지물을 거치지 아니하고 수용장소의 붙임점에 이르는 가공전선

⑵ 가섭선(架涉線) : 지지물에 가설되는 모든 선류

⑶ 계통연계 : 둘 이상의 전력계통 사이를 전력이 상호 융통될 수 있도록 선로를 통하여 연결하고 전력계통 상호 간을 송전선, 변압기 또는 직류-교류변환설비 등에 연결하는 것으로 계통연락이라고도 함

⑷ 계통외도전부(Extraneous Conductive Part) : 전기설비의 일부는 아니지만 지면에 전위 등을 전해줄 위험이 있는 도전성 부분

⑸ 계통접지(System Earthing) : 전력계통에서 돌발적으로 발생하는 이상현상에 대비하여 대지와 계통을 연결하는 것으로, 중성점을 대지에 접속하는 것

⑹ 고장보호(간접접촉에 대한 보호, Protection Against Indirect : 고장 시 기기의 노출도전부에 간접 접촉함으로써 발생할 수 있는 위험으로부터 인축을 보호하는 것

⑺ 관등회로 : 방전등용 안정기 또는 방전등용 변압기로부터 방전관까지의 전로

⑻ 내부 피뢰시스템(Internal Lightning Protection System) : 등전위본딩 또는 외부피뢰시스템의 전기적 절연으로 구성된 피뢰시스템의 일부

⑨ 노출도전부(Exposed Conductive Part) : 충전부는 아니지만 고장 시에 충전될 위험이 있고, 사람이 쉽게 접촉할 수 있는 기기의 도전성 부분

⑩ 등전위본딩(Equipotential Bonding) : 등전위를 형성하기 위해 도전부 상호 간을 전기적으로 연결하는 것

⑪ 등전위본딩망(Equipotential Bonding Network) : 구조물의 모든 도전부와 충전도체를 제외한 내부설비를 접지극에 상호 접속하는 망

⑫ 리플프리(Ripple-free)직류 : 교류를 직류로 변환할 때 리플성분의 실횻값이 10 [%] 이하로 포함된 직류

⑬ 보호도체(PE, Protective Conductor) : 감전에 대한 보호 등 안전을 위해 제공되는 도체

⑭ 보호등전위본딩(Protective Equipotential Bonding) : 감전에 대한 보호 등과 같이 안전을 목적으로 하는 등전위본딩

⑮ 보호본딩도체(Protective Bonding Conductor) : 보호등전위본딩을 제공하는 보호도체

⑯ 보호접지(Protective Earthing) : 고장 시 감전에 대한 보호를 목적으로 기기의 한 점 또는 여러 점을 접지하는 것

⑰ 분산형 전원 : 중앙급전 전원과 구분되는 것으로서 전력소비지역 부근에 분산하여 배치 가능한 전원으로 상용전원의 정전 시에만 사용하는 비상용 예비전원은 제외하며, 신·재생에너지 발전설비, 전기저장장치 등을 포함

⑱ 서지보호장치(SPD, Surge Protective Device) : 과도 과전압을 제한하고 서지전류를 분류하기 위한 장치

⑲ 수뢰부시스템(Air-termination System) : 낙뢰를 포착할 목적으로 돌침, 수평도체, 메시도체 등과 같은 금속 물체를 이용한 외부피뢰시스템의 일부

⑳ 스트레스전압(Stress Voltage) : 지락고장 중에 접지부분 또는 기기나 장치의 외함과 기기나 장치의 다른 부분 사이에 나타나는 전압

㉑ 옥내배선 : 건축물 내부의 전기사용장소에 고정시켜 시설하는 전선

㉒ 옥외배선 : 건축물 외부의 전기사용장소에서 그 전기사용장소에서의 전기사용을 목적으로 고정시켜 시설하는 전선

㉓ 옥측배선 : 건축물 외부의 전기사용장소에서 그 전기사용장소에서의 전기사용을 목적으로 조영물에 고정시켜 시설하는 전선

㉔ 외부피뢰시스템(External Lightning Protection System) : 수뢰부시스템, 인하도선시스템, 접지극시스템으로 구성된 피뢰시스템의 일종

㉕ 이격거리 : 떨어져야 할 물체의 표면 간의 최단거리

㉖ 인하도선시스템(Down-conductor System) : 뇌전류를 수뢰부시스템에서 접지극으로 흘리기 위한 외부피뢰시스템의 일부

㉗ 임펄스내전압(Impulse Withstand Voltage) : 지정된 조건하에서 절연파괴를 일으키지 않는 규정된 파형 및 극성의 임펄스전압의 최대 파곳값 또는 충격내전압

㉘ "접근상태"란 제1차 접근상태 및 제2차 접근상태를 말한다.

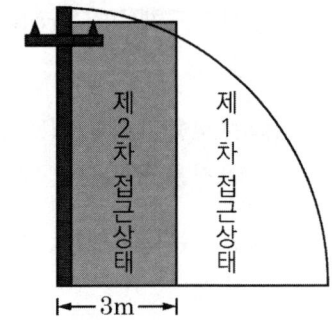

① 제1차 접근상태 : 가공 전선이 다른 시설물과 접근(병행하는 경우를 포함하며 교차하는 경우 및 동일 지지물에 시설하는 경우를 제외한다. 이하 같다)하는 경우에 가공 전선이 다른 시설물의 위쪽 또는 옆쪽에서 수평거리로 가공 전선로의 지지물의 지표상의 높이에 상당하는 거리 안에 시설(수평 거리로 3 [m] 미만인 곳에 시설되는 것을 제외한다)됨으로써 가공 전선로의 전선의 절단, 지지물의 도괴 등의 경우에 그 전선이 다른 시설물에 접촉할 우려가 있는 상태

② 제2차 접근상태 : 가공 전선이 다른 시설물과 접근하는 경우에 그 가공 전선이 다른 시설물의 위쪽 또는 옆쪽에서 수평 거리로 3 [m] 미만인 곳에 시설되는 상태

㉙ 접속설비 : 공용 전력계통으로부터 특정 분산형 전원 전기설비에 이르기까지의 전선로와 이에 부속하는 개폐장치, 모선 및 기타 관련 설비

㉚ 접지도체 : 계통, 설비 또는 기기의 한 점과 접지극 사이의 도전성 경로 또는 그 경로의 일부가 되는 도체

㉛ 접지시스템(Earthing System) : 기기나 계통을 개별적 또는 공통으로 접지하기 위하여 필요한 접속 및 장치로 구성된 설비

㉜ 접지전위 상승(EPR, Earth Potential Rise) : 접지계통과 기준대지 사이의 전위차

㉝ 접촉범위(Arm's Reach) : 사람이 통상적으로 서있거나 움직일 수 있는 바닥면상의 어떤 점에서라도 보조장치의 도움 없이 손을 뻗어서 접촉이 가능한 접근구역

㉞ 정격전압 : 발전기가 정격운전상태에 있을 때 동기기 단자에서의 전압

㉟ 중성선 다중접지 방식 : 전력계통의 중성선을 대지에 다중으로 접속하고, 변압기의 중성점을 그 중성선에 연결하는 계통접지 방식

㊱ 지락전류(Earth Fault Current) : 충전부에서 대지 또는 고장점(지락점)의 접지된 부분으로 흐르는 전류로 지락에 의하여 전로의 외부로 유출되어 화재, 사람이나 동물의 감전 또는 전로나 기기의 손상 등 사고를 일으킬 우려가 있는 전류

㊲ 지중 관로 : 지중 전선로·지중 약전류 전선로·지중 광섬유 케이블 선로·지중에 시설하는 수관 및 가스관과 이와 유사한 것 및 이들에 부속하는 지중함 등

㊳ 충전부(Live Part) : 통상적인 운전 상태에서 전압이 걸리도록 되어 있는 도체 또는 도전부로 중성선을 포함하나 PEN 도체, PEM 도체 및 PEL 도체는 포함하지 않는다.

㊴ 특별저압(ELV, Extra Low Voltage) : 인체에 위험을 초래하지 않을 정도의 저압
  ① SELV(Safety Extra Low Voltage)는 비접지회로
  ② PELV(Protective Extra Low Voltage)는 접지회로

㊵ 피뢰등전위본딩(Lightning Equipotential Bonding) : 뇌전류에 의한 전위차를 줄이기 위해 직접적인 도전접속 또는 서지보호장치를 통하여 분리된 금속부를 피뢰시스템에 본딩하는 것

㊶ 피뢰시스템(LPS, Lightning Protection System) : 구조물 뇌격으로 인한 물리적 손상을 줄이기 위해 사용되는 전체시스템으로 외부피뢰시스템과 내부피뢰시스템으로 구성

㊷ 피뢰시스템의 자연적 구성부재(Natural Component of LPS) : 피뢰의 목적으로 특별히 설치하지는 않았으나 추가로 피뢰시스템으로 사용될 수 있거나, 피뢰시스템의 하나 이상의 기능을 제공하는 도전성 구성부재

㊸ PEN 도체(Protective Earthing Conductor and Neutral Conductor) : 교류회로에서 중성선 겸용 보호도체

㊹ PEM 도체(Protective Earthing Conductor and a Mid-point Conductor) : 직류회로에서 중간선 겸용 보호도체

㊺ PEL 도체(Protective Earthing Conductor and a Line Conductor) : 직류회로에서 선도체 겸용 보호도체

3 안전을 위한 보호(113)

(1) 감전에 대한 보호
(2) 열 영향에 대한 보호
(3) 과전류에 대한 보호
(4) 고장 전류에 대한 보호
(5) 전원 공급 중단에 대한 보호

02 전선

1 전선의 선정 및 식별(121)

(1) 전선 일반 요구사항 및 선정(121.1)

① 전선은 통상 사용 상태에서의 온도에 견디는 것이어야 한다.

② 전선은 설치장소의 환경조건에 적절하고 발생할 수 있는 전기·기계적 응력에 견디는 능력이 있는 것을 선정

③ 전선은 「전기용품 및 생활용품 안전관리법」의 적용을 받는 것 이외에는 한국산업표준(이하 "KS"라 한다)에 적합한 것을 사용

(2) 전선의 식별(121.2)

① 전선의 색상

상(문자)	L1	L2	L3	N	보호도체
색상	갈색	흑색	회색	청색	녹색-노란색

② 색상 식별이 종단 및 연결 지점에서만 이루어지는 나도체 등은 전선 종단부에 색상이 반영구적으로 유지될 수 있는 도색, 밴드, 색 테이프 등의 방법으로 표시

2 전선의 종류(122)

① 절연전선 및 케이블 종류(122.1)

절연전선	저압케이블	고압케이블

• 450/750 [V] 비닐 절연전선
• 450/750 [V] 저독 난연
   - 폴리올레핀 절연전선
• 450/750 [V] 저독성 난연
   가교폴리올레핀절연전선
• 450/750 [V] 고무 절연전선
	• 0.6/1 [kV] 연피케이블
	• 무기물 절연케이블
	• 금속외장케이블
	• 300/500 [V] 연질 비닐시스케이블
		• 연피케이블
		• 알루미늄피케이블
		• 콤바인덕트 케이블

	• 클로로프렌외장케이블, 비닐외장케이블 • 저독성 난연 폴리올레핀 외장케이블 • 폴리에틸렌외장케이블	

절연전선(HFIX)   코드   캡타이어케이블   케이블

예제 01

사용전압이 고압인 전로의 전선으로 사용할 수 없는 케이블은?

① MI 케이블　　　　　　　② 연피 케이블
③ 비닐외장 케이블　　　　　④ 폴리에틸렌 외장 케이블

해설 고압케이블(122.5)

- 연피케이블
- 클로로프렌 외장 케이블
- 폴리에틸렌 외장 케이블
- 콤바인 덕트 케이블
- 알루미늄피 케이블
- 비닐 외장 케이블
- 저독성 난연 폴리올레핀 외장 케이블

정답 ①

---

(2) 특고압 전로의 전선(122.5)

　① 절연체가 에틸렌 프로필렌고무혼합물 또는 가교폴리에틸렌 혼합물인 케이블

　② 선심 위에 금속제의 전기적 차폐층을 설치한 것이거나 파이프형 압력 케이블·연피 케이블·알루미늄피케이블 그 밖의 금속피복을 한 케이블을 사용

　③ 다만 물밑전선로의 시설에서 특고압 물밑전선로의 전선에 사용하는 케이블에는 절연체가 에틸렌 프로필렌고무혼합물 또는 가교폴리에틸렌 혼합물인 케이블로서 금속제의 전기적 차폐층을 설치하지 아니한 것을 사용할 수 있다.

(3) 다중접지 지중 배전계통에 사용하는 동심중성선 전력케이블(122.5)

　① 최대사용전압 : 25.8 [kV] 이하

　② 도체 : 연동선 또는 알루미늄선을 소선으로 구성한 원형 압축연선을 사용

　③ 도체 내부의 홈에는 물이 쉽게 침투하지 않도록 수밀 혼합물(컴파운드, 파우더 또는 수밀 테이프) 을 충전

　④ 중성선 수밀층 : 부풀음 테이프를 사용

　⑤ 중성선의 꼬임방향 : Z 또는 S - Z꼬임

(4) 나전선(122.6)

　① 절연피복을 하지 않은 전선을 말하며, 옥내에는 감전위험으로 사용하지 않는다.

　② 나전선 등 종류 : 나전선, 지선, 가공지선, 보호도체, 보호망, 전력보안통신용약전류전선, 기타 금속선 등

　③ 나전선 제외 도체 : 버스덕트, 구부리기 어려운 전선, 라이팅덕트, 절연트롤리선

3 전선의 접속(123)

(1) 전선 접속의 유의점

　① 전선의 전기저항을 증가시키지 않아야 한다.

　② 전선의 세기를 20 [%] 이상 감소시키지 않아야 한다.

　③ 접속부분은 절연성능이 있는 접속기를 사용하거나 절연테이프 등을 이용해 충분히 피복한다.

　④ 접속부분은 전기적 부식이 생기지 않도록 한다.

예제 02

전선의 접속법을 열거한 것 중 틀린 것은?

① 전선의 세기를 30 [%] 이상 감소시키지 않는다.
② 접속 부분을 절연 전선의 절연물과 동등 이상의 절연 효력이 있도록 충분히 피복한다.
③ 접속 부분은 접속관, 기타의 기구의 사용한다.
④ 알루미늄 도체의 전선과 동 도체의 전선을 접속할 때에는 전기적 부식이 생기지 않도록 한다.

해설 전선 상호 간 접속(123)

- 전선 접속 시 전기저항을 증가시키지 않도록 접속
- 전선 상호 간 전선의 세기(인장하중)를 20 [%] 이상 감소시키지 아니할 것
- 절연전선·코드·캡타이어 케이블의 접속 시 접속부분 이외의 부분은 절연물과 동등 이상의 절연효력이 있는 것으로 충분히 피복할 것
- 코드상호, 캡타이어 케이블 상호 간 접속 시 코드 접속기·접속함, 기타의 기구를 사용
- 도체에 알루미늄과 동(합금 포함) 전선을 접속하는 등 전기 화학적 성질이 다른 도체를 접속하는 경우에는 접속부분에 전기적 부식이 생기지 않도록 할 것

정답 ①

⑵ 두 개 이상의 전선을 병렬로 사용하는 경우
　① 전선의 굵기 : 동선 50 [mm^2] 이상 또는 알루미늄 70 [mm^2] 이상
　② 전선의 종류 : 같은 도체, 같은 재료, 같은 길이 및 같은 굵기의 것을 사용
　③ 같은 극의 각 전선은 동일한 터미널러그에 완전히 접속
　④ 같은 극인 각 전선의 터미널러그는 동일한 도체에 2개 이상의 리벳 또는 2개 이상의 나사로 접속
　⑤ 병렬로 사용하는 전선에는 각각에 퓨즈를 설치하지 않는다.
　⑥ 교류회로에서 병렬로 사용하는 전선은 금속관 안에 전자적 불평형이 생기지 않도록 시설

03 전로의 절연

1 전로의 절연 원칙(131)

⑴ 대지로부터 절연을 하지 않아도 되는 곳으로 전로는 다음 이외에는 대지로부터 절연하여야 한다.
　① 수용장소의 인입구의 접지점
　② 전로의 중성점에 접지공사를 하는 경우의 접지점
　③ 계기용변성기의 2차 측 전로에 접지공사를 하는 경우의 접지점
　④ 저압 가공 전선의 특고압 가공 전선과 동일 지지물에 시설되는 부분에 접지공사를 하는 경우의 접지점
　⑤ 중성점이 접지된 특고압 가공선로의 중성선에 25 [kV] 이하인 특고압 가공전선로의 시설에 따라 다중 접지를 하는 경우의 접지점
　⑥ 파이프라인 등의 전열장치의 시설에 따라 시설하는 소구경관(박스를 포함한다)에 접지공사를 하는 경우의 접지점
　⑦ 저압전로와 사용전압이 300 [V] 이하의 저압전로를 결합하는 변압기의 2차 측 전로에 접지공사를 하는 경우의 접지점
　⑧ 전기욕기 · 전기로 · 전기보일러 · 전해조 등 대지로부터 절연이 기술상 곤란한 것
　⑨ 저압 옥내직류 전기설비의 접지에 의하여 직류계통에 접지공사를 하는 경우의 접지점

예제 03

전로를 대지로부터 반드시 절연하여야 하는 것은?

① 시험용 변압기
② 저압 가공전선로의 접지 측 전선
③ 전로의 중성점에 접지공사를 하는 경우의 접지점
④ 계기용 변성기의 2차 측 전로에 접지공사를 하는 경우의 접지점

해설 전로와 대지의 절연 예외(131)

- 수용장소의 인입구의 접지
- 전로의 중성점, 옥내의 네온방전등 공사의 중성점 접지점
- 계기용 변성기 2차 측 전로의 접지점
- 시험용 변압기
- 고압·특고압과 저압의 혼촉에 의한 위험방지 시설

정답 ②

2 전로의 절연저항 및 절연내력(132)

(1) 절연저항

① 사용전압이 저압인 전로의 절연성능은 기술기준 제52조를 충족하여야 한다.

전로의 사용전압 [V]	DC 시험전압	절연저항 [MΩ]
SELV 및 PELV	250	0.5
FELV, 500 [V] 이하	500	1.0
500 [V] 초과	1000	1.0

- SELV(Safety Extra Low Voltage) : 비접지회로
- PELV(Protective Extra Low Voltage) : 접지회로
- FELV(Function Extra Low Voltage) : 단순 분리형 변압기

② 저압 전로에서 정전이 어려운 경우 등 절연저항 측정이 곤란한 경우 저항성분의 누설전류가 1 [mA] 이하이면 그 전로의 절연성능은 적합한 것으로 본다.

(2) 절연내력

표에서 정한 시험전압을 전로와 대지 사이에 연속하여 10분간 가하여 시험하였을 때 이에 견뎌야 한다.

	최대전압	시험전압 배율		시험 최저전압 [V]
중성점 비접지식	7 [kV] 이하	1.5배		500
	7 [kV] 초과 60 [kV] 이하	1.25배		10500
	60 [kV] 초과	1.25배		-
중성점 접지식	7 [kV] 이하	1.5배		500
	7 [kV] 초과 25 [kV] 이하	다중접지식	0.92배	-
	25 [kV] 초과 60 [kV] 이하	1.25배		-
	60 [kV] 초과 170 [kV] 이하	접지식	1.1배	75000
		직접접지식	0.72배	-
	170 [kV] 초과	0.64배		-

예제 04

최대사용전압 23 [kV]의 권선으로 중성점접지식 전로(중성선을 가지는 것으로 그 중성선에 다중 접지를 하는 전로)에 접속되는 변압기는 몇 [V]의 절연내력 시험전압에 견디어야 하는가?

① 21160   ② 25300   ③ 38750   ④ 34500

해설 고압 및 특고압 전로의 절연내력시험(132)

구분	최대사용전압	시험전압	최소전압
비접지	7 [kV] 이하	1.5배	500 [V]
	7 [kV] 초과	1.25배	10.5 [kV]
중성선다중접지	7 [kV]~25 [kV]	0.92배	-
중성점 접지식	60 [kV] 초과	1.1배	75 [kV]
중성점 직접 접지식	60 [kV]~170 [kV]	0.72배	-
	170 [kV] 초과	0.64배	-

$22,900 \times 0.92 = 21,160 [V]$

정답 ①

3 회전기 및 정류기의 절연내력(133)

최대사용전압			시험전압 배율	시험 최저전압 [V]
회전기	발전기 전동기	7 [kV] 이하	1.5배	500
		7 [kV] 초과	1.25배	10500
	회전변류기		1배	500
정류기	60 [kV] 이하		1배	500
	60 [kV] 초과		1.1배	-

예제 05

최대사용전압이 220 [V]인 전동기의 절연내력시험을 하고자할 때 시험전압은 몇 [V]인가?

① 300　　　　　② 330
③ 450　　　　　④ 500

해설 절연내력 시험전압(133)

종류 및 최대사용전압			시험전압	최저시험전압
회전기	발전기,전동기 조상기 기타 회전기	7 [kV] 이하	1.5배	500 [V]
		7 [kV] 초과	1.25배	10.5 [kV]
	회전변류기		직류 측의 1배	500 [V]

시험전압 $220 \times 1.5 = 330 [V]$
최저전압은 500 [V]이다.

정답 ④

4 연료전지 및 태양전지 모듈의 절연내력(134)

시험전압	최저시험전압	시험 방법
1.5배 직류전압	500 [V]	충전부분과 대지 사이 연속 10분
1배 교류전압		

5 변압기 전로의 절연내력(135)

구분	최대사용전압	시험전압	최저시험전압
비접지식	7 [kV] 이하	1.5배	500 [V]
	7 [kV] 초과	1.25배	10.5 [kV]
중성선 다중접지	7 [kV] 초과 25 [kV] 이하	0.92배	-
중성점 접지식 (성형결선, 스콧결선)	60 [kV] 초과	1.1배	75 [kV]
중성점 직접접지식	60 [kV] 초과 170 [kV] 이하	0.72배	-
	170 [kV] 초과	0.64배	-

예제 06

중성점 직접 접지식 전로에 접속되는 최대사용전압 161 [kV]인 3상 변압기 권선(성형결선)의 절연내력시험을 할 때 접지시켜서는 안 되는 것은?

① 철심 및 외함
② 시험되는 변압기의 부싱
③ 시험되는 권선의 중성점 단자
④ 시험되지 않는 각 권선(다른 권선이 2개 이상 있는 경우에는 각 권선의 임의의 1단자)

해설 변압기 전로의 시험전압(135)

시험되는 권선의 중성점 단자, 다른 권선(다른 권선이 2개 이상 있는 경우에는 각 권선)의 임의의 1단자, 철심 및 외함을 접지하고 시험되는 권선의 중성점 단자 이외의 임의의 1단자와 대지 사이에 시험전압을 연속하여 10분간 가한다.

정답 ②

6 기구 등의 전로의 절연내력(136)

구분	최대사용전압	시험전압	최저시험전압
비접지식	7 [kV] 이하	1.5배	500 [V]
	7 [kV] 초과	1.25배	10.5 [kV]
중성선 다중접지	7 [kV] 초과 25 [kV] 이하	0.92배	-
중성점 접지식	60 [kV] 초과	1.1배	75 [kV]
중성점 직접접지식	170 [kV] 초과	0.72배	-
		0.64배 (발전소, 변전소)	
정류기의 교류 측 및 직류 측 전로에 접속하는 기구 등의 전로	60 [kV] 초과	1.1배	-

예제 07

최대 사용전압이 66 [kV]인 중성점 비접지식 전로에 접속하는 유도전압 조정기의 절연내력 시험 전압은 몇 [V]인가?

① 47520　② 72600　③ 82500　④ 99000

해설 기구 등의 전로의 시험전압(136)

구분	최대사용전압	시험전압	최저시험전압
비접지식	7 [kV] 이하	1.5배	500 [V]
	<u>7 [kV] 초과</u>	**1.25배**	10.5 [kV]
중성선 다중접지	7 [kV] 초과 25 [kV] 이하	0.92배	-
중성점 접지식	60 [kV] 초과	1.1배	75 [kV]
중성점 직접접지식	170 [kV] 초과	0.72배	-
		0.64배 (발전소, 변전소)	
정류기의 교류 측 및 직류 측 전로에 접속하는 기구 등의 전로	60 [kV]를 초과	1.1배	-

$66,000 \times 1.25 = 82,500 [V]$

정답 ③

04 접지시스템

1 접지시스템의 구분 및 종류(141)

(1) 접지시스템의 구분
　① 계통접지 : 중성점을 대지와 연결
　② 보호접지 : 기기외함이나 노출부를 감전사고로부터 예방
　③ 피뢰시스템 접지 : 낙뢰에 대한 보호

(2) 접지시스템의 종류
　① 단독접지 : 개별적 접지
　② 공통접지 : 전기설비의 접지
　③ 통합접지 : 전기 + 통신 + 피뢰설비의 접지

(3) 접지시스템 구성(142.1)
　① 접지시스템은 접지극, 접지도체, 보호도체 및 기타 설비로 구성
　② 접지극은 접지도체를 사용하여 주접지 단자에 연결하여야 한다.

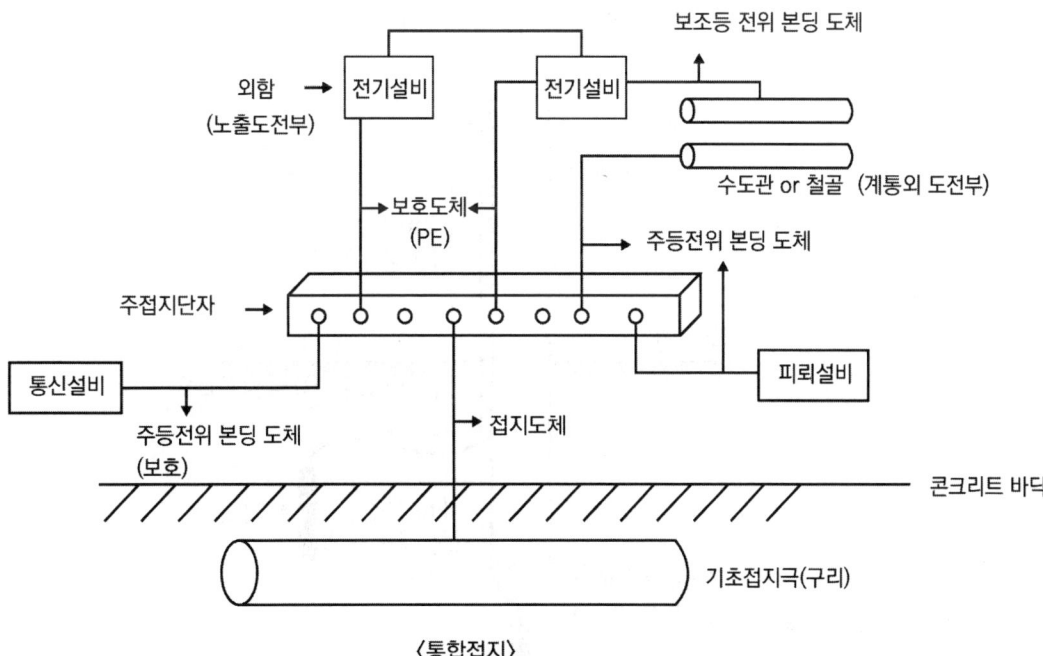

〈통합접지〉

2 접지극의 시설 및 접지저항(142.2)

(1) 접지극의 시설

① 콘크리트에 매입 된 기초 접지극

② 토양에 매설된 기초 접지극

③ 토양에 수직 또는 수평으로 직접 매설된 금속전극(봉, 전선, 테이프, 배관, 판 등)

④ 케이블의 금속외장 및 그 밖에 금속피복

⑤ 지중 금속구조물(배관 등)

⑥ 대지에 매설된 철근콘크리트의 용접된 금속 보강재(단, 강화콘크리트 제외)

(2) 접지극의 매설

① 매설하는 토양이 가능한 다습한 부분에 설치

② 매설깊이 : 지하 0.75 [m] 이상

③ 접지도체를 철주 기타의 금속체를 따라서 시설하는 경우

㉠ 철주의 밑면으로부터 0.3 [m] 이상의 깊이에 매설

㉡ 이외에는 접지극을 지중에서 그 금속체로부터 1 [m] 이상 떼어 매설

④ 접지도체는 지하 0.75 [m]부터 지표상 2 [m]까지 부분은 합성수지관(두께 2 [mm] 미만의 합성수지제 전선관 및 가연성 콤바인덕트관은 제외) 또는 이와 동등 이상의 절연효과와 강도를 가지는 몰드로 덮어야 한다.

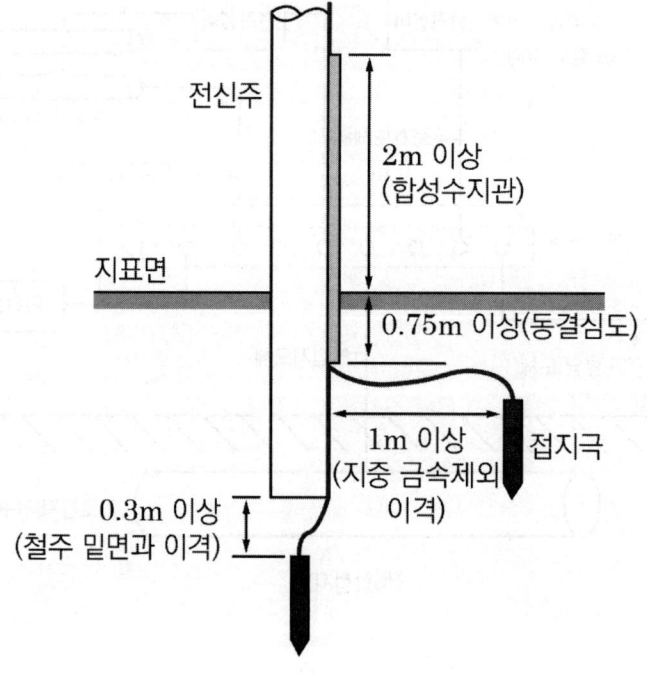

예제 08

접지공사에 사용하는 접지선을 사람이 접촉할 우려가 있는 곳에 시설하는 기준으로 틀린 것은?

① 47520
② 72600
③ 82500
④ 99000

해설 접지극의 매설 방법(142.2.3)

접지도체는 지하 0.75 [m]부터 지표상 2 [m]까지 부분은 합성수지관(두께 2 [mm] 미만합성수지제 전선관 및 가연성 콤바인덕트관 제외) 또는 이와 동등 이상의 절연효과와 강도를 가지는 몰드로 덮어야 한다.

정답 ③

(3) 접지시스템 부식에 대한 고려
  ① 접지극에 부식을 일으킬 수 있는 폐기물 집하장 및 번화한 장소에 접지극 설치는 피해야 한다.
  ② 서로 다른 재질의 접지극을 연결할 경우 전식을 고려한다.
  ③ 콘크리트 기초접지극에 접속하는 접지도체가 용융아연도금강제인 경우 접속부를 토양에 직접 매설해서는 안 된다.

(4) 수도관 등을 접지극으로 사용하는 경우(대지와의 저항이 3 [Ω] 이하)
  ① 대지와의 저항이 3 [Ω] 이하인 경우
    ㉠ 접지도체의 안지름 : 75 [mm] 이상으로 한다.
    ㉡ 분기점으로부터 거리 : 5 [m] 이내(수도관로의 안지름이 75 [mm] 미만)
    ㉢ 접속에 사용하는 금속제는 접속부에 전기적 부식이 생기지 않아야 한다.
    ㉣ 사람이 접촉할 우려가 있는 곳에 설치하는 경우 방호장치를 설치해야 한다.
    ㉤ 수도 수용가 측에 설치하는 경우 양측 수도관로를 등전위본딩해야 한다.
  ② 대지와의 저항이 2 [Ω] 이하인 경우
    ㉠ 분기점으로부터 거리 : 5 [m] 이상도 가능
    ㉡ 변압기의 저압전로 접지공사에서는 건축물·구조물의 철골 기타의 금속제를 접지극으로 사용할 수 있다.

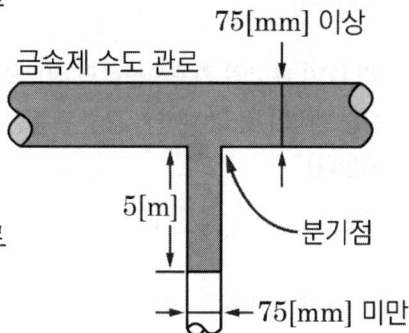

3 접지도체와 보호도체(142.3)

(1) 접지도체(142.3.1)

① 접지도체의 최소단면적

구분	큰 고장전류 흐르지 않는 경우	접지도체에 피뢰시스템이 접속
구리	6 [mm^2] 이상	16 [mm^2] 이상
철제	50 [mm^2] 이상	

② 접지도체와 접지극의 접속
   ㉠ 접속은 견고하고 전기적인 연속성이 보장되도록, 접속부는 발열성 용접, 압착접속, 클램프 또는 그 밖에 적절한 기계적 접속장치에 의해야 한다.
   ㉡ 클램프를 사용하는 경우, 접지극 또는 접지도체를 손상시키지 않아야 한다.
   ㉢ 납땜에만 의존하는 접속은 사용해서는 안 된다.

③ 접지도체의 굵기
   ㉠ 특고압, 고압 전기설비용 : 단면적 6 [mm^2] 이상 연동선
   ㉡ 중성점 접지용 : 단면적 16 [mm^2] 이상 연동선

일반적인 경우	16 [mm^2] 이상
7 [kV] 이하의 전로 사용전압이 25 [kV] 이하인 특고압 가공전선로	6 [mm^2] 이상

④ 이동하여 사용하는 전기기계기구의 금속제 외함 등의 접지시스템의 경우

특고압, 고압 및 중성점 접지용	저압 전기설비용
10 [mm^2] 이상 캡타이어케이블	0.75 [mm^2] 이상 캡타이어케이블, 1.5 [mm^2] 이상 연동선

예제 09

23 [kV] 특고압 가공전선로의 전로와 저압전로를 결합한 주상변압기의 2차 측 접지선의 굵기는 공칭단면적이 몇 [mm²] 이상의 연동선인가? (단, 특고압 가공전선로는 중성선 다중접지식의 것을 제외한다)

① 2.5   ② 6   ③ 10   ④ 16

해설 접지도체(142.3.1)

특고압 · 고압용 접지도체 : 6 [mm^2] 이상 연동선

정답 ②

(2) 보호도체(142.3.2)

① 보호도체(PE 도체)의 최소단면적(재질이 상도체와 같은 경우)

㉠ 선도체의 단면적에 의해 결정된다.

선도체의 단면적 [mm²]	보호도체의 최소단면적
16 이하	선도체 단면적과 동일
16 초과 35 이하	16 [mm²]
35 초과	선도체 단면적의 1/2

㉡ 보호도체가 케이블의 일부가 아닌 경우

구분	구리 [mm²]	알루미늄 [mm²]
기계적 손상에 보호가 되는 경우	2.5 이상	16 이상
기계적 손상에 보호가 되지 않는 경우	4 이상	16 이상

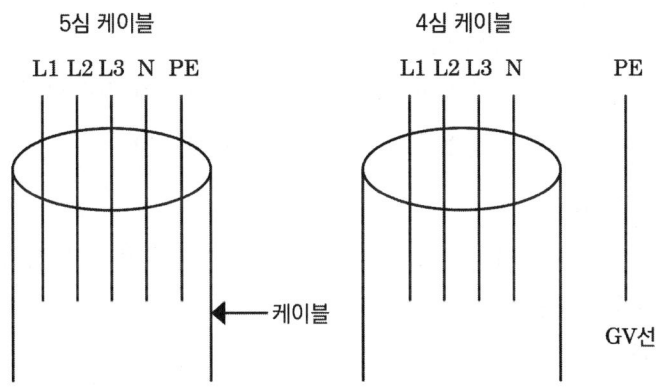

〈케이블의 일부인 경우〉   〈케이블의 일부가 아닌 경우〉

② 보호도체 또는 보호본딩도체로 사용해서는 안 되는 것들

㉠ 금속 수도관

㉡ 가스·액체·분말과 같은 잠재적인 인화성 물질을 포함하는 금속관

㉢ 상시 기계적 응력을 받는 지지 구조물 일부

㉣ 가요성 금속배관(단, 보호도체의 목적으로 설계된 경우는 예외)

㉤ 가요성 금속전선관

㉥ 지지선, 케이블트레이 및 이와 비슷한 것

③ 보호도체의 특징
　　㉠ 보호도체에는 어떠한 개폐장치를 연결해서는 안 된다.
　　㉡ 접속부는 납땜(Soldering)으로 접속해서는 안 된다.
　　㉢ 보호도체를 접속하는 나사는 다른 목적으로 겸용해서는 안 된다.
④ 보호도체의 단면적 보강
　　㉠ 보호도체에 10 [mA]를 초과하는 전류가 흐르는 경우 단면적

구리	알루미늄
10 [mm^2] 이상	16 [mm^2] 이상

⑤ 보호도체와 계통도체 겸용
　　㉠ 도체의 단면적 : 구리 10 [mm^2] 또는 알루미늄 16 [mm^2] 이상
　　㉡ 중성선과 보호도체의 겸용도체는 전기설비의 부하 측으로 시설해서는 안 된다.
　　㉢ 폭발성 분위기 장소는 보호도체를 전용으로 하여야 한다.
　　㉣ 공칭전압과 같거나 높은 절연성능을 가져야 한다.
　　㉤ 겸용도체는 보호도체용 단자 또는 바에 접속되어야 한다.
　　㉥ 계통외도전부는 겸용도체로 사용해서는 안 된다.

(3) 주접지단자(142.3.7)
① 접지시스템은 주접지단자를 설치하고, 다음의 도체들을 접속하여야 한다.
　　㉠ 등전위본딩도체
　　㉡ 접지도체
　　㉢ 보호도체
　　㉣ 관련이 있는 경우 기능성 접지도체
② 여러 개의 접지단자가 있는 장소는 접지단자를 상호 접속하여야 한다.
③ 주접지단자에 접속하는 각 접지도체는 개별적으로 분리할 수 있어야 한다.
④ 접지저항을 편리하게 측정할 수 있어야 한다.

4 전기수용가 접지(142.4)

(1) 저압수용가 인입구 접지
① 추가 접지공사의 접지극
　　㉠ 지중에 매설되어 있고, 대지와의 전기저항 값이 3 [Ω] 이하의 값을 유지하고 있는 금속제 수도관로
　　㉡ 대지 사이의 전기저항 값이 3 [Ω] 이하인 값을 유지하는 건물의 철골
② 접지도체 : 6 [mm^2] 이상의 연동선

(2) 주택 등 저압수용장소 접지

① 중성선 겸용 보호도체(PEN)
  ㉠ 고정 전기설비에만 사용할 수 있다.
  ㉡ 도체의 단면적 : 구리는 10 [mm²] 이상, 알루미늄은 16 [mm²] 이상
② 감전보호용 등전위본딩을 한다.

5 변압기 중성점 접지(142.5)

(1) 변압기의 중성점접지 저항 값

구분		중성점 접지저항 값
일반적 저항 값		$R = \dfrac{150}{I_g}$ 이하
35 [kV] 이하 또는 고·특 전로가 저압 측 전로와 혼촉하고, 대지전압이 150 [V] 초과	1초 초과 2초 이내, 자동차단장치 설치	$R = \dfrac{300}{I_g}$ 이하
	1초 이내, 자동차단장치 설치	$R = \dfrac{600}{I_g}$ 이하

TIP I_g : 1선 지락전류

예제 10

변압기의 고압 측 1선 지락전류가 30 [A]인 경우에 접지공사의 최대 접지저항 값은 몇 [Ω]인가? (단, 고압 측 전로가 저압 측 전로와 혼촉하는 경우 1초 이내에 자동적으로 차단하는 장치가 설치되어 있다)

① 5 ② 10
③ 15 ④ 20

해설 변압기 중성점 접지저항값(142.5)

(1) 변압기의 중성점접지 저항 값 표 참조

$R = \dfrac{600}{30} = 20\,[\Omega]$

정답 ④

6 공통접지 및 통합접지(142.6)

(1) 고압과 저압 전기설비의 접지극이 서로 근접하여 시설되어 있는 변전소
   ① 위험전압이 발생하지 않도록 이들 접지극을 상호 접속하여야 한다.
   ② 고압 및 특고압 계통의 지락사고 시 저압계통에 가해지는 상용주파 과전압은 일정한 값을 초과해서는 안 된다.

고압계통에서 지락고장시간 (초)	저압설비 허용 상용주파 과전압 (V)	비고
5초 초과	U_0 + 250 이하	중성선 도체가 없는 계통에서 U_0는 선간전압을 의미
5초 이하	U_0 + 1200 이하	

(2) 접지극을 공용하는 통합접지시스템으로 하는 경우
   ① 접지극을 상호 접속하여야 한다.
   ② 낙뢰에 의한 과전압 등으로부터 전기전자기기 등을 보호하기 위해 서지보호장치를 설치

(3) 공통접지의 특징
   ① 접지 저항값을 쉽게 얻을 수 있다.
   ② 접지 공사비가 적다.
   ③ 접지 신뢰도가 높다.
   ④ 타 기기에 영향을 주고 받는다.
   ⑤ 보호 대상물 제한이 불가능하다.

7 기계기구의 철대 및 외함의 접지(142.7)

(1) 전로에 시설하는 기계기구의 철대 및 금속제 외함에는 접지공사를 실시

(2) 접지공사를 생략하는 경우
   ① 사용전압이 직류 300 [V] 또는 교류 대지전압이 150 [V] 이하인 기계기구를 건조한 곳에 시설하는 경우
   ② 건조한 목재의 마루, 이와 유사한 절연성 물건 위에서 취급하도록 시설하는 경우
   ③ 목주에 시설하는 경우
   ④ 절연대를 설치하는 경우
   ⑤ 고무, 합성수지 기타의 절연물로 피복한 경우
   ⑥ 이중절연구조로 되어 있는 기계기구를 시설하는 경우
   ⑦ 물기 없는 장소에 누전차단기를 설치하는 경우(정격감도전류가 30 [mA] 이하, 동작시간이 0.03초 이하의 전류동작형)

05 감전보호용 등전위본딩

1 등전위본딩의 적용(143.1)

(1) 건축물·구조물에서 접지도체, 주접지단자와 등전위본딩해야 하는 도전성부분
   ① 수도관·가스관 등 외부에서 내부로 인입되는 금속배관
   ② 건축물·구조물의 철근, 철골 등 금속보강재
   ③ 일상생활에서 접촉이 가능한 금속제 난방배관 및 공조설비 등 계통외도전부

2 등전위본딩 시설(143.2)

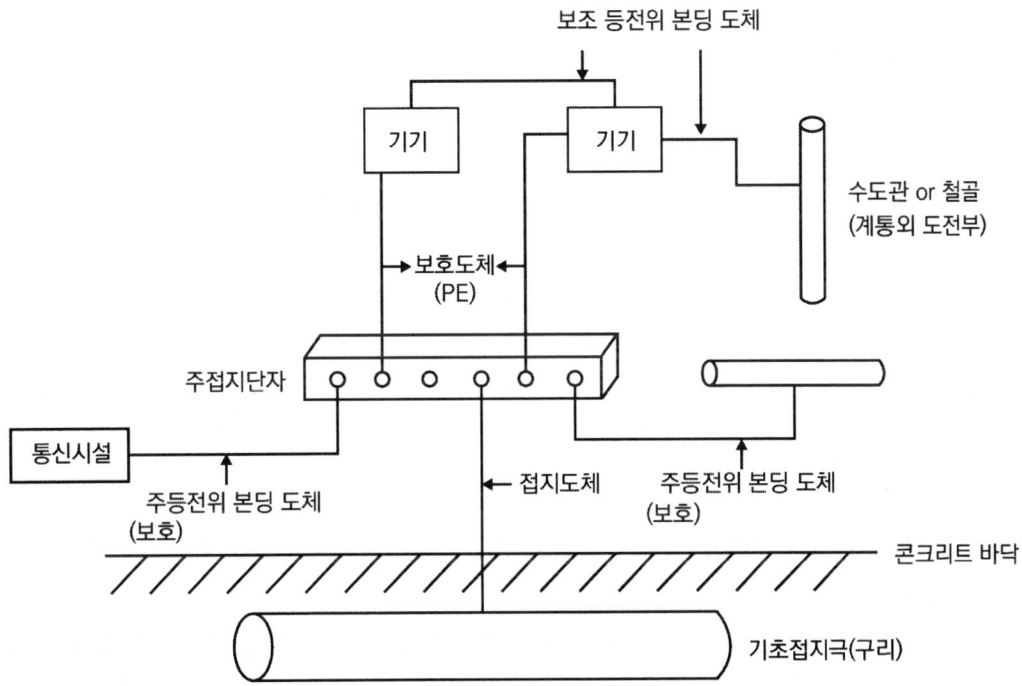

(1) 보호 등전위본딩
   ① 건축물·구조물의 외부에서 내부로 들어오는 각종 금속제 배관은 1개소에 집중하여 인입하고, 인입구 부근에서 서로 접속하여 등전위본딩 바에 접속하여야 한다.
   ② 수도관·가스관의 경우 내부로 인입된 최초의 밸브 후단에서 등전위본딩을 하여야 한다.
   ③ 건축물·구조물의 철근, 철골 등 금속보강재는 등전위본딩을 하여야 한다.

(2) 보조 보호 등전위본딩

① 보조 보호등전위본딩의 대상은 전원자동차단에 의한 감전보호방식에서 고장 시 자동차단시간이 계통별 최대차단시간을 초과하는 경우이다.

② 차단시간을 초과하고 2.5 [m] 이내에 설치된 고정기기의 노출도전부와 계통외도전부는 보조 보호등전위본딩을 하여야 한다.

(3) 비접지 국부 등전위본딩 실시

① 절연성 바닥으로 된 비접지 장소

㉠ 전기설비 상호 간이 2.5 [m] 이내인 경우

㉡ 전기설비와 이를 지지하는 금속체 사이

② 전기설비 또는 계통외도전부를 통해 대지에 접촉하지 않아야 한다.

3 등전위본딩 도체(143.3)

(1) 보호등전위본딩 도체

① 주접지단자에 접속하기 위한 등전위본딩 도체는 설비 내에 있는 가장 큰 보호접지도체 단면적의 1/2 이상의 단면적을 가져야 하고 다음의 단면적 이상이어야 한다.

구리	알루미늄	강철
6 [mm^2]	16 [mm^2]	50 [mm^2]

② 주접지단자에 접속하기 위한 보호본딩도체의 단면적은 구리도체 25 [mm^2] 또는 다른 재질의 동등한 단면적을 초과할 필요는 없다.

(2) 보조 보호등전위본딩 도체

① 두 개의 노출도전부를 접속하는 경우 도전성은 두 개 중 작은 보호도체의 도전성보다 커야 한다.

② 노출도전부를 계통외도전부에 접속하는 경우 도전성은 같은 단면적을 갖는 보호도체의 1/2 이상이어야 한다.

③ 케이블의 일부가 아닌 경우 또는 선로도체와 함께 수납되지 않은 본딩도체는 다음 값 이상이어야 한다.

구분	구리	알루미늄
기계적 보호가 된 것	2.5 [mm^2]	16 [mm^2]
기계적 보호가 없는 것	4 [mm^2]	

06 피뢰시스템

1 피뢰시스템의 적용범위 및 구성(151)

(1) 피뢰시스템의 적용범위
① 전기전자설비가 설치된 건축물·구조물로서 낙뢰로부터 보호가 필요한 것
② 지상으로부터 높이가 20 [m] 이상인 것
③ 전기설비 및 전자설비 중 낙뢰로부터 보호가 필요한 설비

(2) 피뢰시스템의 구성
① 외부피뢰시스템 : 직격뢰로부터 대상물을 보호
② 내부피뢰시스템 : 간접뢰 및 유도뢰로부터 대상물을 보호

2 외부피뢰시스템(152)

(1) 수뢰부시스템(152.1)

① 수뢰부시스템 선정
돌침, 수평도체, 메시도체 중에 한 가지 또는 조합한 형식

② 수뢰부시스템 배치
㉠ 보호각법, 회전구체법, 메시법 중 하나 또는 조합된 방법으로 배치
㉡ 건축물·구조물의 뾰족한 부분, 모서리 등에 우선하여 배치

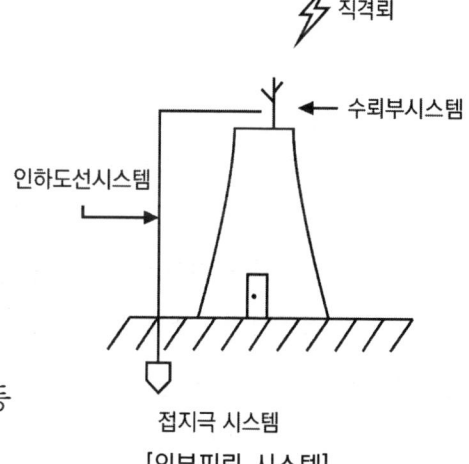

[외부피뢰 시스템]

③ 수뢰부시스템의 시설
㉠ 지상으로부터 높이 60 [m]를 초과하는 건축물·구조물에 측뢰 보호가 필요한 경우 시설한다(건축물의 최상으로부터 20 [%]부분에 시설).
㉡ 건축물·구조물과 분리되지 않고 지붕마감재가 불연성 재료로 된 경우 지붕표면에 시설할 수 있다.

지붕 마감재	시설 방법	이격거리
불연성 재료	지붕 표면에 시설	-
높은 가연성 재료	지붕 재료와 이격	• 초가지붕 또는 유사 : 0.15 [m] 이상 • 다른 가연성 재료 : 0.1 [m] 이상

(2) 인하도선시스템(152.2)
　① 인하도선시스템의 연결
　　㉠ 수뢰부시스템과 접지시스템을 전기적으로 연결하는 것으로 복수의 인하도선을 병렬로 구성해야 한다.
　　㉡ 도선경로의 길이가 최소가 되도록 한다.
　② 인하도선 배치 방법

구조물과 분리된 경우	구조물과 분리되지 않은 경우
• 뇌전류의 경로가 보호대상물에 접촉하지 않도록 하여야 한다. • 별개의 지주에 설치되어 있는 경우 각 지주마다 1가닥 이상의 인하도선을 시설한다. • 수평도체 또는 메시도체인 경우 지지 구조물마다 1가닥 이상의 인하도선을 시설한다.	• 벽이 가연성 재료인 경우에는 0.1 [m] 이상 이격하고, 이격이 불가능한 경우에는 도체의 단면적을 100 [mm^2] 이상으로 한다. • 인하도선의 수는 2가닥 이상 • 노출된 모서리 부분에 우선 설치 • 병렬 인하도선의 최대 간격 　- Ⅰ·Ⅱ 등급은 10 [m] 　- Ⅲ 등급은 15 [m] 　- Ⅳ 등급은 20 [m]

　③ 인하도선시스템의 시설
　　㉠ 경로는 가능한 한 루프 형성이 되지 않도록 하고, 최단거리로 곧게 수직으로 시설
　　㉡ 처마 또는 수직으로 설치된 홈통 내부에 시설 불가
　　㉢ 철근을 인하도선으로 사용하기 위한 조건 : 전기저항 값은 0.2 [Ω] 이하
　　㉣ 접속방법 : 용접, 압착, 봉합, 나사조임, 볼트조임

(3) 접지극시스템(152.3)
　① 접지극의 종류
　　㉠ A형 접지극 : 수평 또는 수직접지극
　　㉡ B형 접지극 : 환상도체 또는 기초접지극
　② 접지극시스템의 배치
　　㉠ A형 접지극은 최소 2개 이상을 균등한 간격으로 배치
　　㉡ B형 접지극은 평균반지름이 최소길이 미만인 경우에는 해당하는 길이의 수평 또는 수직매설 접지극을 추가로 시설
　　㉢ 접지극시스템의 접지저항이 10 [Ω] 이하인 경우 최소 길이 이하로 할 수 있다.

③ 접지극의 시설
　㉠ 지표면에서 0.75 [m] 이상 깊이로 매설
　㉡ 대지가 암반지역으로 대지저항이 높거나 건축물·구조물이 전자통신시스템을 많이 사용하는 시설의 경우에는 환상도체접지극 또는 기초접지극으로 한다.
　㉢ 접지극 재료는 대지에 환경오염 및 부식의 문제가 없어야 한다.
　㉣ 철근콘크리트 기초 내부의 상호 접속된 철근 또는 금속제 지하구조물 등 자연적 구성부재는 접지극으로 사용할 수 있다.

예제 11

돌침, 수평도체, 메시도체의 요소 중에 한 가지 또는 이를 조합한 형식으로 시설하는 것은?

① 접지극시스템　　　② 수뢰부시스템
③ 내부피뢰시스템　　④ 인하도선시스템

해설 수뢰부시스템(152)

수뢰부시스템을 선정할 때는 돌침, 수평도체, 메시도체 중에 한 가지 또는 조합한 형식으로 한다.

정답 ②

3 내부피뢰시스템(153)

(1) 전기전자설비 보호(153.1)
① 피뢰구역 경계부분에서는 접지 또는 본딩을 하여야 한다.
② 전기전자설비를 보호하기 위해 접지를 시설해야 한다.
③ 전위차를 해소하고 자계를 감소시키기 위한 본딩을 구성하여야 한다.
④ 개별 접지시스템으로 된 복수의 건축물·구조물 등을 연결하는 콘크리트덕트·금속제 배관의 내부에 케이블(또는 같은 경로로 배치된 복수의 케이블)이 있는 경우 각각의 접지 상호 간은 병행 설치된 도체로 연결하여야 한다.
⑤ 전자·통신설비(또는 이와 유사한 것)에서 위험한 전위차를 해소하고 자계를 감소시킬 필요가 있는 경우 등전위본딩망을 시설하여야 한다.
⑥ 서지보호장치
　㉠ 직접 본딩이 불가능한 경우 설치
　㉡ 전기전자설비 등에 연결된 전선로를 통하여 서지가 유입되는 경우 설치
　㉢ 지중 저압수전의 경우 내부에 설치하는 전기전자기기의 과전압범주별 임펄스 내전압이 규정 값에 충족하는 경우는 서지보호장치 생략 가능

(2) 피뢰등전위본딩(153.2)
    ① 피뢰시스템의 등전위화를 위한 접속요소
        ㉠ 외부 도전성 부분
        ㉡ 내부시스템
        ㉢ 금속제 설비
    ② 등전위본딩의 상호접속
        ㉠ 자연적 구성부재로 인한 본딩으로 전기적 연속성을 확보할 수 없는 장소는 본딩도체로 연결
        ㉡ 본딩도체로 직접 접속할 수 없는 장소의 경우에는 서지보호장치를 이용
        ㉢ 본딩도체로 직접 접속이 허용되지 않는 장소의 경우에는 절연방전갭(ISG)을 이용
    ③ 인입설비의 등전위본딩
        ㉠ 인입구 부근에서 등전위본딩한다.
        ㉡ 전원선은 서지보호장치를 사용하여 등전위본딩한다.
        ㉢ 통신 및 제어선은 내부와의 위험한 전위차 발생을 방지하기 위해 직접 또는 서지보호장치를 통해 등전위본딩한다.
    ④ 등전위본딩 바
        ㉠ 설치위치는 짧은 도전성경로로 접지시스템에 접속할 수 있는 위치이어야 한다.
        ㉡ 접지시스템(환상접지전극, 기초접지전극, 구조물의 접지보강재 등)에 짧은 경로로 접속하여야 한다.
        ㉢ 외부 도전성 부분, 전원선과 통신선의 인입점이 다른 경우 여러 개의 등전위본딩 바를 설치할 수 있다.

CHAPTER 01 | 개념 체크 OX

1 직류 저압기준은 1 [kV] 이하이다. ⬜ O ⬜ X

2 1차 접근상태란 가공 전선이 다른 시설물과 접근하는 경우에 그 가공 전선이 다른 시설물의 위쪽 또는 옆쪽에서 수평 거리로 3 [m] 미만인 곳에 시설되는 상태를 말한다. ⬜ O ⬜ X

3 중선선의 색상은 청색이다. ⬜ O ⬜ X

4 전선의 세기를 80 [%] 이상 감소시키지 않도록 접속해야 한다. ⬜ O ⬜ X

5 두 개의 전선을 병렬로 사용하는 경우 반드시 퓨즈를 설치한다. ⬜ O ⬜ X

6 수용장소의 인입구의 접지점은 대지로부터 절연하지 않아도 된다. ⬜ O ⬜ X

7 전로의 사용전압이 500 [V] 초과인 경우 절연저항은 0.5 [MΩ] 이상이어야 한다. ⬜ O ⬜ X

8 접지시스템의 종류는 단독접지, 공통접지, 통합접지가 있다. ⬜ O ⬜ X

9 접지극의 매설 깊이는 지하 0.75 [m] 이상이다. ⬜ O ⬜ X

10 수도관 등을 접지극으로 사용하는 경우 대지와의 저항은 2 [Ω] 이하이다. ⬜ O ⬜ X

11 피뢰시스템 중 수뢰부시스템의 배치는 보호각법, 회전구체법 중 하나로 시설한다. ⬜ O ⬜ X

정답 01 (X) 02 (X) 03 (O) 04 (X) 05 (X) 06 (O) 07 (X) 08 (O) 09 (O) 10 (X) 11 (X)

1 1.5 [kV] 이하이다.
2 2차접근상태에 대한 내용이다.
4 20 [%] 이상 감소시키지 않아야 한다.
5 설치하지 않는다.
7 1 [MΩ] 이상
10 3 [Ω] 이하
11 메시법도 사용가능

CHAPTER 02 저압 전기설비

01 통칙

1 적용범위와 배전방식(201, 202)

(1) 적용범위
① 교류 1 [kV] 또는 직류 1.5 [kV] 이하인 저압의 전기를 공급하거나 사용하는 전기설비
② 전기설비를 구성하거나, 연결하는 선로와 전기기계기구 등의 구성품
③ 저압 기기에서 유도된 1 [kV] 초과 회로 및 기기(예 : 저압 전원에 의한 고압방전등, 전기집진기 등)

(2) 배전방식
① 교류회로
 ㉠ 3상 4선식의 중성선 또는 PEN 도체는 충전도체는 아니지만 운전전류를 흘리는 도체이다.
 ㉡ 3상 4선식에서 파생되는 단상 2선식 배전방식의 경우 두 도체 모두가 선도체이거나 하나의 선도체와 중성선 또는 하나의 선도체와 PEN 도체이다.
 ㉢ 모든 부하가 선간에 접속된 전기설비에서는 중성선의 설치가 필요하지 않을 수 있다.
② 직류회로
 ㉠ PEL과 PEM 도체는 충전도체는 아니지만 운전전류를 흘리는 도체이다.
 ㉡ 2선식 배전방식이나 3선식 배전방식을 적용

2 계통접지의 방식(203)

(1) 계통접지의 구성(203.1)
① TN 계통
② TT 계통
③ IT 계통

(2) 계통접지에서 사용되는 문자의 정의

구분	구성	문자 정의
제1문자	전원계통과 대지의 관계	T : 한 점을 대지에 직접 접속
		I : 모든 충전부 대지와 절연 또는 높은 임피던스 접지
제2문자	전기설비의 노출도전부와 대지의 관계	T : 노출도전부 대지로 직접접속 (전원계통 접지와 무관)
		N : 노출도전부를 전원계통의 접지점에 직접 접속 (접지점 : 교류계통에서는 통상적으로 중성점, 중성점 없을 시 선도체)
그 다음 문자 (문자가 있는 경우)	중성선과 보호도체의 배치	S : 중성선 또는 접지된 선도체 외에 별도 도체로 제공되는 보호 기능
		C : 중성선과 보호기능을 겸용(PEN 도체)
기호 설명	─•─	중성선(N), 중간도체(M)
	─/─	보호도체(PE)
	─/•─	중성선과 보호도체겸용(PEN)
약어 설명	T	Terra(접지)
	N	Neutral(중성선)
	S	Separate(분리)
	C	Combine(결합)
	I	Isolate(격리)

3 계통접지의 특성(203.2)

(1) TN 계통(203.2)

전원 측의 한 점을 직접접지하고 설비의 노출도전부를 보호도체로 접속시키는 방식으로 중성선 및 보호도체(PE 도체)의 배치 및 접속방식에 따라 다음과 같이 분류한다.

① TN-S 계통

㉠ 계통 전체에 대해 별도의 중성선 또는 PE 도체를 사용

㉡ 배전계통에서 PE 도체를 추가로 접지할 수 있다.

② TN-C 계통

㉠ 계통 전체에 대해 중성선과 보호도체의 기능을 동일도체로 겸용한 PEN 도체를 사용

㉡ 배전계통에서 PEN 도체를 추가로 접지할 수 있다.

③ TN-C-S계통
   ㉠ 계통의 일부분에서 PEN 도체를 사용하거나, 중성선과 별도의 PE 도체를 사용하는 방식이 있다.
   ㉡ 배전계통에서 PEN 도체와 PE 도체를 추가로 접지할 수 있다.

(2) TT 계통(203.3)
   ① 전원의 한 점을 직접 접지하고 설비의 노출도전부는 전원의 접지전극과 전기적으로 독립적인 접지극에 접속시킨다.
   ② 배전계통에서 PE 도체를 추가로 접지할 수 있다.

(3) IT 계통(203.4)
   ① 충전부 전체를 대지로부터 절연시키거나, 한 점을 임피던스를 통해 대지에 접속
   ② 전기설비의 노출도전부를 단독 또는 일괄적으로 계통의 PE 도체에 접속
   ③ 배전계통에서 추가접지가 가능
   ④ 계통은 충분히 높은 임피던스를 통하여 접지할 수 있다. 이 접속은 중성점, 인위적 중성점, 선도체 등에서 할 수 있다.
   ⑤ 중성선은 배선할 수도 있고, 배선하지 않을 수도 있다.

예제 01

전원의 한 점을 직접 접지하고, 설비의 노출 도전성 부분을 전원 계통의 접지극과 별도로 전기적으로 독립하여 접지하는 방식은?

① TT 계통
② TN-C 계통
③ TN-S 계통
④ TN-CS 계통

해설 TT 계통(203.3)

전원의 한 점을 직접 접지하고, 설비의 노출도전부는 전원의 접지전극과 전기적으로 독립적인 접지극에 접속시킨다.

정답 ①

02 안전을 위한 보호

1 감전에 대한 보호(211)

(1) 일반적 요구사항(211.1)

① 전압규정
  ㉠ 교류전압 : 실횻값
  ㉡ 직류전압 : 리플프리

② 고장보호에 관한 규정의 생략 가능 기기
  ㉠ 건물에 부착되고 접촉범위 밖에 있는 가공선 애자의 금속 지지물
  ㉡ 가공선의 철근강화콘크리트주로서 그 철근에 접근할 수 없는 것
  ㉢ 볼트, 리벳, 명판, 케이블 클립 등과 같이 크기가 작은 경우
      (약 50 [mm] × 50 [mm] 이내)
  ㉣ 전기기기를 보호하는 금속관 또는 다른 금속제 외함

(2) 전원의 자동차단에 의한 보호대책(211.2)

① 일반적 요구사항
  ㉠ 기본보호는 충전부의 기본절연 또는 격벽이나 외함에 의한다.
  ㉡ 고장보호는 보호등전위본딩 및 자동차단에 의한다.
  ㉢ 추가적인 보호로 누전차단기를 시설할 수 있다.
  ㉣ 누설전류감시장치는 누설전류의 설정 값을 초과하는 경우 음향 또는 음향과 시각적인 신호를 발생시켜야 한다.

② 고장 시 자동차단 시간(간선과 32 [A] 이하 분기회로 제외)

TN계통	TT계통
5초 이하	1초 이하

③ 누전차단기의 추가적 보호
  ㉠ 정격전류 20 [A] 이하 콘센트
  ㉡ 옥외에서 사용되는 정격전류 32 [A] 이하 이동용 전기기기

④ 누전차단기의 시설대상
  ㉠ 금속제 외함을 가지고 사용전압이 50 [V] 초과하는 전로
  ㉡ 대지전압 150 [V] 이하인 기계기구를 물기가 있는 곳에 설치할 때(물기가 없는 곳은 150 [V] 초과일 때)
  ㉢ 누전차단기를 요구하는 주택의 인입구
  ㉣ 사용전압 400 [V] 초과의 저압전로

예제 02

금속제 외함을 가진 저압의 기계기구로서 사람이 쉽게 접촉될 우려가 있는 곳에 시설하는 경우 전기를 공급받는 전로에 지락이 생겼을 때 자동적으로 전로를 차단하는 장치를 설치하여야 하는 기계기구의 사용전압이 몇 [V]를 초과하는 경우인가?

① 30   ② 50   ③ 100   ④ 150

해설 누전차단기를 시설대상(211.2.4)
금속제 외함을 가지는 사용전압이 50 [V]를 초과하는 저압의 기계 기구로서 사람이 쉽게 접촉할 우려가 있는 곳에 시설하는 것에 전기를 공급하는 전로

정답 ②

(3) 전기적 분리에 의한 보호(211.4)
  ① 고장보호를 위한 요구사항
    ㉠ 분리된 회로는 최소한 단순 분리된 전원을 통하여 공급되어야 한다.
    ㉡ 분리된 회로의 전압은 500 [V] 이하이어야 한다.
    ㉢ 분리된 회로의 충전부와 노출도전부는 다른 회로, 대지 또는 보호도체에 접속되어서는 안 된다.

(4) SELV와 PELV를 적용한 특별저압에 의한 보호(211.5)
  ① 보호대책의 요구사항
    ㉠ 특별저압 계통의 전압한계 상한 값

교류	직류
50 [V] 이하	120 [V] 이하

    ㉡ 특별저압 회로를 제외한 모든 회로로부터 특별저압 계통을 보호 분리하고, 특별저압 계통과 다른 특별저압 계통 간에는 기본절연을 하여야 한다.
    ㉢ SELV 계통과 대지 간의 기본절연을 하여야 한다.

② 기본보호를 하지 않는 경우

구분	일반적	건조한 상태	
SELV	교류 12 [V] 이하 직류 30 [V] 이하	교류 25 [V] 이하 직류 60 [V] 이하	도전부 및 충전부가 주접지단자에 접속된경우
PELV			

(5) 감독관이 있는 설비의 보호(211.9)

① 비도전성 장소

㉠ 노출도전부 상호 간, 노출도전부와 계통외도전부 사이의 상대적 간격은 두 부분 사이의 거리가 2.5 [m] 이상으로 한다.

㉡ 노출도전부와 계통외도전부 사이에 유효한 장애물을 설치

㉢ 계통외도전부의 절연은 충분한 기계적 강도와 2 [kV] 이상의 시험전압에 견딜 수 있어야 하며, 누설전류는 통상적인 사용 상태에서 1 [mA]를 초과하지 말아야 한다.

② 비도전성 장소의 바닥과 벽면의 저항값

공칭전압이 500 [V] 이하	공칭전압이 500 [V] 초과
50 [kΩ] 이상	100 [kΩ] 이상

2 과전류에 대한 보호(212)

(1) 회로의 특성에 따른 요구사항(212.2)

① 선도체의 보호

㉠ 과전류 검출기 설치

② 중성선의 보호

㉠ TT 계통 또는 TN 계통

- 중성선의 단면적이 선도체의 단면적보다 작은 경우 과전류 검출기를 설치
- 검출된 과전류가 설계전류를 초과하면 선도체를 차단(중성선 차단 제외)

㉡ IT 계통

- 중성선을 배선하는 경우 중성선에 과전류검출기를 설치
- 과전류가 검출되면 중성선을 포함한 해당 회로의 모든 충전도체를 차단

③ 퓨즈의 용단특성

정격전류	시간	정격전류의 배수	
		불용단전류	용단전류
4 [A] 이하	60분	1.5배	2.1배
4 [A] 초과 16 [A] 미만			1.9배
16 [A] 이상 63 [A] 이하		1.25배	1.6배
63 [A] 초과 160 [A] 이하	120분		
160 [A] 초과 400 [A] 이하	180분		
400 [A] 초과	240분		

예제 03

과전류차단기로 저압전로에 사용되는 퓨즈에 있어서 정격전류가 20 [A]인 회로에 32 [A]인 전류가 흘렀을 때 몇 분 이내에 자동적으로 동작하여야 하는가?

① 1분 ② 2분 ③ 60분 ④ 120분

해설 보호장치의 특성(212.3.4)

정격 전류	시간	정격전류의 배수	
		불용단 전류	용단 전류
4 [A] 이하	60분	1.5배	2.1배
4 [A] 초과 16 [A] 미만			1.9배
16 [A] 초과 63 [A] 미만		1.25배	1.6배

정답 ③

④ 과전류 차단기 동작시간

정격전류	시간	정격전류의 배수			
		주택용		산업용	
		부동작 전류	동작 전류	부동작 전류	동작 전류
63 [A] 이하	60분	1.13배	1.45배	1.05배	1.3배
63 [A] 초과	120분				

⑤ 주택용 차단기의 순시트립 범위

형	순시트립 범위
B	3 I_n 초과 ~ 5 I_n 이하
C	5 I_n 초과 ~ 10 I_n 이하
D	10 I_n 초과 ~ 20 I_n 이하

※ B·C·D : 순시트립전류에 따른 차단기 분류, I_n : 차단기 정격전류

(2) 과부하 전류에 대한 보호(212.4)

① 과부하 보호장치의 설치 위치

㉠ 도체의 허용전류 값이 줄어드는 곳(분기점)

㉡ 분기회로의 보호장치(P_2)는 분기점으로부터 3 [m] 이내에 설치 가능
(단, 단락보호가 이루어지고 있는 경우는 분기점(O)으로부터의 거리에 상관없이 설치 가능)

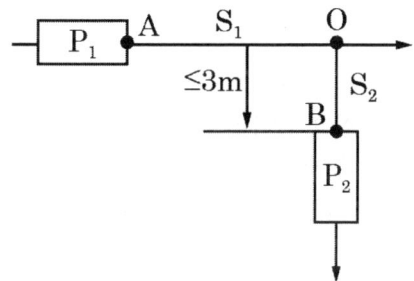

② 과부하 보호장치의 생략 가능한 경우

㉠ 회전기의 여자회로

㉡ 전자석 크레인의 전원회로

㉢ 전류변성기의 2차회로

㉣ 소방설비의 전원회로

㉤ 안전설비(주거침입경보, 가스누출경보 등)의 전원회로

(3) 단락전류에 대한 보호(212.5)

① 단락보호장치의 설치위치

㉠ 분기점에 설치

㉡ 단락보호 장치는 분기점으로부터 3 [m]까지 이동하여 설치 가능(단, 단락보호가 되는 경우에는 거리제한 없이 설치 가능)

② 단락보호장치의 생략
  ㉠ 발전기, 변압기, 정류기, 축전지와 보호장치가 설치된 제어반을 연결하는 도체
  ㉡ 전원차단이 설비의 운전에 위험을 가져올 수 있는 회로
  ㉢ 특정 측정회로
③ 병렬도체의 단락보호
  ㉠ 배선은 단락위험을 최소화 할 수 있는 방법으로 설치
  ㉡ 병렬도체가 2가닥인 경우 단락보호장치를 각 병렬도체의 전원 측에 설치
  ㉢ 병렬도체가 3가닥 이상인 경우 단락보호장치는 각 병렬도체의 전원 측과 부하 측에 설치
④ 케이블 및 절연도체의 단락전류
  회로의 임의의 지점에서 발생한 모든 단락전류는 케이블 및 절연도체의 허용 온도를 초과하지 않는 시간 내에 차단되도록 해야 한다.
  ㉠ 단락전류의 지속시간

$$t = \left(\frac{kS}{I}\right)^2$$

  t : 단락전류 지속시간(초)
  S : 도체의 단면적(mm²)
  I : 유효 단락전류(A, rms)
  k : 도체 재료의 저항률, 온도계수, 열용량, 해당 초기온도와 최종온도를 고려한 계수

(4) 저압전로 중의 개폐기 및 과전류차단장치의 시설(212.6)
  ① 저압전로 중의 개폐기 시설
    ㉠ 저압전로 중의 개폐기는 각 극에 설치
    ㉡ 사용전압이 다른 개폐기는 상호 식별이 용이하도록 시설
  ② 개폐기 시설을 생략해도 되는 경우
    ㉠ 사용전압이 400 [V] 이하인 옥내전로로서 다른 옥내전로(정격전류가 16 [A] 이하인 과전류 차단기 또는 정격전류가 16 [A]를 초과하고 20 [A] 이하인 배선차단기로 보호되고 있는 것에 한한다)에 접속하는 길이 15 [m] 이하의 전로에서 전기의 공급을 받는 경우
    ㉡ 저압 옥내전로에 접속하는 전원 측의 전로(그 전로에 가공 부분 또는 옥상 부분이 있는 경우에는 그 가공 부분 또는 옥상 부분보다 부하 측에 있는 부분에 한한다)의 그 저압 옥내 전로의 인입구에 가까운 곳에 전용의 개폐기를 쉽게 개폐할 수 있는 곳의 각 극에 시설하는 경우

③ 저압전로 중의 전동기 보호용 과전류보호장치의 시설
   ㉠ 과부하 보호장치로 전자접촉기를 사용할 경우에는 반드시 과부하계전기가 부착되어 있어야 한다.
   ㉡ 단락보호전용 차단기의 단락동작설정 전류 값은 전동기의 기동방식에 따른 기동돌입전류를 고려해야 한다.
   ㉢ 과부하 보호장치 설치하지 않아도 되는 경우
      • 정격출력이 0.2 [kW] 이하인 옥내에 시설하는 전동기
      • 정격전류가 16 [A] 이하인 단상전동기
      • 정격전류가 20 [A] 이하인 배선차단기

예제 04

옥내에 시설하는 전동기에 과부하 보호장치의 시설을 생략할 수 없는 경우는?
① 정격 출력이 0.75 [kW]인 전동기
② 타인이 출입할 수 없고 전동기가 소손할 정도의 과전류가 생길 우려가 없는 경우
③ 전동기가 단상의 것으로 전원 측 전로에 시설하는 배선용 차단기의 정격전류가 20 [A] 이하인 경우
④ 전동기를 운전 중 상시 취급자가 감시할 수 있는 위치에 시설한 경우

해설 저압전로 중의 전동기 보호용 과전류보호장치의 시설(212.6.3)

옥내에 시설하는 전동기(정격 출력이 0.2 kW 이하인 것을 제외)에는 전동기가 손상될 우려가 있는 과전류가 생겼을 때에 자동적으로 이를 저지하거나 이를 경보하는 장치를 하여야 한다.

정답 ①

3 열영향에 대한 보호(214)

(1) 적용범위(214.1)
   ① 전기기기에 의한 열적인 영향, 재료의 연소 또는 기능저하 및 화상의 위험
   ② 화재 재해의 경우 전기설비로부터 격벽으로 분리된 인근의 다른 화재 구획으로 전파되는 화염
   ③ 전기기기 안전 기능의 손상

(2) 화재 및 화상방지에 대한 보호(214.2)

① 전기기기에 의한 화재방지

② 전기기기에 의한 화상방지

접촉할 가능성이 있는 부분	접촉할 가능성이 있는 표면의 재료	최고표면온도 (℃)
손으로 잡고 조작시키는 것	금속	55
	비금속	65
손으로 잡지 않지만 접촉하는 부분	금속	70
	비금속	80
통상 조작 시 접촉할 필요가 없는 부분	금속	80
	비금속	90

(3) 과열에 대한 보호(214.3)

① 강제 공기 난방시스템

㉠ 풍량이 정해진 값 미만이면 정지

㉡ 2개의 서로 독립된 온도 제한장치 필요(허용온도 초과 방지)

② 온수기 또는 증기발생기

㉠ 보호장치는 비자동 복귀형 장치이어야 한다.

㉡ 개방 입구가 없는 경우 수압을 제한하는 장치를 설치해야 한다.

③ 공기난방설비

㉠ 설비의 외함은 불연성 재료

㉡ 불연성 격벽은 외함으로부터 0.01 [m] 이상 간격을 유지

㉢ 복사난방기는 가연성 부분으로부터 2 [m] 이상에 설치

03 전선로

1 가공인입선(221.1)

(1) 저압 인입선의 시설

① 전선 : 절연전선 또는 케이블

② 인입용 비닐절연전선의 규격

경간	지름	인장강도
15 [m] 이하	2 [mm] 이상	1.25 [kN] 이상
15 [m] 초과	2.6 [mm] 이상	2.30 [kN] 이상

예제 05

저압 가공인입선 시설 시 사용할 수 없는 전선은?

① 절연전선, 다심형 전선, 케이블
② 지름 2.6 [mm] 이상의 인입용 비닐절연전선
③ 인장강도 1.2 [kN] 이상의 인입용 비닐절연전선
④ 사람의 접촉우려가 없도록 시설하는 경우 옥외용 비닐절연 전선

해설 저압 인입선의 시설(221.1.1)

전선이 케이블인 경우 이외에는 15 [m] 초과 시 인장강도 2.30 [kN] 이상의 것 또는 지름 2.6 [mm] 이상의 인입용 비닐절연전선일 것

정답 ③

③ 전선의 높이

구분	전선의 높이	
철도 또는 궤도를 횡단	6.5 [m] 이상	
도로 횡단	노면상 5 [m] 이상	
	교통에 지장이 없을 때	3 [m] 이상
이 외	지표상 4 [m]	
	교통에 지장이 없을 때	2.5 [m] 이상
횡단보도교의 위	노면상 3 [m] 이상	

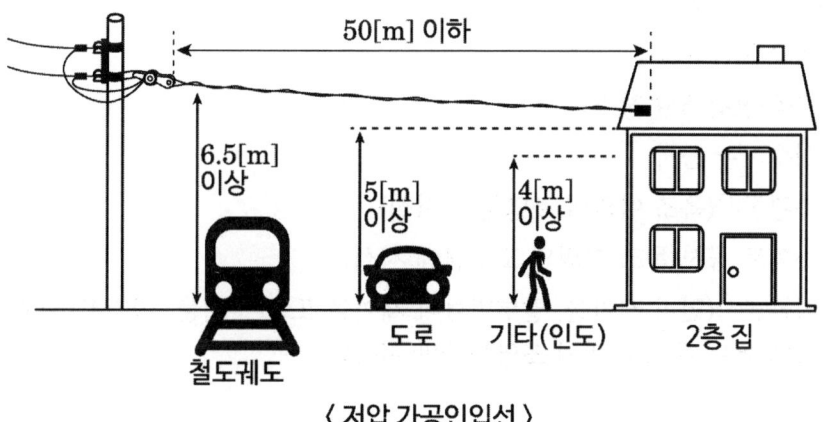

〈 저압 가공인입선 〉

④ 저압 가공인입선과 조영물의 구분에 따른 이격거리

시설물의 구분		이격거리	
조영물의 상부 조영재	위쪽	옥외용 절연전선	2 [m]
		저압 절연전선	1 [m]
		고압, 특고압 또는 케이블	0.5 [m]
	옆쪽 또는 아래쪽	옥외용 절연전선	0.3 [m]
		고압, 특고압 또는 케이블	0.15 [m]
상부 조영재 이외의 부분 또는 조영물 이외의 시설물		옥외용 절연전선	0.3 [m]
		고압, 특고압 또는 케이블	0.15 [m]

(2) 저압 연접 인입선의 시설

① 인입선에서 분기하는 점으로부터 100 [m]를 초과하지 않아야 한다.

② 폭 5 [m]를 초과하는 도로를 횡단하지 말아야 한다.

③ 옥내를 통과하지 말아야 한다.

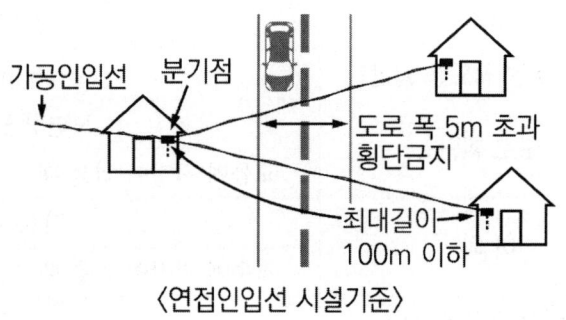

〈연접인입선 시설기준〉

2 옥측전선로(221.2)

(1) 저압 옥측전선로의 공사방법

① 애자공사(전개된 장소)

② 합성수지관 공사

③ 금속관공사(목조 이외의 조영물에 시설)

④ 버스덕트 공사(목조 이외의 조영물에 시설)

⑤ 케이블공사(연피 케이블, 알루미늄피 케이블 또는 무기물절연(MI) 케이블을 사용하는 경우에는 목조 이외의 조영물에만 시설)

예제 06

저압의 옥측 배선을 시설 장소에 따라 시공할 때 적절하지 못한 것은?

① 금속관공사를 목조 이외의 조영물에 시설
② 합성수지관 공사를 목조로 된 건출물에 시설
③ 금속몰드 공사를 목조로 된 건축물에 시설
④ 애자사용 공사를 전개된 장소에 있는 공장 건물에 시설

[해설] 저압 옥측전선로는 다음에 따라 시설(221.2)

- 애자공사(전개된 장소)
- 합성수지관공사
- 금속관공사(목조 이외의 조영물에 시설하는 경우)

[정답] ③

(2) 애자 공사에 의한 저압 옥측전선로
  ① 전선의 공칭단면적 : 4 [mm^2] 이상의 연동선(OW, DV전선 제외)
  ② 전선의 지지점 간의 거리
    ㉠ 일반적으로 2 [m] 이하
    ㉡ 2 [m]를 초과하고 15 [m] 이하로 하는 경우(OW 전선 사용가능)
      - 전선에 인장강도 1.38 [kN] 이상의 것 또는 지름 2 [mm^2] 이상의 경동선을 사용
      - 전선 상호 간의 간격을 0.2 [m] 이상으로 시설
      - 전선과 옥측전선로를 시설한 조영재 사이의 이격거리는 0.3 [m] 이상으로 시설
  ③ 시설 장소별 조영재 사이의 이격거리

시설 장소	전선 상호 간의 간격		전선과 조영재 사이의 거리	
	400 [V] 이하	400 [V] 초과	400 [V] 이하	400 [V] 초과
비에 젖지 않는 곳	6 [cm]	6 [cm]	2.5 [cm]	2.5 [cm]
비에 젖는 곳	6 [cm]	12 [cm]	2.5 [cm]	4.5 [cm]

(3) 저압 옥측전선로와 조영물의 구분에 따른 이격거리

시설물의 구분		이격거리	
조영물의 상부 조영재	위쪽	연동 절연전선	2 [m]
		고압, 특고압 또는 케이블	1 [m]
	옆쪽 또는 아래쪽	옥외용 절연전선	0.6 [m]
		고압, 특고압 또는 케이블	0.3 [m]
상부 조영재 이외의 부분 또는 조영물 이외의 시설물		옥외용 절연전선	0.6 [m]
		고압, 특고압 또는 케이블	0.3 [m]

3 옥상전선로(221.3)

(1) 저압 옥상전선로의 시설

① 전선 : 인장강도 2.30 [kN] 이상의 것 또는 지름 2.6 [mm] 이상의 경동선
② 전선은 절연전선(OW전선을 포함) 또는 이와 동등 이상의 절연성능이 있는 것을 사용
③ 전선은 조영재에 견고하게 붙인 지지주 또는 지지대에 절연성·난연성 및 내수성이 있는 애자를 사용하여 지지하고 그 지지점 간의 거리는 15 [m] 이하

(2) 이격거리

① 저압 절연전선과 조영재 : 2 [m]
② 고압, 특고압 절연전선 케이블과 조영재 : 1 [m]
③ 옥상전선로의 전선이 다른 유사한 전선들과 접근하거나 교차하는 경우 : 1 [m]
④ 방호구에 넣어진 전선과 접근하거나 교차하는 경우 : 0.3 [m]
⑤ 옥상전선로의 전선이 다른 시설물과 접근하거나 교차하는 경우 : 0.6 [m]

예제 07

전개된 장소에서 저압 옥상전선로의 시설기준으로 적합하지 않은 것은?

① 전선은 절연전선을 사용하였다.
② 전선 지지점 간의 거리를 20 [m]로 하였다.
③ 전선은 지름 2.6 [mm]의 경동선을 사용하였다.
④ 저압 절연전선과 그 저압 옥상 전선로를 시설하는 조영재와의 이격거리를 2 [m]로 하였다.

해설 저압 옥상전선로의 시설(221.3)

- 전선은 인장강도 2.30 [kN] 이상의 것 또는 지름 2.6 [mm] 이상의 경동선 사용
- 전선은 절연전선(OW전선을 포함한다) 또는 이와 동등 이상의 절연성능이 있는 것을 사용할 것
- 전선은 조영재에 견고하게 붙인 지지주 또는 지지대에 절연성·난연성 및 내수성이 있는 애자를 사용하여 지지하고 또한 그 지지점 간의 거리는 15 [m] 이하일 것
- 전선과 그 저압 옥상 전선로를 시설하는 조영재와의 이격거리는 2 [m](전선이 고압 절연전선, 특고압 절연전선 또는 케이블인 경우에는 1 [m]) 이상일 것

정답 ②

4 저압 가공전선로(222)

(1) 저압 가공전선의 종류 및 굵기(222.5)

① 저압 가공전선의 종류
  ㉠ 나전선(중성선 또는 다중접지된 접지측 전선으로 사용하는 경우)
  ㉡ 절연전선
  ㉢ 다심형 전선
  ㉣ 케이블 사용

② 저압 가공전선의 굵기

400 [V] 이하	케이블 제외		인장강도 3.42 [kN] 이상 지름 3.2 [mm] 이상
	절연전선		인장강도 2.30 [kN] 이상 지름 2.6 [mm] 이상
400 [V] 초과	케이블 제외 (DV전선 사용불가)	시가지	인장강도 8.01 [kN] 이상, 지름 5 [mm] 이상
		시가지 외	인장강도 5.26 [kN] 이상, 지름 4 [mm] 이상

예제 08

저압 가공전선으로 사용할 수 없는 것은?

① 케이블　　② 절연전선　　③ 다심형 전선　　④ 나동복 강선

해설 저압 가공전선의 굵기 및 종류(222.5)

- 나전선(중성선 또는 다중접지된 접지 측 전선으로 사용하는 경우)
- 절연전선
- 다심형 전선
- 케이블

정답 ④

(2) 저압 가공 전선의 안전율(222.6)

경동선 또는 내열 동합금선	그 밖의 전선
2.2 이상	2.5 이상

예제 09

ACSR 전선을 사용전압 직류 1500 [V]의 가공 급전선으로 사용할 경우 안전율은 얼마 이상이 되는 이도로 시설하여야 하는가?

① 2.0　　② 2.1　　③ 2.2　　④ 2.5

해설 가공전선의 안전율(222.6, 332.4, 333.6)

- 안전율이 경동선 또는 내열 동합금선은 2.2 이상
- 그 밖의 전선은 2.5 이상이 되는 이도로 시설

정답 ④

(3) 저압 가공전선의 높이(222.7)

철도 또는 궤도	6.5 [m] 이상	
도로	6 [m] 이상	
횡단보도	3.5 [m] 이상	
	저압절연전선, 케이블	3 [m] 이상
그 외	5 [m] 이상	
	교통에 지장이 없는 경우	4 [m] 이상

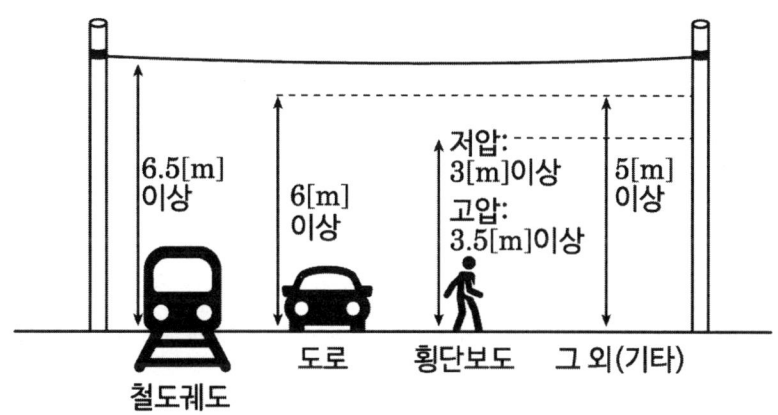

예제 10

저압 및 고압 가공전선의 높이는 도로를 횡단하는 경우와 철도를 횡단하는 경우에 각각 몇 [m] 이상이어야 하는가?

① 도로 : 지표상 5, 철도 : 레일면상 6
② 도로 : 지표상 5, 철도 : 레일면상 6.5
③ 도로 : 지표상 6, 철도 : 레일면상 6
④ 도로 : 지표상 6, 철도 : 레일면상 6.5

해설 가공전선의 높이(222.7, 332.5, 333.7)

구분	도로	철도 또는 궤도	횡단보도교의 위	이외의 경우
저고압 가공전선	6 [m] 이상	6.5 [m] 이상	3.5 [m] 이상	5 [m] 이상

정답 ④

(4) 저압 보안공사(222.10)

① 전선

케이블 이외의 경우	사용전압이 400 [V] 이하인 경우
인장강도 8.01 [kN] 이상 또는 지름 5 [mm] 이상 경동선	인장강도 5.26 [kN] 이상 또는 지름 4 [mm] 이상 경동선

예제 11

사용전압이 400 [V] 미만인 경우의 저압 보안 공사에 전선으로 경동선을 사용할 경우 지름은 몇 [mm] 이상인가?

① 2.6   ② 6.5   ③ 4.0   ④ 5.0

[해설] 저압 보안공사(222.10)

전선은 케이블인 경우 이외에는 인장강도 8.01 [kN] 이상의 것 또는 지름 5 [mm](사용전압이 400 [V] 이하인 경우에는 인장강도 5.26 [kN] 이상의 것 또는 지름 4 [mm] 이상의 경동선) 이상의 경동선이어야 한다.

[정답] ③

② 목주
  ㉠ 풍압하중에 대한 안전율 : 1.5 이상
  ㉡ 목주의 굵기는 말구의 지름 : 0.12 [m] 이상

③ 경간

지지물의 종류	경간
목주, A종 철주 또는 A종 철근 콘크리트주	100 [m] 이하
B종 철주 또는 B종 철근 콘크리트주	150 [m] 이하
철탑	400 [m] 이하

(5) 저압 가공전선 상호 간의 접근 또는 교차(222.16)

저압 가공전선과의 상태	이격거리
타 저압 가공전선과 접근상태일 때	0.6 [m] 이상
고압, 특고압, 케이블과 접근상태일 때	0.3 [m] 이상
다른 저압 가공전선로의 지지물 사이	0.3 [m] 이상

(6) 저압 가공전선과 건조물의 접근(222.11)

건조물 조영재의 구분		이격거리(이상)	
상부 조영재	위쪽	2 [m]	
		고압, 특고압 절연전선 또는 케이블인 경우	1 [m]
	옆쪽 또는 아래쪽	1.2 [m]	
		접촉우려 없는 저압	0.8 [m]
		고압, 특고압 절연전선 또는 케이블인 경우	0.4 [m]
기타의 조영재		1.2 [m]	
		접촉우려 없는 저압	0.8 [m]
		고압, 특고압 절연전선 또는 케이블인 경우	0.4 [m]

예제 12

저압 가공전선이 건조물의 상부 조영재 옆쪽으로 접근하는 경우 저압 가공전선과 건조물의 조영재 사이의 이격거리는 몇 [m] 이상이어야 하는가? (단, 전선에 사람이 쉽게 접촉할 우려가 없도록 시설한 경우와 전선이 고압 절연전선, 특고압 절연전선 또는 케이블인 경우는 제외한다)

① 0.6
② 0.8
③ 1.2
④ 2.0

해설 저압, 고압 가공전선과 건조물의 접근(222.11, 332.11)

구분	접근 형태	이격거리
상부 조영재	위쪽	2 [m]
	옆쪽 또는 아래쪽	1.2 [m]
기타의 조영재	-	1.2 [m]

정답 ③

(7) 저압 가공전선과 다른 시설물의 접근 또는 교차(222.18)

시설물의 구분		이격거리(이상)	
조영물의 상부 조영재	위쪽	2 [m]	
		고압, 특고압 절연전선 또는 케이블인 경우	1 [m]
	옆쪽 또는 아래쪽	0.6 [m]	
		고압, 특고압 절연전선 또는 케이블인 경우	0.3 [m]
상부 조영재 이외의 부분 또는 조영물 이외의 시설물		0.6 [m]	
		고압, 특고압 절연전선 또는 케이블인 경우	0.3 [m]

(8) 농사용 저압 가공전선로(222.22)

① 사용전압 : 저압

② 전선 : 인장강도 1.38 [kN] 이상의 것 또는 지름 2 [mm] 이상의 경동선

③ 시설 높이 : 3.5 [m] 이상(단, 사람이 쉽게 출입하지 못하는 곳 : 3 [m])

④ 목주의 굵기 : 지름 9 [cm] 이상

⑤ 전선로의 지지점 간 거리 : 30 [m] 이하

⑥ 접속점 가까이에 전용개폐기 및 과전류차단기(중성극 제외)를 각 극에 설치

예제 13

농사용 저압 가공전선로의 시설 기준으로 틀린 것은?

① 사용전압이 저압일 것
② 전선로의 경간은 40 [m] 이하일 것
③ 저압 가공전선의 인장강도는 1.38 [kN] 이상일 것
④ 저압 가공전선의 지표상 높이는 3.5 [m] 이상일 것

해설 농사용 저압 가공전선로의 시설(222.22)

- 사용전압은 저압일 것
- 전선로의 지지점 간 거리는 30 [m] 이하
- 저압 가공전선은 인장강도 1.38 [kN] 이상의 것 또는 지름 2 [mm] 이상의 경동선일 것. 저압 가공전선의 지표상의 높이는 3.5 [m] 이상일 것. 다만 저압 가공전선을 사람이 쉽게 출입하지 못하는 곳에 시설하는 경우에는 3 [m]까지로 감할 수 있다.

정답 ②

(9) 구내에 시설하는 저압 가공전선로(222.23)

① 전선 : 지름 2 [mm] 이상의 경동선의 절연전선 또는 이와 동등 이상의 세기 및 굵기의 절연전선(단, 경간이 10 [m] 이하인 경우에 한하여 공칭단면적 4 [mm²] 이상의 연동 절연전선 사용 가능)

② 전선로의 경간 : 30 [m] 이하

③ 시설 높이
   ㉠ 도로 횡단하는 경우 : 4 [m] 이상(교통에 지장이 없는 높이)
   ㉡ 도로를 횡단하지 않는 경우 : 3 [m] 이상

④ 다른 시설물과의 이격거리

시설물의 구분		이격거리	
조영물의 상부 조영재	위쪽	1 [m]	
	옆쪽 또는 아래쪽	저압 절연전선	0.6 [m]
		고압, 특고압 절연전선 또는 케이블인 경우	0.3 [m]
상부 조영재 이외의 부분 또는 조영물 이외의 시설물		저압 절연전선	0.6 [m]
		고압, 특고압 절연전선 또는 케이블인 경우	0.3 [m]

04 배선설비

1 일반사항(231)

(1) 저압 옥내배선의 사용전선(231.3.1)

① 전선은 단면적 2.5 [mm²] 이상의 연동선 또는 이와 동등 이상의 강도 및 굵기의 것

② 옥내배선의 사용 전압이 400 [V] 이하인 경우 사용가능한 전선
   ㉠ 단면적 1.5 [mm²] 이상의 연동선
   ㉡ 전광표시장치 : 0.75 [mm²] 이상인 다심케이블 또는 다심 캡타이어케이블
   ㉢ 진열장, 이동전선, 전구선 : 0.75 [mm²] 이상인 코드 또는 캡타이어케이블

예제 14

옥내배선의 사용 전압이 400 [V] 이하일 때 전광표시 기타 이와 유사한 장치 또는 제어회로 등의 배선에 다심 케이블을 시설하는 경우 배선의 단면적은 몇 [mm²] 이상인가?

① 0.75 ② 1.5
③ 1   ④ 2.5

해설 저압 옥내배선의 사용전선 및 중성선의 굵기(231.3)

전광표시장치 기타 이와 유사한 장치 또는 제어회로 등의 배선에 단면적 0.75 [mm²] 이상인 다심케이블 또는 다심 캡타이어케이블을 사용하고 또한 과전류가 생겼을 때에 자동적으로 전로에서 차단하는 장치를 시설

정답 ①

(2) 중성선의 단면적(231.3.2)
  ① 단면적이 선도체의 단면적 이상이어야 하는 중성선
    ㉠ 2선식 단상회로
    ㉡ 선도체의 단면적이 구리선 16 [mm²], 알루미늄선 25 [mm²] 이하인 다상 회로
    ㉢ 제3고조파 및 제3고조파의 홀수배수의 고조파 전류가 흐를 가능성이 높고 전류 종합고조파왜형률이 15 ~ 33 [%]인 3상회로
  ② 단면적이 선도체의 단면적보다 작아도 되는 경우
    ㉠ 중성선의 단면적이 구리선 16 [mm²], 알루미늄선 25 [mm²] 이상일 때
    ㉡ 통상적인 사용 시에 상과 제3고조파 전류 간에 회로 부하가 균형을 이루고 있고, 제3고조파 홀수배수 전류가 선도체 전류의 15 [%]를 넘지 않을 때

(3) 옥내배선에서 나전선의 사용이 가능한 경우(231.4)
  ① 전개된 곳의 애자공사
    ㉠ 전기로용 전선
    ㉡ 전선의 피복 절연물이 부식하는 장소에 시설하는 전선
    ㉢ 취급자 이외의 자가 출입할 수 없도록 설비한 장소에 시설하는 전선
  ② 덕트 공사
    ㉠ 버스덕트 공사   ㉡ 라이팅덕트 공사
  ③ 접촉전선의 시설
    ㉠ 이동용 기중기   ㉡ 유희용 자동차
    ㉢ 전차선

예제 15

옥내의 저압전선으로 나전선 사용이 허용되지 않는 경우는?

① 금속관공사에 의하여 시설하는 경우
② 버스덕트 공사에 의하여 시설하는 경우
③ 라이팅덕트 공사에 의하여 시설하는 경우
④ 애자사용공사에 의하여 전개된 곳에 전기로용 전선을 시설하는 경우

해설 나전선의 사용 가능(231.4)

- 애자공사에 의하여 전개된 곳에 버스덕트 공사, 라이팅덕트 공사에 의하여 시설하는 경우
- 전기로용 전선
- 전선의 피복 절연물이 부식하는 장소에 시설하는 전선
- 취급자 이외의 자가 출입할 수 없도록 설비한 장소에 시설하는 전선
- 접촉 전선을 시설하는 경우

정답 ①

(4) 옥내전로의 전압제한(231.6)
① 옥내전로의 대지전압 : 300 [V] 이하
② 옥내전로의 사용전압 : 400 [V] 이하
③ 전로 인입구에 감전보호용 누전차단기를 시설한다.
④ 옥내배선공사 : 합성수지관공사, 금속관공사, 케이블공사

예제 16

사무실 건물의 조명설비에 사용되는 백열전등 또는 방전등에 전기를 공급하는 옥내전로의 대지전압은 몇 [V] 이하인가?

① 250 ② 300 ③ 350 ④ 400

해설 옥내전로의 대지 전압의 제한(231.6)

백열전등 또는 방전등에 전기를 공급하는 옥내의 전로의 대지전압은 300 [V] 이하

정답 ②

2 배선설비(232)

(1) 배선설비 공사의 분류(232.2)

종류	공사방법
전선관시스템	합성수지관공사, 금속관공사, 가요전선관공사
케이블트렁킹시스템	합성수지몰드공사, 금속몰드공사, 금속트렁킹공사
케이블덕팅시스템	플로어덕트 공사, 셀룰러덕트 공사, 금속덕트 공사
애자공사	애자공사
케이블트레이시스템	케이블트레이 공사
케이블공사	고정하지 않는 방법, 직접 고정하는 방법, 지지선 방법

(2) 배선설비 시 고려사항(232.3)

① 회로구성
  ㉠ 하나의 회로도체는 다른 케이블이나 전선관, 시스템을 통해 배선해서는 안 된다.
  ㉡ 여러 개의 주회로에 공통 중성선을 사용할 수 없다.

② 전기적 접속 시 고려사항
  ㉠ 도체와 절연재료
  ㉡ 도체를 구성하는 소선의 가닥수와 형상
  ㉢ 도체의 단면적
  ㉣ 함께 접속되는 도체의 수

③ 접근이 가능하지 않아도 되는 전기적 접속부
  ㉠ 지중매설용으로 설계된 접속부
  ㉡ 충전재 채움 또는 캡슐 속의 접속부
  ㉢ 히팅시스템 등 발열체와 리드선과의 접속부
  ㉣ 적절한 제품표준에 적합한 기기의 일부를 구성하는 접속부

④ 배선설비와 다른 공급설비와의 접근
  ㉠ 옥내배선간의 이격거리 : 0.1 [m](나전선인 경우 : 0.3 [m])
  ㉡ 옥내배선과 약전류전선, 수도관, 가스관과의 이격거리 : 0.1 [m](나전선인 경우 : 0.3 [m])

⑤ 절연물의 허용온도

절연물의 종류	최고허용온도(°C)
열가소성 물질(PVC)	70
열경화성 물질	90
사람의 접촉 우려가 있는 것	70
사람의 접촉에 노출되지 않는 것	105

(3) 옥내에 시설하는 저압 접촉전선 배선(232.81)

① 애자공사, 버스덕트 공사, 또는 절연트롤리공사를 실시한다.

② 저압 접촉전선을 애자공사에 의하여 옥내의 전개된 장소에 시설하는 경우

㉠ 전선의 높이 : 3.5 [m] 이상

㉡ 전선의 최대 사용전압 : 60 [V] 이하

㉢ 전선과의 이격거리 : 위쪽 2.3 [m] 이상 옆쪽 1.2 [m] 이상

㉣ 전선의 인장강도

400 [V] 초과	400 [V] 이하
인장강도 11.2 [kN] 이상 또는 지름 6 [mm] 이상의 경동선으로 단면적이 28 [mm^2] 이상	인장강도 3.44 [kN] 이상 또는 지름 3.2 [mm] 이상의 경동선으로 단면적이 8 [mm^2] 이상

㉤ 전선의 지지점 간의 거리 : 6 [m] 이하

㉥ 전선 상호 간의 간격

수평으로 배열하는 경우	그 외의 경우
0.14 [m] 이상	0.2 [m] 이상

(단, 은폐된 장소에 시설하는 경우는 0.12 [m] 이상)

㉦ 전선과 조영재 사이의 이격거리

습기, 물기가 있는 곳	기타의 곳
45 [mm] 이상	25 [mm] 이상

(단, 은폐된 장소에 시설하는 경우는 45 [mm] 이상)

㉧ 애자는 절연성, 난연성 및 내수성이 있는 것을 사용

예제 17

사용전압이 440 [V]인 이동기중기용 접촉전선을 애자사용 공사에 의하여 옥내의 전개된 장소에 시설하는 경우 사용하는 전선으로 옳은 것은?

① 인장강도가 3.44 [kN] 이상인 것 또는 지름 2.6 [mm] 의 경동선으로 단면적이 8 [mm^2] 이상
② 인장강도가 3.44 [kN] 이상인 것 또는 지름 3.2 [mm]의 경동선으로 단면적이 18 [mm^2] 이상
③ 인장강도가 11.2 [kN] 이상인 것 또는 지름 6 [mm] 의 경동선으로 단면적이 28 [mm^2] 이상
④ 인장강도가 11.2 [kN] 이상인 것 또는 지름 8 [mm]의 경동선으로 단면적이 18 [mm^2] 이상

해설 옥내에 시설하는 저압 접촉전선 배선(232.81)

전선은 인장강도 11.2 [kN] 이상의 것 또는 지름 6 [mm]의 경동선으로 단면적이 28 [mm^2] 이상

정답 ③

③ 저압 접촉전선을 버스덕트 공사에 의하여 옥내에 시설하는 경우
   ㉠ 도체는 단면적 20 [mm^2] 이상의 띠 모양 또는 지름 5 [mm] 이상의 관모양이나 둥글고 긴 막대 모양의 동 또는 황동을 사용해야 한다.
   ㉡ 도체지지물은 절연성·난연성 및 내수성이 있는 견고한 것으로 한다.
   ㉢ 덕트의 개구부는 아래를 향하여 시설한다.
   ㉣ 덕트의 끝 부분은 충전부분이 노출되지 않는 구조로 한다.
   ㉤ 접지공사를 실시한다.

사용전압 400 [V] 초과	사용전압 400 [V] 이하
특별 접지공사	접지공사

④ 저압 접촉전선을 절연 트롤리 공사에 의하여 시설하는 경우
   ㉠ 절연 트롤리선은 사람이 쉽게 접할 우려가 없도록 시설
   ㉡ 절연트롤리선의 도체는 지름 6 [mm]의 경동선 또는 이와 동등 이상의 세기의 것으로서 단면적이 28 [mm^2] 이상이어야 한다.
   ㉢ 절연 트롤리선의 개구부는 아래 또는 옆으로 향하여 시설
   ㉣ 절연 트롤리선의 끝 부분은 충전부분이 노출되지 않는 구조로 시설
   ㉤ 절연 트롤리선 지지점 간의 거리 : 6 [m] 이하

단면적의 구분	지지점 간격
500 [mm²] 미만	2 [m] 이상(굴곡 반지름이 3 [m] 이하인 곡선 부분에서 1 [m])
500 [mm²] 이상	3 [m] 이상(굴곡 반지름이 3 [m] 이하인 곡선 부분에서 1 [m])

(4) 옥측 또는 옥외에 시설하는 접촉전선의 배선(232.81)
　① 애자공사, 버스덕트 공사 또는 절연트롤리공사에 의하여 시설
　② 저압 접촉전선을 애자공사에 의하여 옥측 또는 옥외에 시설하는 경우
　　㉠ 전선 상호 간의 간격
　　　• 전선을 수평으로 배열하는 경우 : 0.14 [m] 이상
　　　• 기타의 경우에는 0.2 [m] 이상
　　㉡ 전선과 조영재 사이의 이격거리 : 45 [mm] 이상
　③ 버스덕트 공사나 절연트롤리공사에 의하여 시설하는 경우에는 물이 고이지 않게 시설한다.

3 애자사용 공사(232.56)

(1) 애자사용 공사의 특징
　① 애자를 사용한 배선공사로 옥내배선공사방법의 일종
　② 절연전선을 노브 애자에 감아서 배선하는 방식
　③ 보통 목조 건물에 적합하며 접촉할 우려가 없도록 배선
　④ 애자의 구비조건 : 절연성, 난연성, 내수성

(2) 애자사용 공사의 시공
　① 절연전선을 사용하지만 다음과 같은 경우는 나전선을 사용할 수 있다.
　　㉠ 열에 의한 영향을 받는 장소
　　㉡ 전선 피복이 부식되는 장소
　　㉢ 취급자 이외의 사람이 출입할 수 없는 장소
　② 애자 지지점 간 거리 : 2 [m] 이하
　③ 시공 전선 간 이격거리

구분	400 [V] 이하	400 [V] 초과
전선 상호 간 거리	6 [cm] 이상	6 [cm] 이상
전선과 조영재의 거리	2.5 [cm] 이상	4.5 [cm] 이상 (건조한 곳은 2.5 [cm] 이상)

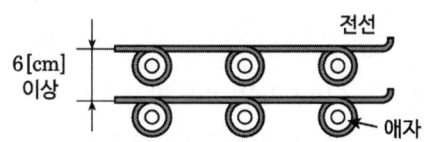

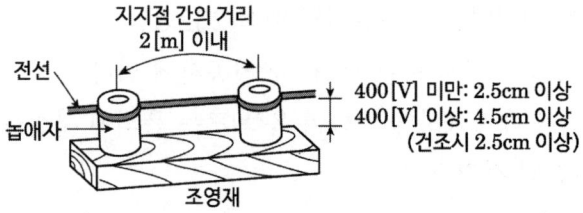

예제 18

애자사용 공사에 의한 저압 옥내배선 시설 중 틀린 것은?

① 전선은 인입용 비닐 절연전선일 것
② 전선 상호 간의 간격은 6 [cm] 이상일 것
③ 전산의 지지점 간의 거리는 전선을 조영재의 윗면에 따라 붙일 경우에는 2 [m] 이하일 것
④ 전선과 조영재 사이의 이격거리는 사용 전압이 400 [V] 미만인 경우에는 2.5 [cm] 이상일 것

해설 애자공사(232.56)

- 전선은 다음의 경우 이외에는 절연전선(옥외용 비닐절연전선 및 인입용 비닐절연전선을 제외)일 것
- 전선 상호 간의 간격은 0.06 [m] 이상일 것
- 전선의 지지점 간의 거리는 전선을 조영재의 윗면 또는 옆면에 따라 붙일 경우에는 2 [m] 이하일 것

구분	400 [V] 이하	400 [V] 초과
전선 상호 간격	6 [cm] 이상	
전선과 조영재 이격거리	25 [mm] 이상	45 [mm] 이상 (건조한 곳 25 [mm])

정답 ①

4 케이블공사(232.51)

(1) 케이블 배선의 특징

① 절연전선보다는 안정성 우수하여 많은 곳에 사용된다.

② 다른 배선 방식에 비해 시공이 우수하다.

(2) 케이블 배선의 시공

① 강한 기계적 충격이나 과도한 압력을 받을 우려가 있는 곳은 피한다.

② 마루바닥, 벽, 천장, 기둥 등에 직접 시설하지 않는다.

③ 케이블을 구부리는 경우 곡률 반지름

㉠ 연피 없음 : 케이블 바깥지름의 6배(단심 8배) 이상

㉡ 연피 있음 : 케이블 바깥지름의 12배(단심 15배) 이상

④ 케이블 지지점 간 거리 :

㉠ 아랫면 또는 옆면에 따라 붙이는 경우 : 2 [m] 이하
(단, 캡타이어 케이블 : 1 [m] 이하)

㉡ 수직으로 붙이는 경우 : 6 [m] 이하

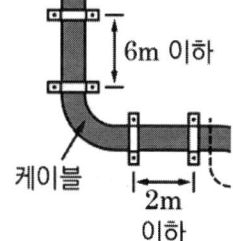

(3) 수직케이블의 포설

① 수직으로 시설에 적합한 케이블

㉠ 비닐외장케이블 또는 클로로프렌외장케이블

- 도체에 동을 사용하는 경우 : 공칭단면적 25 [mm^2] 이상
- 도체에 알루미늄을 사용하는 경우 : 공칭단면적 35 [mm^2] 이상

㉡ 강심알루미늄 도체 케이블

㉢ 수직조가용선 부(付)케이블

- 인장강도 5.93 [kN] 이상의 금속선
- 조가용선의 인장강도 : 케이블 중량의 4배

② 수직케이블의 시설

㉠ 안전율 : 4 이상

㉡ 충전부분이 노출되지 않도록 시설한다.

㉢ 분기부분에는 진동 방지장치를 시설한다.

예제 19

케이블 공사에 의한 저압 옥내배선의 시설방법에 대한 설명으로 틀린 것은?

① 전선은 케이블 및 캡타이어케이블로 한다.
② 콘크리트 안에는 전선에 접속점을 만들지 아니한다.
③ 중량물의 압력 또는 현저한 기계적 충격을 받을 우려가 있는 곳에 포설하는 케이블에는 적당한 방호 장치를 할 것
④ 전선을 조영재의 옆면에 따라 붙이는 경우 전선의 지지점 간의 거리를 케이블은 3 [m] 이하로 한다.

해설 케이블공사(232.51)

시설조건(232.51.1)
- 전선은 케이블 및 캡타이어케이블일 것
- 중량물의 압력 또는 현저한 기계적 충격을 받을 우려가 있는 곳에 포설하는 케이블에는 적당한 방호 장치를 할 것
- 전선을 조영재의 아랫면 또는 옆면에 따라 붙이는 경우에는 전선의 지지점 간의 거리를 케이블은 2 [m]
- 콘크리트 안에는 전선에 접속점을 만들지 아니할 것

정답 ④

5 전선관 시스템(232.10)

(1) 합성수지관 공사(232.11)

① 절연전선 사용(OW 제외)
 ㉠ 단선일 때 구리선 10 [mm^2] 알루미늄선 16 [mm^2] 이하 사용
 ㉡ 그 이상은 연선 사용
② 관내에 전선의 접속점을 만들지 않는다.
③ 관의 지지점 간 거리 : 1.5 [m] 이하
④ 직각으로 구부릴 때(L형)곡률 반지름 : 관 안지름의 6배

$$r = 6d + \frac{D}{2}$$

d : 안쪽 반지름 D : 바깥쪽 반지름

⑤ 이중천장 내에는 시설할 수 없다.

⑥ 합성수지관의 접속 시 삽입하는 관의 길이

　㉠ 관 상호접속은 커플링을 이용한다.

　㉡ 삽입하는 관의 길이 : 바깥지름의 1.2배(접착제 사용 시 0.8배) 이상

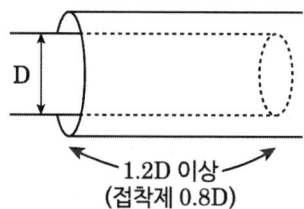

　㉢ 합성수지제 가요전선관 상호 간은 직접 접속하지 않는다.

예제 20

저압 옥내배선 합성수지관 공사 시 연선이 아닌 경우 사용할 수 있는 전선의 최대 단면적은 몇 [mm²]인가? (단, 알루미늄선은 제외한다)

① 4
② 6
③ 10
④ 16

해설 합성수지관공사(232.11)

- 전선은 절연전선(옥외용 비닐절연전선을 제외)일 것
- 단선일 경우 단면적 10 [mm²](알루미늄선은 단면적 16 [mm²]) 이하의 것

정답 ③

(2) 금속관 공사(232.12)

① 전선은 절연전선 사용(OW 제외)

　㉠ 단선일 때 구리선 10 [mm²] 알루미늄선 16 [mm²] 이하 사용

　㉡ 그 이상은 연선 사용

　㉢ 교류 회로에서는 1회로의 모든 전선을 동일한 관에 넣는다.

　㉣ 전선은 금속관 안에서 접속점이 없도록 한다.

　㉤ 누전사고의 방지를 위해 접지공사를 실시하여야 한다.

② 관의 두께와 공사

　㉠ 콘크리트에 매설하는 경우 : 1.2 [mm] 이상

　㉡ 기타 : 1 [mm] 이상

　㉢ 이음매가 없는 길이 4 [m] 이하인 것 : 0.5 [mm] 이상

③ 노출 배관 시 지지점 간 거리 : 2 [m] 이하

④ L형 곡률 반지름(밴더 사용) : 관 안지름의 6배 이상

$$r = 6d + \frac{D}{2}$$

d : 안쪽 반지름 D : 바깥쪽 반지름

⑤ 금속관과 전선의 단면적관계
  ㉠ 동일한 굵기의 절연전선을 넣을 경우 : 전선관 내 단면적의 48 [%] 이하
  ㉡ 다른 굵기의 절연전선을 넣을 경우 : 전선관 내 단면적의 32 [%] 이하

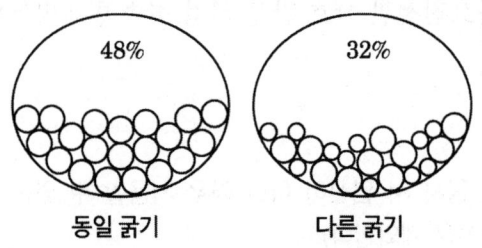

동일 굵기   다른 굵기

예제 21

옥내 배선의 사용전압이 220 [V]인 경우 금속관 공사의 기술기준으로 옳은 것은?

① 금속관과 접속부분의 나사는 3턱 이상으로 나사 결합을 하였다.
② 전선은 옥외용 비닐절연전선을 사용하였다.
③ 콘크리트에 매설하는 전선관의 두께는 1.0 [mm]를 사용하였다.
④ 관의 끝부분에는 절연부싱 또는 이와 유사한 것을 사용하였다.

해설 금속관공사(232.12)

- 전선은 절연전선(옥외용 비닐절연전선 제외)일 것
- 관의 두께는 콘크리트에 매입하는 것은 1.2 [mm] 이상
- 전선관과의 접속부분의 나사는 5턱 이상 완전히 나사결합이 될 수 있는 길이일 것
- 관의 끝부분에는 절연부싱 또는 이와 유사한 것을 사용하여야 한다.

정답 ④

(3) 금속제 가요전선관 공사(232.13)
　① 절연전선 사용(OW 제외)
　　㉠ 단선일 때 구리선 10 [mm^2] 알루미늄선 16 [mm^2] 이하 사용
　　㉡ 그 이상은 연선 사용
　② 관내에 전선의 접속점을 만들지 않는다.
　③ 건조하고 전개된 장소와 점검할 수 있는 은폐장소에 시설 가능하다(단, 기계적 충격을 받을 우려가 있는 장소는 피할 것).
　④ 지지점 간 거리 : 1 [m] 이하
　⑤ L형 곡률 반지름 : 관 안지름의 6배 이상 (관을 시설 및 제거가 자유로운 경우 3배)
　⑥ 금속제 가요전선관의 접속시 부속품
　　㉠ 가요 전선관 상호 접속 : 스플릿 커플링
　　㉡ 가요 전선관과 금속관과의 접속 : 콤비네이션 커플링
　　㉢ 가요 전선관과 BOX와의 접속 : 스트레이트 BOX커넥터, 앵글 BOX커넥터

예제 22

가요전선관 공사에 대한 설명 중 틀린 것은?

① 가요전선관 안에서는 전선의 접속점이 없어야 한다.
② 1종 금속제 가요 전선관의 두께는 1.2 [mm] 이상이어야 한다.
③ 가요전선관 내에 수용되는 전선은 연선이어야 하며 단면적 10 [mm^2] 이하는 무방하다.
④ 가요전선관 내에 수용되는 전선은 옥외용 비닐 절연전선을 제외하고는 절연전선이어야 한다.

해설 금속제 가요전선관공사(232.13)

- 전선은 절연전선(옥외용 비닐절연전선을 제외한다)일 것
- 전선은 연선일 것 다만 단면적 10 [mm^2](알루미늄선은 단면적 16 [mm^2]) 이하인 것은 그러하지 아니하다.
- 가요전선관 안에는 전선에 접속점이 없도록 할 것
- 1종 금속제 가요전선관에는 단면적 2.5 [mm^2] 이상의 나연동선

정답 ②

6 케이블트렁킹 시스템(232.20)

(1) 합성수지몰드 공사(232.21)
   ① 절연전선을 사용(OW 제외)
   ② 사용전압은 400 [V] 이하에 사용한다.
   ③ 지지점과의 거리 : 40 ~ 50 [cm]
   ④ 몰드 안에는 전선의 접속점이 없도록 한다(합성수지제 조인트 박스 사용 시 가능).
   ⑤ 합성수지몰드의 조건
      ㉠ 홈의 폭과 깊이 : 35 [mm] 이하(사람접촉이 없는 경우 폭 50 [mm] 이하)
      ㉡ 두께 : 2 [mm] 이상(사람 접촉이 없는 경우 두께 1 [mm] 이상)

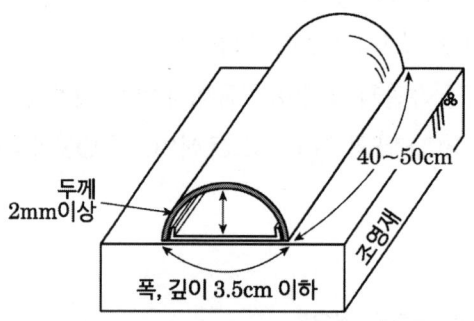

예제 23

합성수지 몰드 공사에 의한 저압 옥내배선의 시설방법으로 옳지 않은 것은?
① 합성수지 몰드는 홈의 폭 및 깊이가 3.5 [cm] 이하의 것이어야 한다.
② 전선은 옥외용 비닐절연전선을 제외한 절연전선이어야 한다.
③ 합성수지 몰드 상호 간 및 합성수지몰드와 박스 기타의 부속품과는 전선이 노출되지 않도록 접속한다.
④ 합성수지 몰드 안에는 접속점을 1개소까지 허용한다.

[해설] 합성수지몰드공사(232.21)

- 합성수지몰드는 홈의 폭 및 깊이가 35 [mm] 이하
- 전선은 절연전선(옥외용 비닐절연전선을 제외)일 것
- 합성수지몰드 상호 간 및 합성수지 몰드와 박스 기타의 부속품과는 전선이 노출되지 아니하도록 접속할 것
- 합성수지몰드 안에는 전선에 접속점이 없도록 할 것

[정답] ④

(2) 금속몰드 공사(232.22)

① 전선은 절연전선(OW 제외)을 사용한다.
② 사용전압은 400 [V] 이하에 사용한다.
③ 지지점 간 거리 : 1.5 [m]
④ 1종 금속 몰드에 넣는 전선 수 : 10본 이하
⑤ 몰드 안에는 전선의 접속점이 없도록 한다(금속제 조인트 박스 사용 시 가능).
⑥ 황동제 또는 동제의 몰드는 폭이 50 [mm] 이하, 두께 0.5 [mm] 이상
⑦ 접지공사를 실시한다.

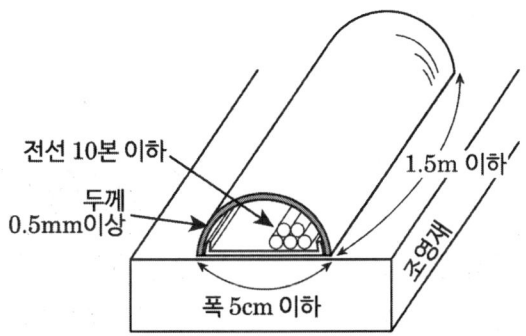

(3) 케이블트렌치 공사(232.24)
① 옥내배선공사를 위하여 바닥을 파서 만든 도랑 및 부속설비를 말한다.
② 옥내배선의 시설
  ㉠ 전선 : 연피케이블, 알루미늄피 케이블 또는 절연전선
  ㉡ 받침대 시설간격 : 2 [m] 이내
  ㉢ 케이블트렌치 내부에는 수관·가스관 등 다른 시설물을 설치하지 않는다.
③ 케이블트렌치의 구조
  ㉠ 케이블트렌치의 바닥 또는 측면에는 받침대를 설치
  ㉡ 케이블트렌치의 뚜껑, 받침대 등 금속재는 내식성의 재료이거나 방식처리를 한다.
  ㉢ 바닥 및 측면에는 방수처리하고 물이 고이지 않도록 한다.
④ 부속설비에 사용되는 금속재는 접지공사를 한다.

7 케이블덕팅 시스템(232.30)

(1) 금속덕트(232.31)
　① 경제적이며 증설, 변경이 용이하여 다수의 전선을 수용할 때 사용한다.
　② 폭 4 [cm]를 넘고, 두께 1.2 [mm] 이상인 철판으로 제작
　③ 지지점 간 거리 : 3 [m] 이하(취급자가 출입할 수 없도록 설비한 곳에서 수직으로 붙이는 경우 : 6 [m])
　④ 이물질의 침입을 방지하기 위해 덕트 끝부분은 막는다.
　⑤ 내부에 전선의 접속점이 없도록 하고 접지공사를 실시한다.
　⑥ 금속덕트와 전선의 수용량
　　㉠ 전선은 절연전선일 것(OW 제외)
　　㉡ 전선의 단면적은 덕트 내 단면적의 20 [%] 이하
　　㉢ 전광사인장치, 출퇴근 표시등, 및 제어회로 등의 배선에 사용되는 전선만을 사용하는 경우 : 50 [%] 이하

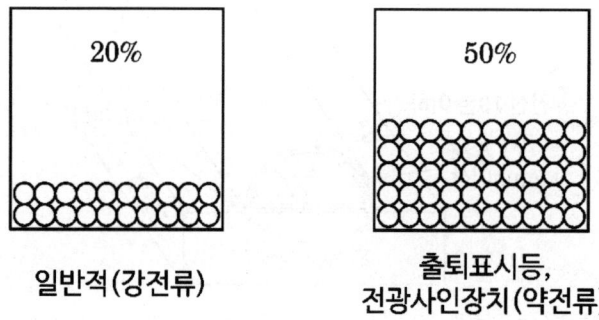

예제 24

금속덕트 공사에 의한 저압 옥내배선공사 시설에 대한 설명으로 틀린 것은?
① 덕트의 끝부분은 막을 것
② 금속덕트는 두께 1.0 [mm] 이상인 철판으로 제작하고 덕트 상호 간에 완전하게 접속한다.
③ 덕트를 조영재에 붙이는 경우 덕트 지지점 간의 거리를 3 [m] 이하로 견고하게 붙인다.
④ 금속덕트에 넣은 전선의 단면적의 합계가 덕트의 내부 단면적의 20 [%] 이하가 되도록 한다.

> **해설** 금속덕트의 선정(232.31.2), 금속덕트의 시설(232.31.3)
>
> (1) 금속덕트의 선정
> - 폭이 40 [mm] 이상, 두께가 1.2 [mm] 이상인 철판 또는 동등 이상의 기계적 강도를 가지는 금속제의 것으로 견고하게 제작한 것일 것
>
> (2) 금속덕트의 시설
> - 덕트 상호 간은 견고하고 또한 전기적으로 완전하게 접속할 것
> - 덕트의 끝부분은 막을 것
>
> **정답** ②

(2) 플로어덕트(232.32)
① 옥내의 건조한 콘크리트 바닥에 매입할 경우에 시설한다.
② 사무실, 은행, 백화점 등의 배선이 분산된 장소에 사용한다.
③ 전선은 절연전선(OW 제외)을 사용한다.
  ㉠ 단선은 단면적 10 [mm²](알루미늄선은 단면적 16 [mm²] 이하)
  ㉡ 그 이상의 전선은 연선일 것
④ 플로어덕트 안에는 전선에 접속점이 없도록 해야 한다(분기하는 경우 제외).
⑤ 400 [V] 이하에서 주로 사용한다.
⑥ 덕트의 끝부분은 막고 접지공사를 한다.
⑦ 플로어덕트 내 수용율은 32 [%] 이하가 되도록 한다.

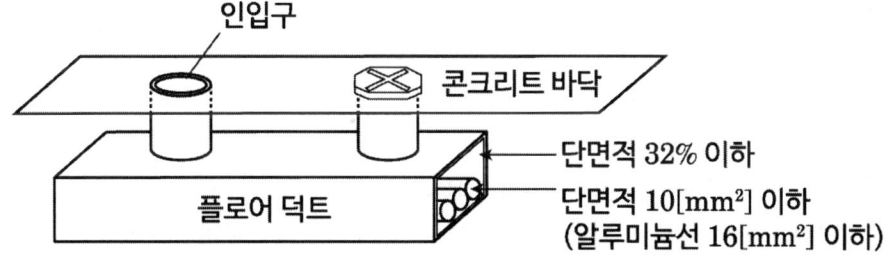

(3) 셀룰러덕트(232.33)
① 전선은 절연전선(OW 제외)을 사용
  ㉠ 단선은 단면적 10 [mm²](알루미늄선은 단면적 16 [mm²]) 이하
  ㉡ 그 이상의 전선은 연선일 것
② 셀룰러덕트 안에는 전선의 접속점을 만들지 않는다(분기하는 경우 제외).
③ 강판으로 제작할 것
④ 덕트 끝과 안쪽 면은 전선의 피복이 손상되지 않도록 매끈해야 한다.

⑤ 셀룰러덕트의 판 두께

덕트의 최대 폭	덕트의 판 두께
150 [mm] 이하	1.2 [mm] 이상
150 [mm] 초과 200 [mm] 이하	1.4 [mm] 이상
200 [mm] 초과	1.6 [mm] 이상

• 부속품의 판 두께는 1.6 [mm] 이상일 것

⑥ 물이 고이는 부분은 없도록 시설한다.
⑦ 덕트의 끝부분은 막고 접지공사를 실시한다.

8 케이블트레이 시스템(232.40)

(1) 케이블트레이 공사(232.41)
① 케이블을 지지하기 위한 구조물 공사
② 금속재 또는 불연성 재료로 제작된다.
③ 구조에 따라 사다리형, 펀칭형, 메시형, 바닥 밀폐형 등이 있다.

예제 25

케이블을 지지하기 위하여 사용하는 금속제 케이블트레이의 종류가 아닌 것은?
① 사다리형　　　　② 통풍 밀폐형
③ 통풍 채널형　　　④ 바닥 밀폐형

해설 케이블트레이 공사(232.41)

케이블트레이 공사는 케이블을 지지하기 위하여 사용하는 금속재 또는 불연성 재료로 제작된 유닛 또는 유닛의 집합체 및 그에 부속하는 부속재 등으로 구성된 견고한 구조물을 말하며 사다리형, 펀칭형, 메시형, 바닥밀폐형 기타 이와 유사한 구조물을 포함하여 적용한다.

정답 ②

(2) 수평트레이 공사의 시설조건(232.41.1)
   ① 다심케이블 포설 시
      ㉠ 케이블 지름의 합계는 트레이의 내측폭 이하로 하고 단층으로 시설한다.
      ㉡ 벽면과의 간격 : 20 [mm] 이상 이격하여 설치

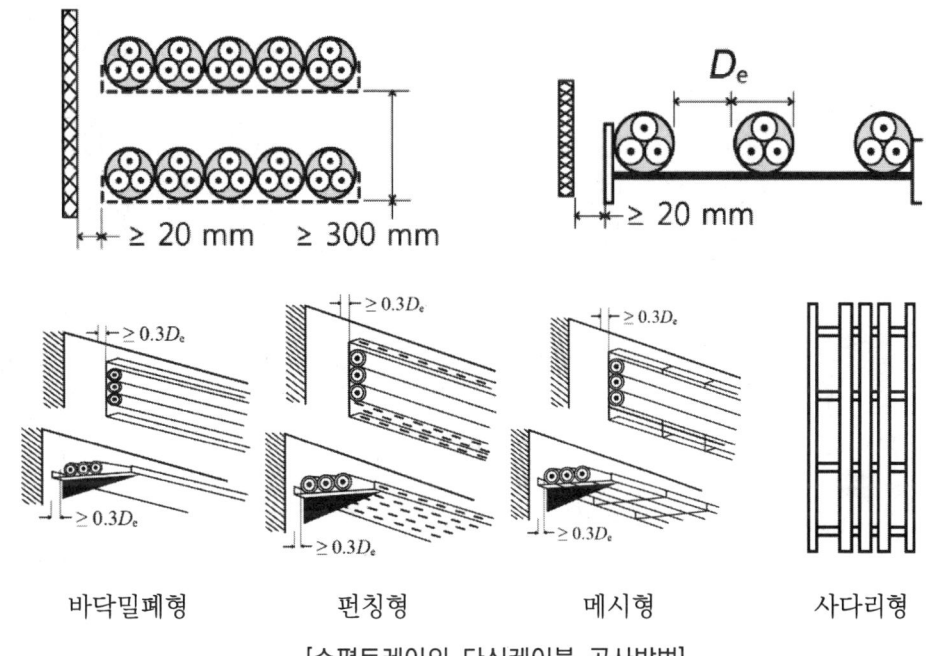

[수평트레이의 다심케이블 공사방법]

   ② 단심케이블 포설 시
      ㉠ 케이블 지름의 합계는 트레이의 내측폭 이하로 하고 단층으로 시설한다.
         (단, 삼각포설 시에는 묶음단위 사이의 간격은 단심케이블 지름의 2배 이상 이격하여 포설)
      ㉡ 벽면과의 간격 : 20 [mm] 이상 이격하여 설치한다.

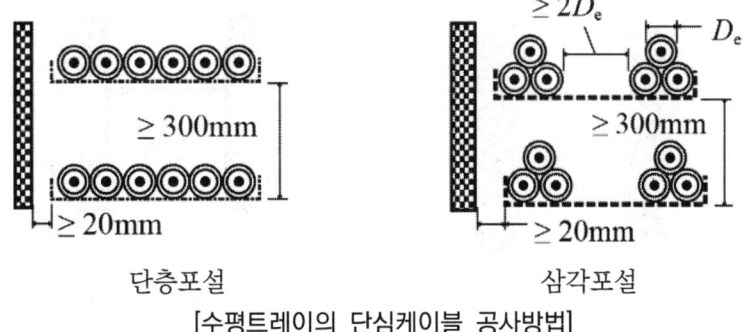

[수평트레이의 단심케이블 공사방법]

(3) 수직트레이 공사의 시설조건(232.41.1)
   ① 다심케이블 포설 시
      ㉠ 케이블의 지름의 합계는 트레이의 내측폭 이하로 하고 단층으로 포설한다.
      ㉡ 벽면과의 간격 : 가장 굵은 케이블의 바깥지름의 0.3배 이상 이격한다.

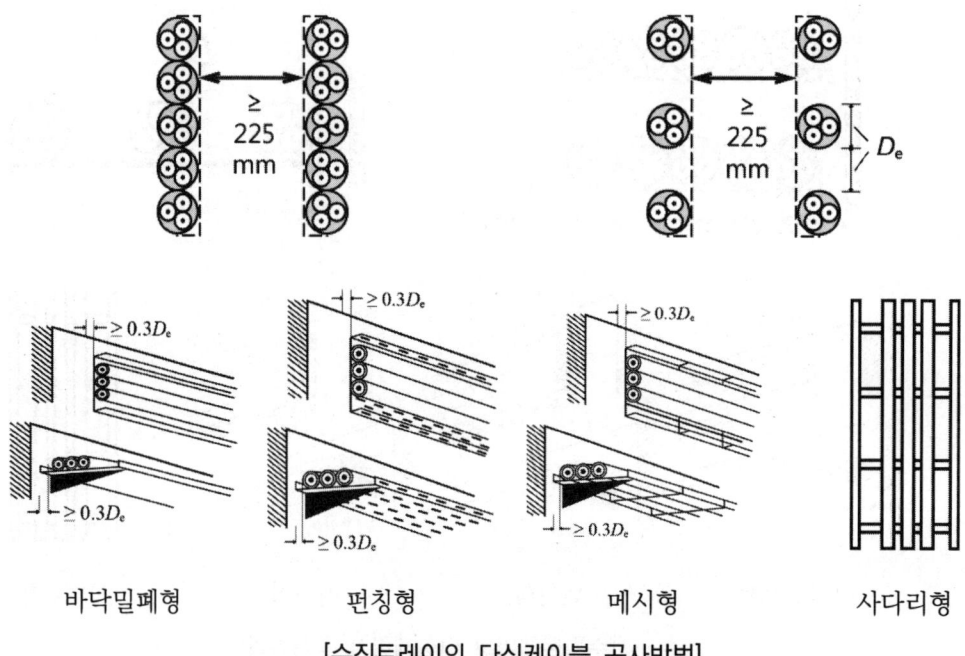

[수직트레이의 다심케이블 공사방법]

   ② 단심케이블 포설 시
      ㉠ 케이블 지름의 합계는 트레이의 내측폭 이하로 하고 단층으로 포설한다.
        (단, 삼각포설 시에는 묶음단위 사이의 간격은 단심케이블 지름의 2배 이상 이격하여 설치)
      ㉡ 벽면과의 간격 : 가장 굵은 단심케이블 바깥지름의 0.3배 이상 이격한다.

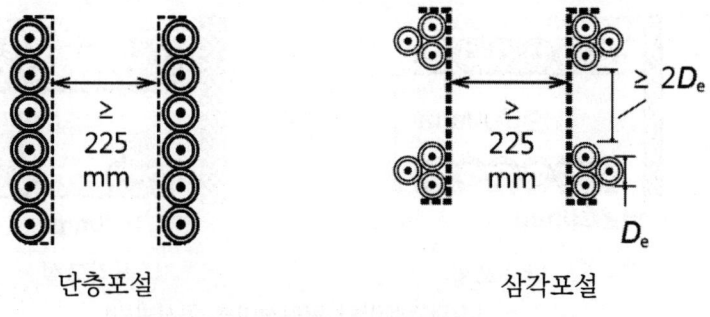

[수직트레이의 단심케이블 공사방법]

예제 26

저압 옥내배선을 케이블트레이 공사로 시설하려고 한다. 틀린 것은?

① 저압 케이블과 고압 케이블은 동일 케이블트레이 내에 시설하여서는 안 된다.
② 케이블트레이 내에서는 전선을 접속하여서는 안 된다.
③ 수평으로 포설하는 케이블 이외의 케이블은 케이블트레이의 가로대에 견고하게 고정시킨다.
④ 절연금속을 금속관에 넣으면 케이블트레이 공사에 사용할 수 있다.

해설 케이블트레이 공사(232.41.1)

케이블트레이 안에서 전선을 접속하는 경우에는 전선 접속부분에 사람이 접근할 수 있고, 또한 그 부분이 측면 레일 위로 나오지 않도록 하고 그 부분을 절연처리하여야 한다.

정답 ②

(4) 케이블트레이의 선정(232.41.2)
  ① 안전율 : 1.5 이상
  ② 금속재의 경우 내식성을 갖추어야 한다.
  ③ 비금속재의 경우 난연성 재료이어야 한다.
  ④ 금속제 트레이는 접지공사를 실시한다.

예제 27

케이블트레이 공사에 사용하는 케이블트레이에 대한 기준으로 틀린 것은?

① 안전율은 1.5 이상으로 하여야 한다.
② 비금속제 케이블트레이는 수밀성 재료의 것이어야 한다.
③ 금속제 케이블트레이 계통은 기계적 및 전기적으로 완전하게 접속하여야 한다.
④ 전선의 피복 등을 손상시킬 돌기 등이 없이 매끈해야 한다.

해설 케이블트레이의 선정(232.41.2)

- 케이블트레이의 안전율은 1.5 이상
- 비금속제 케이블트레이는 난연성 재료의 것

정답 ②

9 버스바트렁킹(버스덕트) 시스템(232.60)

(1) 버스덕트 공사 시설조건(232.61.1)
    ① 나도체를 절연물로 지지하고, 강판 또는 알루미늄으로 만든 덕트 내에 수용한다.
    ② 덕트를 조영재에 붙이는 경우에는 덕트의 지지점 간 거리 : 3 [m]
        (취급자가 출입할 수 없도록 설비한 곳에서 수직으로 붙이는 경우 : 6 [m])
    ③ 환기형의 것을 제외하고 덕트의 끝부분은 막는다.
    ④ 접지공사를 한다.

(2) 버스덕트의 도체(232.61.2)
    ① 단면적 20 [mm^2] 이상의 띠 모양의 구리
    ② 단면적 30 [mm^2] 이상의 띠 모양의 알루미늄
    ③ 지름 5 [mm] 이상의 관모양이나 둥글고 긴 막대 모양의 동

예제 28

버스 덕트 공사에 의한 저압 옥내배선 시설공사에 대한 설명으로 틀린 것은?
① 덕트(환기형의 것을 제외)의 끝부분은 막지 말 것
② 버스덕트 공사는 전선이 절연전선이 아니어도된다
③ 덕트(환기형의 것을 제외)의 내부에 먼지가 침입하지 아니하도록 할 것
④ 덕트를 조영재에 붙이는 경우에는 덕트의 지지점 간의 거리를 3 [m] 이하로 하고 또한 견고하게 붙일 것

해설 버스덕트 공사(232.61)

- 덕트(환기형의 것을 제외)의 끝부분은 막을 것
- 덕트(환기형의 것을 제외)의 내부에 먼지가 침입하지 아니하도록 할 것

정답 ①

(3) 버스덕트의 선정

① 도체 지지물은 절연성, 난연성 및 내수성이 있는 견고한 것으로 한다.

② 덕트의 두께

덕트의 최대 폭[mm]	덕트의 판 두께 [mm]		
	강판	알루미늄판	합성수지판
150 이하	1.0	1.6	2.5
150 초과 300 이하	1.4	2.0	5.0
300 초과 500 이하	1.6	2.3	-
500 초과 700 이하	2.0	2.9	-
700 초과	2.3	3.2	-

(4) 버스덕트의 종류

① 피더 버스덕트 : 중간에 부하를 접속하지 않는다.

② 플러그인 버스덕트 : 중간에 플러그를 접속할 수 있다.

③ 트롤리 버스덕트 : 이동부하 접속시 사용한다.

④ 로우임피던스 버스덕트 : 전압강하 보상목적으로 사용한다.

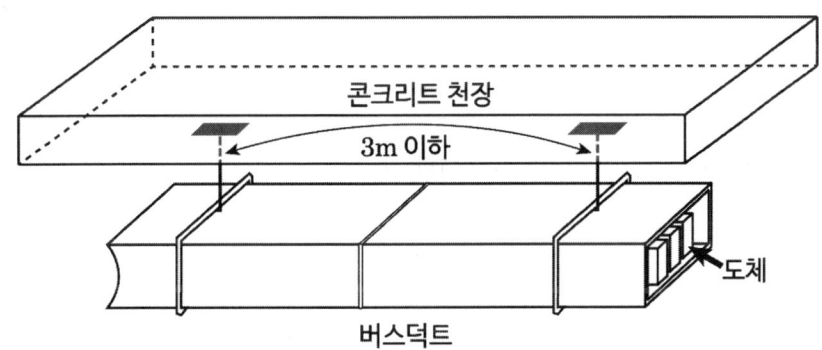

10 파워트랙(라이팅덕트) 시스템(232.70)

(1) 라이팅덕트 공사(232.71)

① 조명 기구나 소형 전기기기 등의 위치를 자주 바꾸는 곳에서 사용된다.

② 지지점 간의 거리 : 2 [m]

③ 건조하고 노출된 장소 또는 점검할 수 있는 은폐 장소에 시설한다.

④ 덕트의 끝부분은 막는다.

⑤ 덕트는 조영재를 관통하여 시설하지 않는다.

⑥ 금속재를 피복한 덕트를 사용하는 경우 접지공사 실시한다.
　　(단, 대지전압이 150 [V] 이하이고, 덕트의 길이가 4 [m] 이하인 경우 제외)

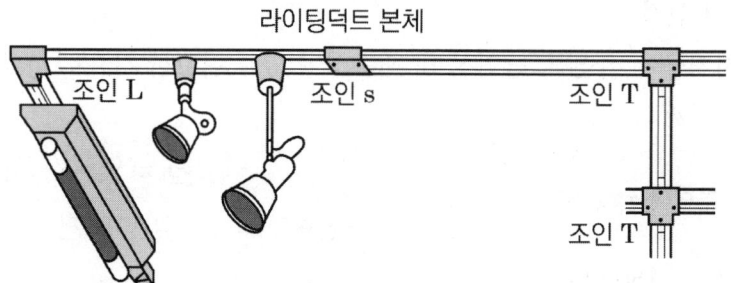

예제 29

버스 덕트 공사에 의한 저압 옥내배선 시설공사에 대한 설명으로 틀린 것은?

① 덕트의 끝부분은 막을 것
② 덕트는 조영재에 견고하게 붙일 것
③ 덕트는 조영재를 관통하여 시설할 것
④ 덕트의 지지점 간의 거리는 2 [m] 이하로 할 것

해설 라이팅덕트 공사(232.71)

- 덕트 상호 간 및 전선 상호 간은 견고하게 또한 전기적으로 완전히 접속할 것
- 덕트는 조영재에 견고하게 붙일 것
- 덕트의 지지점 간의 거리는 2 [m] 이하로 할 것
- 덕트의 끝부분은 막을 것
- 덕트는 조영재를 관통하여 시설하지 아니할 것

정답 ③

05 조명설비

1 조명설비(234)

(1) 코드 및 이동전선(234.3)

① 코드의 사용전압 : 400 [V] 이하
② 조명용 전원코드 또는 이동전선의 단면적 : 0.75 [mm^2] 이상

③ 전기사용 기계기구와의 접속
  ㉠ 전선을 나사로 고정할 경우 나사가 진동 등으로 헐거워질 우려가 있는 장소는 2중 너트, 스프링와셔 및 나사풀림 방지기구가 있는 것을 사용한다.
  ㉡ 단면적 10 [mm^2]를 초과하는 단선 또는 단면적 6 [mm^2]를 초과하는 연선에 터미널러그를 부착한다.
  ㉢ 터미널러그는 납땜으로 전선을 부착한다(압착형 제외).
  ㉣ 코드와 형광등기구의 리드선과 접속은 전선접속기로 접속한다.

(2) 콘센트의 시설(234.5)
  ① 노출형 콘센트는 기둥과 같은 내구성이 있는 조영재에 견고하게 부착한다.
  ② 콘센트를 조영재에 매입할 경우는 매입형의 것을 견고한 금속제 또는 난연성 절연물로 된 박스 속에 시설한다.
  ③ 콘센트를 바닥에 시설하는 경우는 방수구조의 플로어박스에 설치한다.
  ④ 욕실 또는 화장실 등은 누전차단기(정격감도전류 15 [mA] 이하, 동작시간 0.03초 이하의 전류동작형)가 부착된 콘센트를 시설한다.

예제 30

욕조나 샤워시설이 있는 욕실 또는 화장실 등 인체가 물에 젖어 있는 상태에서 전기를 사용하는 장소에 콘센트를 시설하는 경우에 적합한 누전차단기는?

① 정격감도전류 15 [mA] 이하, 동작시간 0.03초 이하의 전류동작형 누전차단기
② 정격감도전류 15 [mA] 이하, 동작시간 0.03초 이하의 전압동작형 누전차단기
③ 정격감도전류 20 [mA] 이하, 동작시간 0.3초 이하의 전류동작형 누전차단기
④ 정격감도전류 20 [mA] 이하, 동작시간 0.3초 이하의 전압동작형 누전차단기

해설 콘센트의 시설(234.5)

「전기용품 및 생활용품 안전관리법」의 적용을 받는 인체감전보호용 누전차단기(정격감도전류 15 [mA] 이하, 동작시간 0.03초 이하의 전류동작형의 것에 한한다) 또는 절연변압기(정격용량 3 [kVA] 이하인 것에 한한다)로 보호된 전로에 접속하거나, 인체감전보호용 누전차단기가 부착된 콘센트를 시설하여야 한다.

정답 ①

(3) 점멸기의 시설(234.6)

① 점멸기를 조영재에 매입할 경우 금속제 또는 난연성 절연물 박스에 넣어 시설한다.

② 욕실 내에는 점멸기를 시설하지 않는다.

③ 타임스위치의 시설

　㉠ 숙박시설의 객실 입구등 : 1분 이내에 소등

　㉡ 일반주택 및 아파트 각 호실 현관등 : 3분 이내에 소등

(4) 진열장 또는 이와 유사한 것의 내부 배선(234.8)

① 사용전압 : 400 [V] 이하

② 배선은 단면적 0.75 [mm^2] 이상의 코드 또는 캡타이어케이블

예제 31

관광숙박업 또는 숙박업을 하는 객실의 입구등에 조명용 전등을 설치할 때는 몇 분 이내에 소등되는 타임스위치를 시설하여야 하는가?

① 1　　　② 3　　　③ 5　　　④ 10

해설 점멸기의 시설(234.6)

- 관광숙박업 또는 숙박업에 이용되는 객실의 입구등은 1분 이내에 소등되는 것
- 일반주택 및 아파트 각 호실의 현관등은 3분 이내에 소등되는 것

정답 ①

---

2 조명기구의 시설(234.9~)

(1) 옥외등(234.9)

① 전로의 사용전압 : 대지전압을 300 [V] 이하

② 옥외등과 옥내등을 병용하는 분기회로는 20 [A] 과전류 차단기로 할 것

③ 개폐기, 과전류차단기, 기타 이와 유사한 기구는 옥내에 시설한다.

④ 누전차단기를 시설해야 한다.

⑤ 옥외등에 이르는 인하선의 공사방법

　㉠ 애자공사(지표상 2 [m] 이상의 높이에서 노출된 장소에 시설할 경우)

　㉡ 합성수지관공사

　㉢ 금속관공사

　㉣ 케이블공사(알루미늄피 등 금속제 외피가 있는 것은 목조 이외의 조영물에 시설하는 경우)

(2) 전주외등(234.10)
   ① 대지전압 300 [V] 이하의 형광등, 고압방전등, LED등 등을 배전선로의 지지물 등에 시설하는 경우에 적용
   ② 기구의 인출선 : 도체단면적이 0.75 [mm^2] 이상일 것
   ③ 배선공사
      ㉠ 단면적 2.5 [mm^2] 이상의 절연전선 사용
      ㉡ 합성수지관공사, 금속관공사, 케이블공사방법으로 시설
      ㉢ 1.5 [m] 이내마다 새들(saddle) 또는 밴드로 지지
   ④ 전로의 사용전압이 150 [V]를 초과하는 경우 누전차단기를 시설한다.

(3) 1 [kV] 이하 방전등(234.11)
   ① 관등회로의 사용전압이 1 [kV] 이하인 방전등을 옥내에 시설할 경우에 적용
   ② 대지전압 : 300 [V] 이하
   ③ 방전등용 안정기는 조명기구에 내장하여야 한다.
   ④ 관등회로의 사용전압이 400 [V] 초과인 경우 : 방전등용 변압기 사용
   ⑤ 관등회로의 배선
      ㉠ 사용전압이 400 [V] 이하 : 공칭단면적이 2.5 [mm^2] 이상인 연동선
      ㉡ 사용전압이 400 [V] 초과 1 [kV] 이하

시설장소의 구분		공사방법
전개된 장소	건조한 장소	애자공사, 합성수지몰드공사, 금속몰드공사
	기타의 장소	애자공사
점검 가능한 은폐된 장소	건조한 장소	금속몰드공사

예제 32

옥내에 시설하는 사용 전압이 400 [V] 이상 1000 [V] 이하인 전개된 장소로서 건조한 장소가 아닌 기타의 장소의 관등회로 배선공사로서 적합한 것은?

① 애자사용공사
② 금속몰드공사
③ 금속덕트 공사
④ 합성수지몰드공사

해설 1 [kV] 이하 방전등(234.11)

시설장소의 구분		공사방법
전개된 장소	건조한 장소	애자공사·합성수지몰드공사 또는 금속몰드공사
	기타	애자공사
점검할 수 있는 은폐된 장소	건조한 장소	애자공사·합성수지몰드공사 또는 금속몰드공사
	기타	애자공사

정답 ①

⑥ 애자공사의 시설
  ㉠ 전선 상호 간의 거리 : 60 [mm] 이상
  ㉡ 전선과 조영재의 거리 : 25 [mm] 이상(습기많은 장소는 45 [mm] 이상)
  ㉢ 전선지지점 간의 거리

관등회로의 전압	지지점 간 거리
400 [V] 초과 600 [V] 이하	2 [m] 이하
600 [V] 초과 1 [kV] 이하	1 [m] 이하

⑦ 금속관, 금속몰드공사는 접지공사를 실시(단, 길이가 4 [m] 이하는 제외)
⑧ 접지공사를 생략하는 경우
  ㉠ 관의 길이가 4 [m] 이하인 금속제 관이나 몰드공사
  ㉡ 관등회로 시설조건에 따라

관등회로의 사용전압	시설 조건
150 [V] 이하	건조한 장소에 시공할 때
400 [V] 이하	외함에 넣고 전기적으로 접속되지 않을 때

  ㉢ 변압기의 2차 단락전류 또는 회로의 동작전류가 50 [mA] 이하일 때

(4) 네온방전등(234.12)

 ① 네온방전등에 공급하는 전로의 대지전압 : 300 [V] 이하
 ② 네온변압기는 2차 측을 직렬 또는 병렬로 접속하여 사용하지 말 것
 ③ 네온방전등의 관등회로
  ㉠ 배선은 애자공사로 시설
  ㉡ 전선은 네온관용 전선을 사용
  ㉢ 전선 상호 간의 이격거리 : 60 [mm] 이상
  ㉣ 전선의 지지점 간의 거리 : 1 [m] 이하
  ㉤ 전선과 조영재 이격거리

전압 구분	이격거리
6 [kV] 이하	20 [mm] 이상
6 [kV] 초과 9 [kV] 이하	30 [mm] 이상
9 [kV] 초과	40 [mm] 이상

예제 33

옥내에 시설하는 관등회로의 사용전압이 1 [kV]를 초과하는 방전등으로써 방전관에 네온 방전관을 사용한 관등회로의 배선은?

① MI 케이블 공사　　　　　　② 금속관 공사
③ 합성 수지관 공사　　　　　④ 애자 사용 공사

해설 네온방전등(234.12)

 관등회로의 배선은 애자공사

정답 ④

(5) 수중조명등(234.14)

 ① 수중조명등에 전기를 공급하기 위해서는 절연변압기를 사용한다.
 ② 절연변압기의 사용전압
  ㉠ 절연변압기의 1차 측 전로 : 400 [V] 이하
  ㉡ 절연변압기의 2차 측 전로 : 150 [V] 이하

③ 수중조명등의 전원장치(절연변압기)
　㉠ 절연변압기의 2차 측 전로는 접지하지 않는다.
　㉡ 교류 5 [kV]의 시험전압으로 절연내력 시험을 1분간 견디어야 한다.
　㉢ 2차 측 배선은 금속관공사에 의하여 시설한다.
　㉣ 이동전선 : 단면적 2.5 [mm^2] 이상의 고무절연 클로프렌 캡타이어케이블
④ 절연변압기의 접지와 차단기

2차 측 전로의 사용전압	시설 내용
30 [V] 이하	혼촉방지판 설치, 접지공사
30 [V] 초과	정격감도전류 30 [mA] 이하의 누전차단기를 시설

⑤ 사람 출입의 우려가 없는 수중조명등의 시설
　㉠ 전로의 대지전압은 150 [V] 이하일 것
　㉡ 전선에는 접속점이 없을 것
⑥ 수중조명등의 용기
　㉠ 녹이 슬지 않는 금속으로 견고하게 제작한다.
　㉡ 내부의 적당한 곳에 접지용 단자를 설치한다(접지단자의 나사 지름 : 4 [mm] 이상).
　㉢ 완성품은 도전부분 이외의 부분과의 사이에 2 [kV]의 교류전압을 연속하여 1분간 가하여 절연내력을 시험하였을 때에 이에 견디어야 한다.
　㉣ 완성품은 30분씩 전기를 공급, 중단 조작을 6회 반복할 때 물이 스며드는 등 이상이 없어야 한다.

예제 34

풀장용 수중조명등에 전기를 공급하기 위해 사용되는 절연변압기에 대한 설명으로 틀린 것은?
① 절연변압기 2차 측 전로의 사용전압은 150 [V] 이하이어야 한다.
② 수중조명등의 절연변압기의 2차 측 전로의 사용전압이 20 [V]를 초과하는 경우에는 누전차단기를 시설하여야 한다.
③ 절연변압기의 1차 측 전로의 사용전압은 400 [V] 이하일 것
④ 절연변압기의 2차 측 전로는 접지하지 말 것

> **해설** 수중조명등(234.14)
>
> - 절연변압기의 1차 측 전로의 사용전압은 400 [V] 이하일 것
> - 절연변압기의 2차 측 전로의 사용전압은 150 [V] 이하일 것
> - 절연변압기의 2차 측 전로는 접지하지 말 것
> - 수중조명등의 절연변압기의 2차 측 전로의 사용전압이 30 [V]를 초과하는 경우에는 그 전로에 지락이 생겼을 때에 자동적으로 전로를 차단하는 정격감도전류 30 [mA] 이하의 누전차단기를 시설하여야 한다.
>
> 정답 ②

(6) 교통신호등(234.15)

① 2차 측 배선의 최대사용전압 : 300 [V] 이하

② 전선
  ㉠ 케이블 또는 공칭단면적 2.5 [mm^2] 이상의 연동선
  ㉡ 450/750 [V] 일반용 단심 비닐절연전선
  ㉢ 450/750 [V] 내열성에틸렌아세테이트 고무절연전선

③ 조가용선
  ㉠ 인장강도 3.7 [kN] 이상의 금속선 또는 지름 4 [mm] 이상의 아연도철선을 2가닥 이상 꼰 금속선을 사용한다.
  ㉡ 케이블은 조가용선의 시설을 제외한다.

④ 가공전선의 높이

철도 또는 궤도	6.5 [m] 이상	
도로	6 [m] 이상	
횡단보도	3.5 [m] 이상	
	저압절연전선, 케이블	3 [m] 이상
그 외	5 [m] 이상	
	교통에 지장이 없는 경우	4 [m] 이상

⑤ 교통신호등의 인하선의 높이 : 2.5 [m](금속관, 케이블공사 제외)

⑥ 제어장치 전원 측에 전용 개폐기 및 과전류차단기를 각 극에 시설

⑦ 사용전압이 150 [V]를 넘는 경우 지락 발생 시 자동 작동하는 누전차단기를 시설

예제 35

교통신호등의 시설공사를 다음과 같이 하였을 때 틀린 것은?

① 전선은 450/750 [V] 일반용 단심 비닐 절연전선을 사용하였다.
② 신호등의 인하선은 지표상 2.5 [m]로 하였다.
③ 사용전압을 300 [V] 이하로 하였다.
④ 사용전압이 300 [V]를 넘는 경우는 지락이 생겼을 경우 누전차단기를 시설하였다.

해설 교통신호등(234.15)

- 교통신호등 제어장치의 2차 측 배선의 최대사용전압은 300 [V] 이하
- 전선은 케이블인 경우 이외에는 공칭단면적 2.5 [mm^2] 연동선과 동등 이상의 세기 및 굵기의 450/750 [V] 일반용 단심 비닐절연전선 또는 450/750 [V] 내열성에틸렌아세테이트 고무절연전선일 것
- 교통신호등의 인하선은 전선의 지표상의 높이는 2.5 [m] 이상
- 교통신호등 회로의 사용전압이 150 [V]를 넘는 경우는 전로에 지락이 생겼을 경우 자동적으로 전로를 차단하는 누전차단기를 시설할 것

정답 ④

06 특수설비

1 특수시설(241)

(1) 전기울타리(241.1)

① 사용전압 : 250 [V] 이하
② 전기울타리의 시설
　㉠ 전선 : 인장강도 1.38 [kN] 이상의 것 또는 지름 2 [mm] 이상의 경동선
　㉡ 전선과 이를 지지하는 기둥 사이의 이격거리는 25 [mm] 이상일 것
　㉢ 전선과 다른 시설물(가공 전선을 제외) 또는 수목과의 이격거리는 0.3 [m] 이상일 것
③ 접지
　㉠ 전기울타리 전원장치의 외함 및 변압기의 철심은 접지공사를 하여야 한다.
　㉡ 접지전극과 다른 접지 계통의 접지전극의 거리는 2 [m] 이상이어야 한다.
　㉢ 가공전선로의 아래를 통과하는 전기울타리의 금속부분은 교차지점의 양쪽으로부터 5 [m] 이상의 간격을 두고 접지하여야 한다.

예제 36

전기 울타리의 시설에 관한 규정 중 틀린 것은?

① 전선과 수목 사이의 이격거리는 50 [cm] 이상이어야 한다.
② 전기 울타리는 사람이 쉽게 출입하지 아니하는 곳에 시설하여야 한다.
③ 전선은 인장강도 1.38 [kN] 이상의 것 또는 지름 2 [mm] 이상의 경동선이어야 한다.
④ 전기 울타리용 전원 장치에 전기를 공급하는 전로의 사용전압은 250 [V] 이하이어야 한다.

해설 전기울타리(241.1)

- 사용전압 : 250 [V] 이하
- 전기울타리는 사람이 쉽게 출입하지 아니하는 곳에 시설할 것
- 전선은 인장강도 1.38 [kN] 이상의 것 또는 지름 2 [mm] 이상의 경동선일 것
- 전선과 이를 지지하는 기둥 사이의 이격거리는 25 [mm] 이상일 것
- 전선과 다른 시설물(가공 전선을 제외) 또는 수목과의 이격거리는 0.3 [m] 이상일 것

정답 ①

(2) 전기욕기(241.2)

① 전원장치에 내장되는 전원 변압기의 2차 측 전로의 사용전압 : 10 [V] 이하
② 변압기의 2차 측 배선

배선재료	공사방법
• 공칭단면적 2.5 [mm^2] 이상의 연동선(OW 제외), • 케이블 • 공칭단면적 1.5 [mm^2] 이상의 캡타이어케이블	• 합성수지관공사 • 금속관공사 • 케이블공사
• 공칭단면적 1.5 [mm^2] 이상의 캡타이어 코드	• 합성수지관공사 • 금속관공사

③ 욕기 내의 전극 간의 거리 : 1 [m] 이상

(3) 전극식 온천온수기(241.4)

① 사용전압 : 400 [V] 이하
② 절연변압기(사용전압 400 [V] 이하)는 시험전압(교류 2 [kV])에 1분간 절연내력을 시험하였을 때에 이에 견디는 것이어야 한다.

③ 전극식 온천온수기의 시설
　㉠ 온천수 유입구 및 유출구에는 차폐장치를 설치해야 한다.
　㉡ 차폐장치와의 거리

차폐장치와 전극식 온천온수기	0.5 [m] 이상
차폐장치와 욕탕	1.5 [m] 이상

④ 절연변압기 1차 측 전로에 전용 개폐기 및 과전류차단기(다선식의 중성극을 제외)를 각 극에 시설해야 한다.

예제 37

전극식 온천용 승온기 시설에서 적합하지 않은 것은?
① 승온기의 사용전압은 400 [V] 미만일 것
② 전동기 전원공급용 변압기는 300 [V] 미만의 절연변압기를 사용할 것
③ 절연변압기는 교류 2 [kV]의 시험전압을 하나의 권선과 다른 권선, 철심 및 외함 사이에 연속하여 1분간 가하여 절연내력을 시험할 것
④ 승온기 및 차폐장치의 외함은 절연성 및 내수성이 있는 견고한 것일 것

해설 전극식 온천온수기(241.4)

- 전극식 온천온수기의 사용전압은 400 [V] 이하
- 사용전압이 400 [V] 이하인 절연변압기를 다음에 따라 시설하여야 한다.
　① 절연변압기 2차 측 전로에는 급수펌프에 직결하는 전동기 이외의 전기사용 기계기구를 접속하지 않을 것
　② 절연변압기는 교류 2 [kV]의 시험전압을 하나의 권선과 다른 권선, 철심 및 외함 사이에 연속하여 1분간 가하여 절연내력을 시험하였을 때에 이에 견디는 것일 것
- 전극식 온천온수기 및 차폐장치의 외함은 절연성 및 내수성이 있는 견고한 것일 것

정답 ②

(4) 전기온상(241.5)
① 대지전압 : 300 [V] 이하
② 발열선의 시설
　㉠ 전선은 전기온상선을 사용한다.
　㉡ 발열선은 그 온도가 80 [℃]를 넘지 않도록 시설한다.
　㉢ 전로에는 전용 개폐기 및 과전류차단기(다선식전로의 중성극을 제외)를 각 극에 시설해야 한다.

③ 발열선을 공중에 시설하는 경우
  ㉠ 발열선을 애자로 지지한다.
  ㉡ 발열선은 노출장소에 시설해야 한다.

발열선과의 관계	거리	
상호 간격	0.03 [m] 이상	
	함 내에 시설하는 경우	0.02 [m] 이상
조영재와의 간격	0.025 [m] 이상	
함 내에 시설 시 함과의 간격	0.01 [m] 이상	
지지점 간의 거리	1 [m] 이하	
	선 상호 간 간격이 0.06 [m] 이상일 때	2 [m] 이하

예제 38

전기온상용 발열선은 그 온도가 몇 [℃]를 넘지 않도록 시설하여야 하는가?

① 50   ② 60   ③ 80   ④ 100

해설 발열선의 시설(241.5.2)

발열선은 그 온도가 80 [℃]를 넘지 않도록 시설할 것

정답 ③

(5) 엑스선 발생장치(241.6)
  ① 제1종 엑스선 발생장치
    ㉠ 2.5 [m] 초과하여 설치되거나 그 외에는 노출된 충전부분이 없으며, 엑스선관에 절연성 피복을 하고 금속체로 둘러싼 엑스선 발생장치
    ㉡ 전선 높이

최대사용전압	높이
100 [kV] 이하	2.5 [m] 이상
100 [kV] 초과	2.5 [m] + 초과분 10 [kV]마다 0.02 [m] 이상

    ㉢ 전선과 조영재간의 이격거리

최대사용전압	높이
100 [kV] 이하	0.3 [m] 이상
100 [kV] 초과	0.3 [m] + 초과분 10 [kV]마다 0.02 [m] 이상

② 전선 상호 간의 간격

최대사용전압	높이
100 [kV] 이하	0.45 [m] 이상
100 [kV] 초과	0.45 [m] + 초과분 10 [kV]마다 0.03 [m] 이상

⑩ 2개 이상의 엑스선관을 사용하는 경우에는 분기점에 가까운 곳에 각각 개폐기를 시설해야 한다.

⑪ 엑스선 발생장치의 특고압 전로는 그 최대 사용전압 1.05배의 시험전압으로 1분간의 절연내력 시험을 견디어야 한다.

② 제2종 엑스선 발생장치
  ㉠ 엑스선관 도선은 금속 피복을 한 케이블을 사용
  ㉡ 엑스선관 충전부분과 조영재, 금속체 부분과의 이격거리

최대사용전압	이격거리
100 [kV] 이하	0.15 [m] 이상
100 [kV] 초과	0.15 [m]+초과분 10 [kV]마다 0.02 [m] 이상

  ㉢ 연동연선을 사용하는 엑스선관도선의 노출된 충전부에 1 [m]이내로 접근하는 금속체는 접지공사를 한다.
  ㉣ 엑스선관은 인체에 0.2 [m] 이내로 접근하여 사용하는 경우는 그 엑스선관에 절연성 피복을 하고, 이것을 금속체로 둘러싸야 한다.

(6) 전격살충기(241.7)
  ① 지표 또는 바닥에서 3.5 [m] 이상의 높은 곳에 시설(단, 2차 측 개방 전압이 7 [kV] 이하의 절연변압기를 사용하고 1차 측 전로를 자동적으로 차단하는 보호장치를 시설한 것은 1.8 [m]까지 감할 수 있다)
  ② 다른 시설물(가공전선은 제외) 또는 식물과의 이격거리는 0.3 [m] 이상

예제 39

전격살충기의 시설방법으로 틀린 것은?

① 전기용품안전 관리법의 적용을 받은 것을 설치한다.
② 전용개폐기를 가까운 곳에 쉽게 개폐할 수 있게 시설한다.
③ 전격격자가 지표상 3.5 [m] 이상의 높이가 되도록 시설한다.
④ 전격격자와 다른 시설물 사이의 이격거리는 50 [cm] 이상으로 한다.

해설 전격살충기(241.7)

- 전격살충기는 「전기용품 및 생활용품 안전관리법」의 적용을 받는 것일 것
- 전격살충기의 전격격자는 지표 또는 바닥에서 3.5 [m] 이상의 높은 곳에 시설할 것
- 전격살충기의 전격격자와 다른 시설물(가공전선은 제외한다) 또는 식물과의 이격거리는 0.3 [m] 이상일 것

정답 ④

(7) 유희용 전차(241.8)
  ① 사용하는 변압기의 1차 전압은 400 [V] 이하
  ② 전원장치의 2차 측 단자의 최대사용전압
      ㉠ 직류 : 60 [V] 이하   ㉡ 교류 : 40 [V] 이하
  ③ 2차 측 배선은 제3레일 방식에 의하여 시설한다.
  ④ 승압하려는 경우 절연변압기의 2차 전압은 150 [V] 이하로 한다.
  ⑤ 전로의 절연
      ㉠ 접촉전선과 대지 사이의 절연저항은 누설전류가 레일의 연장 1 [km]마다 100 [mA]를 넘지 않도록 유지한다.
      ㉡ 전차 안의 전로와 대지 사이의 절연저항은 사용전압에 대한 누설전류가 규정 전류의 5000분의 1을 넘지 않도록 유지한다.

예제 40

어느 유원지의 어린이 놀이기구인 유희용 전차에 전기를 공급하는 전로의 사용전압은 교류인 경우 몇 [V] 이하이어야 하는가?

① 20   ② 40   ③ 60   ④ 100

해설 유희용 전차(241.8)

- 전원장치의 2차 측 단자의 최대사용전압은 직류의 경우 60 [V] 이하, 교류의 경우 40 [V] 이하일 것
- 전원장치의 변압기는 절연변압기일 것

정답 ②

(8) 아크 용접기(241.10)
  ① 용접변압기의 1차 측 전로의 대지전압은 300 [V] 이하일 것
  ② 1차 측 전로에는 용접 변압기에 가까운 곳에 쉽게 개폐할 수 있는 개폐기를 시설한다.
  ③ 용접기 외함 및 피용접재 등의 금속체는 접지공사를 하여야 한다.

(9) 도로 등의 전열장치(241.12)

　① 대지전압 : 300 [V] 이하

　② 발열선은 온도가 80 [℃]를 넘지 아니하도록 시설한다.
　　(단, 금속피복을 한 발열선을 시설할 경우에는 발열선의 온도를 120 [℃] 이하)

(10) 비행장 등화배선(241.13)

　① 직접매설 차량 기타 중량물의 압력을 받을 우려가 없는 장소

　　㉠ 전선은 클로로프렌외장케이블을 사용

　　㉡ 전선의 매설장소를 표시하는 적당한 표시를 한다.

　　㉢ 매설깊이는 항공기 이동지역에서 0.5 [m], 그 밖의 지역에서 0.75 [m] 이상

　② 활주로, 기타 포장된 노면

　　㉠ 전선 : 공칭단면적 4 [mm^2] 이상의 연동선

　　㉡ 보호 피복의 두께 : 0.2 [mm] 이상

　　㉢ 보호피복의 융점 : 210 [℃] 이상

(11) 소세력 회로(241.14)

　① 정의 : 전자 개폐기의 조작회로 또는 초인벨·경보벨 등에 접속하는 전로

　② 최대사용전압 : 60 [V] 이하

　③ 전기를 공급하기 위한 절연변압기의 사용전압 : 대지전압 300 [V] 이하

　④ 절연 변압기의 2차 단락전류(단, 아래와 같은 과전류 차단기를 시설 시 예외)

소세력 회로의 최대 사용전압	2차 단락전류	과전류 차단기의 정격전류
15 [V] 이하	8 [A] 이하	5 [A]
15 [V] 초과 30 [V] 이하	5 [A] 이하	3 [A]
30 [V] 초과 60 [V] 이하	3 [A] 이하	1.5 [A]

예제 41

전자 개폐기의 조작회로 또는 초인벨 경보벨 등에 접속하는 전로로서 최대 사용전압이 60 [V] 이하인 것으로 대지전압이 몇 [V] 이하인 강 전류 전기의 전송에 사용하는 전로와 변압기로 결합되는 것을 소세력 회로라 하는가?

① 100　　② 150　　③ 300　　④ 440

> **해설** 소세력 회로(241.14)
>
> 전자 개폐기의 조작회로 또는 초인벨·경보벨 등에 접속하는 전로로서 최대 사용전압이 60 [V] 이하인 것은 다음에 따라 시설하여야 한다.
> - 소세력 회로에 전기를 공급하기 위한 절연변압기의 사용전압은 대지전압 300 [V] 이하로 하여야 한다.
> - 소세력 회로에 전기를 공급하기 위한 변압기는 절연변압기
>
> 정답 ③

⑤ 소세력 회로의 배선

㉠ 조영재에 붙여서 시설하는 경우
- 전선은 케이블인 경우 이외에는 공칭단면적 1 [mm^2] 이상의 연동선
- 애자로 지지하는 경우 조영재 사이의 이격거리 : 6 [mm] 이상

㉡ 지중에 시설하는 경우
- 전선 : 450/750 [V] 일반용 단심 비닐절연전선, 캡타이어케이블 또는 케이블
- 매설깊이 : 0.3 [m] 이상(차량 기타 압력을 받을 우려가 있는 장소는 1.2 [m] 이상)

㉢ 가공으로 시설하는 경우
- 전선의 인장강도 : 508 [N/mm^2] 이상의 것 또는 지름 1.2 [mm]의 경동선
- 전선이 케이블인 경우에는 지름 3.2 [mm]의 아연도금 철선 또는 이와 동등 이상의 세기의 금속선으로 매달아 시설할 것(단, 지지점 간의 거리 10 [m] 이하인 경우 제외)
- 전선의 지지점 간의 거리는 15 [m] 이하
- 전선에 나전선을 사용하는 경우 식물과의 이격거리를 0.3 [m] 이상 유지
- 전선의 높이

철도 또는 궤도를 횡단하는 경우	6.5 [m] 이상
도로를 횡단하는 경우	6 [m] 이상
그 외	4 [m] 이상
위험의 우려가 없는 도로 이외	2.5 [m] 이상

⑫ 임시시설(241.15)

① 사용전압

옥내	옥측	옥외	콘크리트
400 [V] 이하	400 [V] 이하	150 [V] 이하	400 [V] 이하

② 사용전선

옥내	옥측	옥외	콘크리트
절연전선(OW 제외)			케이블

③ 옥측의 시설 시 전선 상호 간, 조영재의 이격거리

시설장소	전선	전선 상호 간의 거리	전선과 조영재의 거리
비 또는 이슬에 맞는 전개된 장소	절연전선 (OW, DV 제외)	0.03 [m] 이상	6 [mm] 이상
그러지 아니한 전개된 장소	절연전선 (OW 제외)	이격거리 없이 시설 가능	

⑬ 전기부식방지 회로(241.16)

① 전기부식방지 회로의 전압

㉠ 사용전압 : 직류 60 [V] 이하

㉡ 지중에 매설하는 양극의 매설깊이 : 0.75 [m] 이상

㉢ 수중에 시설하는 양극과 1 [m] 이내의 거리에 있는 임의점과의 전위차는 10 [V]를 넘지 않아야 한다.

㉣ 지표 또는 수중에서 1 [m] 간격의 임의의 2점 간의 전위차가 5 [V]를 넘지 않아야 한다.

예제 42

전기부식방지 시설에서 전원장치를 사용하는 경우 적합한 것은?

① 전기부식방지 회로의 사용전압은 교류 60 [V] 이하일 것
② 지중에 매설하는 양극(+)의 매설깊이는 50 [cm] 이상일 것
③ 수중에 시설하는 양극(+)과 그 주위 1 [m] 이내의 전위차는 10 [V]를 넘지 말 것
④ 지표 또는 수중에서 1 [m] 간격의 임의의 2점 간의 전위차는 7 [V]를 넘지 말 것

> **해설** 전기부식방지 시설(241.16)
>
> - 수중에 시설하는 양극과 그 주위 1 [m] 이내의 거리에 있는 임의점과의 사이의 전위차는 10 [V]를 넘지 아니할 것. 다만 양극의 주위에 사람이 접촉되는 것을 방지하기 위하여 적당한 울타리를 설치하고, 또한 위험 표시를 하는 경우에는 그러하지 아니하다.
> - 지표 또는 수중에서 1 [m] 간격의 임의의 2점 간의 전위차가 5 [V]를 넘지 아니할 것
>
> **정답** ③

② 2차 측 배선

㉠ 가공으로 시설하는 부분
- 전선은 케이블인 경우 이외에는 지름 2 [mm]의 경동선
- 저압 가공전선과의 이격거리는 0.3 [m] 이상으로 할 것(케이블 제외)

㉡ 지중에 시설하는 부분
- 전선은 공칭단면적 4 [mm^2]의 연동선(다만 양극에 부속하는 전선은 공칭단면적 2.5 [mm^2] 이상의 연동선)
- 전선의 매설깊이

중량물의 압력을 받을 우려가 있는 곳	기타의 곳
1 [m] 이상	0.3 [m] 이상

- 회로의 전선 중 입상부분에는 지표상 2.5 [m] 미만의 부분에는 방호장치를 설치한다.

⑭ 전기자동차 전원설비(241.17)

① 전기자동차의 충전장치 시설

㉠ 충전부분이 노출되지 않도록 시설하고, 외함은 접지공사를 실시한다.
㉡ 외부 기계적 충격에 대한 충분한 기계적 강도를 갖는 구조로 만든다.
㉢ 충전장치는 쉽게 열 수 없는 구조여야 한다.

② 충전 케이블의 설치높이

구분	옥내	옥외
케이블 거치대 또는 수납공간	0.45 [m] 이상	0.6 [m] 이상
충전케이블의 인출부	0.45 [m] 이상 1.2 [m] 이내	0.6 [m] 이상

2 특수장소(242)

(1) 분진위험 장소(242.2)

① 사용전압 : 400 [V] 이하

② 분진위험 장소에 따른 공사방법

장소	공사방법
폭연성 분진 위험장소	• 금속관공사 • 케이블공사(캡타이어케이블 사용 제외)
가연성 분진 위험장소	• 합성수지관공사(두께 2 [mm] 이상) • 금속관공사 • 케이블공사
먼지가 많은 그 밖의 위험장소	• 애자공사 • 합성수지관공사 • 금속관공사 • 케이블공사 • 금속덕트 공사 • 버스덕트 공사(환기형 제외)

예제 43

폭연성 분진 또는 화약류의 분말이 존재하는 곳의 저압 옥내배선은 어느 공사에 의하는가?

① 금속관공사 ② 애자사용공사
③ 합성수지관공사 ④ 캡타이어 케이블공사

해설 분진 위험장소(242.2)

저압 관등회로, 저압 옥내배선 및 소세력 회로의 전선은 금속관공사 또는 케이블공사에 의할 것

정답 ①

---

③ 분진 방폭 특수 방진구조

㉠ 조작축과 용기 사이의 접합면에 들어가는 깊이 : 10 [mm] 이상

㉡ 나사 결합부분을 통하여 외부로부터 먼지가 침입할 우려가 있는 경우에는 5턱 이상으로 조여준다.

㉢ 전선·절연물·패킹 및 외함 상호의 접촉면에 들어가는 깊이

접촉면의 외주의 구분	접촉면에 들어가는 깊이
0.3 [m] 이하	5 [mm]
0.3 [m] 초과 0.5 [m] 이하	8 [mm]
0.5 [m] 초과	10 [mm]

(2) 가연성 가스 등의 위험장소(242.3)
   ① 공사방법 : 금속관공사, 케이블공사
   ② 관 상호 간 및 관과 박스 등은 5턱 이상의 나사조임으로 접속한다.
(3) 위험물 등이 존재하는 장소(242.4)
   ① 셀룰로이드, 성냥, 석유류 등 위험한 물질을 제조하거나 저장하는 곳
   ② 공사방법 : 합성수지관공사(두께 2 [mm] 이상), 금속관공사, 케이블공사

예제 44

석유류를 저장하는 장소의 전등배선에 사용하지 않는 공사방법은?
① 케이블공사   ② 금속관공사
③ 애자사용공사   ④ 합성수지관공사

해설 위험물 등이 존재하는 장소(242.4)

저압 옥내 전기설비는 금속관공사, 케이블공사, 합성수지관공사(두께 2 [mm] 미만의 합성수지 전선관 및 난연성이 없는 콤바인 덕트관을 사용하는 것을 제외)

정답 ③

(4) 화약류 저장소 등의 위험장소(242.5)
   ① 공사방법 : 금속관공사, 케이블공사
   ② 화약류 저장소에서 전기설비의 시설
      ㉠ 대지전압 : 300 [V] 이하
      ㉡ 전기기계기구는 전폐형의 것으로 한다.
      ㉢ 화약류 저장소 이외의 곳에 전용 개폐기 및 과전류 차단기를 각 극에 시설
      ㉣ 전로에 지락이 생겼을 때에 자동적으로 전로를 차단하거나 경보하는 장치를 시설
   ③ 화약류 제조소에서 전기설비 시설
      ㉠ 전열 기구 이외의 전기기계기구는 전폐형(全閉型)이어야 한다.
      ㉡ 전열 기구는 시스선 및 기타의 충전부가 노출되어 있지 아니한 발열체 사용하여야 한다.
      ㉢ 온도의 현저한 상승 및 기타의 위험이 생길 우려가 있는 경우에 전로를 자동적으로 차단하는 장치가 되어 있어야 한다.

(5) 전시회 및 공연장의 전기설비(242.6)
   ① 사용전압 : 400 [V] 이하
   ② 배선설비
      ㉠ 배선용 케이블은 구리 도체로 최소 단면적이 1.5 [mm^2]
      ㉡ 회로 내에 접속이 필요한 경우를 제외하고 케이블의 접속 개소는 없어야 한다.
   ③ 플라이덕트
      ㉠ 내부배선에 사용하는 전선은 절연전선(OW 제외)
      ㉡ 덕트의 두께 : 0.8 [mm] 이상

$$t \geq \frac{270}{\sigma} \times 0.8$$

t : 사용금속판 두께(mm)
σ : 사용금속판의 인장강도(N/mm^2)

   ㉢ 덕트의 안쪽과 외면은 녹이 슬지 않게 하기 위하여 도금 또는 도장을 한다.
   ㉣ 덕트의 끝부분은 막는다.
   ㉤ 전선을 외부로 인출할 경우는 0.6/1 [kV] 비닐절연 비닐캡타이어케이블을 사용한다.
   ④ 조명기구
      ㉠ 바닥으로부터 높이 2.5 [m] 이하에 시설되는 경우 사람의 상해 또는 물질의 발화위험을 방지할 수 있는 위치에 설치하거나 방호하여야 한다.
      ㉡ 절연 관통형 소켓은 케이블과 소켓이 호환되고, 또한 소켓을 케이블에 한번 부착하면 떼어낼 수 없는 경우에만 사용할 수 있다.
   ⑤ 콘센트 및 플러그
      ㉠ 플로어 콘센트를 시설하는 경우에는 콘센트에 물이 침입되지 않도록 한다.
      ㉡ 플러그에 사용하는 가요 케이블 또는 코드는 접속점이 없어야 한다.
      ㉢ 삽입식 멀티 어댑터는 사용금지
      ㉣ 이동형 멀티탭은 고정 콘센트 1개당 1개로 시설하고, 코드의 최대길이는 2 [m] 이내로 한다.

예제 45

무대, 무대마루 밑, 오케스트라 박스, 영사실 기타 사람이나 무대 도구가 접촉할 우려가 있는 곳에 시설하는 저압 옥내배선, 전구선 또는 이동전선은 사용전압이 몇 [V] 미만이어야 하는가?

① 60　　　　　　　② 110
③ 220　　　　　　　④ 400

해설 전시회, 쇼 및 공연장의 전기설비(242.6)

무대·무대마루 밑·오케스트라 박스·영사실 기타 사람이나 무대 도구가 접촉할 우려가 있는 곳에 시설하는 저압 옥내배선, 전구선 또는 이동전선은 사용전압이 400 [V] 이하이어야 한다.

정답 ④

(6) 터널, 갱도 기타 이와 유사한 장소(242.7)
　① 사람이 상시 통행하는 터널 안의 배선
　　㉠ 공칭단면적 2.5 [mm²]의 연동선 및 절연전선(OW, DV 제외)
　　㉡ 노면상 2.5 [m] 이상의 높이로 시설한다.
　　㉢ 터널의 입구에서 가까운 곳에 전용개폐기를 시설한다.
　② 광산 기타 갱도안의 시설
　　㉠ 사용전압은 저압 또는 고압
　　㉡ 저압배선 : 케이블, 공칭단면적 2.5 [mm²] 이상의 연동선 및 절연전선(사용전압이 400 [V] 이하일 때)
　　㉢ 고압배선 : 케이블
　　㉣ 터널의 입구에서 가까운 곳에 전용개폐기를 시설한다.
　③ 터널 등의 전구선 또는 이동전선 등의 시설
　　㉠ 사용전압이 400 [V] 이하
　　　• 전구선은 단면적 0.75 [mm²] 이상의 300/300 [V] 편조 고무코드 또는 0.6/1 [kV] EP 고무 절연 클로로프렌 캡타이어케이블일 것
　　　• 용접용 케이블을 사용하는 경우 이외에는 300/300 [V] 편조 고무코드, 비닐코드 또는 캡타이어케이블일 것
　　㉡ 사용전압이 400 [V] 초과
　　　• 이동전선은 0.6/1 [kV] EP 고무 절연 클로로프렌 캡타이어케이블로서 단면적이 0.75 [mm²] 이상인 것일 것
　　㉢ 특고압의 이동전선은 터널 등에 시설해서는 안 된다.

예제 46

터널에 시설하는 사용전압이 400 [V] 이상의 저압인 경우 이동전선은 몇 [mm²] 이상의 0.6/1 [kV] EP 고무 절연 클로로프렌 케이블이어야 하는가?

① 0.25
② 0.55
③ 0.75
④ 1.25

해설 터널 등의 전구선 또는 이동전선 등의 시설(242.7.4)

전구선은 단면적 0.75 [mm²] 이상의 300/ 300 [V] 편조고무코드 또는 0.6/1 [kV] EP 고무절연 클로로프렌 캡타이어케이블일 것

정답 ③

(7) 이동식 숙박차량 정박지, 야영지(242.8)
  ① 표준전압 : 220/380 [V] 이하
  ② 배선은 지중케이블 및 가공케이블 또는 가공절연전선을 사용한다.
     ㉠ 지중케이블의 매설 깊이

차량 기타 중량물의 압력을 받을 우려가 있는 곳	기타 장소
1 [m] 이상	0.6 [m] 이상

     ㉡ 가공케이블 또는 가공절연전선의 높이

차량이 이동하는 모든 지역	그 외 지역
6 [m] 이상	4 [m] 이상

  ③ 모든 콘센트는 정격감도전류가 30 [mA] 이하인 누전차단기에 의하여 개별적으로 보호되어야 한다.
  ④ 콘센트의 시설
     ㉠ 정격전압 : 200 ~ 250 [V]
     ㉡ 정격전류 : 16 [A]
     ㉢ 설치높이 : 지면으로부터 0.5 ~ 1.5 [m]

(8) 의료장소(242.10)

① 적용범위

그룹 0	그룹 1	그룹 2
일반병실, 진찰실, 검사실, 처치실, 재활치료실	분만실, MRI실, X선 검사실, 회복실, 구급처치실, 인공투석실, 내시경실	관상동맥질환 처치실, 심혈관조영실, 중환자실, 마취실, 수술실, 회복실
장착부를 사용하지 않는 의료장소	장착부를 신체의 내,외부에 장착시켜 사용하는 의료장소(심장부위 제외)	장착부를 환자의 심장 부위에 삽입 또는 접촉시켜 사용하는 의료장소

② 의료장소별 계통접지

그룹 0	그룹 1	그룹 2
TT계통, TN계통	TT계통, TN계통	IT계통
	중대한 의료행위 (IT계통 적용가능)	일반의료용(TT계통, TN계통 적용가능)

* TN-C 계통으로 시설하지 말 것

③ 의료장소의 안전을 위한 보호설비

㉠ 절연저항이 50 [kΩ]까지 감소하면 경보 발생

㉡ 특별저압(SELV 또는 PELV)회로를 시설하는 경우에는 사용전압은 교류 실횻값 25 [V] 또는 리플프리(Ripple-free)직류 60 [V] 이하로 한다.

㉢ 의료장소의 전로에는 정격 감도전류 30 [mA] 이하, 동작시간 0.03초 이내의 누전차단기를 설치한다.

④ 비단락보증 절연변압기

㉠ 2차 측 전로는 접지하지 않는다.

㉡ 충전부가 노출되지 않도록 함 속에 설치

㉢ 의료장소의 내부 또는 가까운 외부에 설치

㉣ 2차 측 정격전압 : 교류 250 [V] 이하

㉤ 공급방식 : 단상 2선식

㉥ 정격출력 : 10 [kVA] 이하

예제 47

의료장소의 안전을 위한 의료용 절연 변압기에 대한 다음 설명 중 옳은 것은?

① 2차 측 정격전압은 교류 300 [V] 이하이다.
② 2차 측 정격전압은 직류 250 [V] 이하이다.
③ 정격출력은 5 [kVA] 이하이다.
④ 정격출력은 10 [kVA] 이하이다.

해설 의료장소의 안전을 위한 보호 설비(242.10.3)

비단락보증 절연변압기의 2차 측 정격전압은 교류 250 [V] 이하로 하며, 공급방식은 단상 2선식, 정격출력은 10 [kVA] 이하로 할 것

정답 ④

⑤ 의료장소 내의 접지설비
  ㉠ 의료장소마다 등전위 본딩 바를 설치한다.
    (단, 의료장소와의 바닥 면적 합계가 50 [m²] 이하인 경우에는 등전위본딩 바를 공용할 수 있다)
  ㉡ 콘센트 및 접지단자의 보호도체는 등전위본딩 바에 직접 접속한다.
  ㉢ 등전위본딩 시행
    • 그룹 2의 의료장소에서 환자환경 내에 있는 계통외 도전부
    • 전기설비 및 의료용 전기기기의 노출도전부
    • 전자기장해(EMI) 차폐선
    • 도전성 바닥

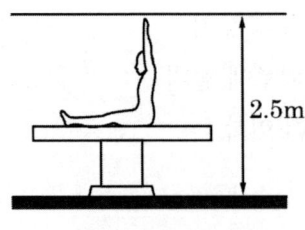

의료장소의 바닥 위
2.5m 이내의 범위

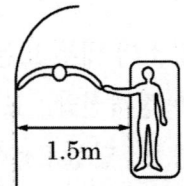

환자가 점유하는 장소로부터
수평거리 1.5m 이내의 범위

[환자환경]

ⓔ 접지도체의 공칭단면적은 등전위본딩 바에 접속된 보호도체 중 가장 큰 것 이상으로 할 것
ⓜ 철골, 철근 콘크리트 건물에서는 철골 또는 2조 이상의 주철근을 접지도체의 일부분으로 활용할 수 있다.

⑥ 의료장소 내의 비상전원

절환시간	비상전원을 공급하는 장치
0.5초 이내	• 0.5초 이내에 전력공급이 필요한 생명유지장치 • 그룹 1 또는 그룹 2의 의료장소의 수술등, 내시경, 수술실 테이블, 기타 필수 조명
15초 이내	• 15초 이내에 전력공급이 필요한 생명유지장치 • 그룹 2의 의료장소에 최소 50 [%]의 조명, 그룹 1의 의료장소에 최소 1개의 조명
15초 초과	• 병원기능을 유지하기 위한 기본 작업에 필요한 조명 • 그 밖의 병원 기능을 유지하기 위하여 중요한 기기 또는 설비

예제 48

의료장소에서 전기설비 시설로 적합하지 않는 것은?

① 그룹 0 장소는 TN 또는 TT 접지 계통 적용
② 의료 IT 계통의 분전반은 의료장소의 내부 혹은 가까운 외부에 설치
③ 그룹 1 또는 그룹 2 의료장소의 수술등, 내시경 조명등은 정전 시 0.5초 이내 비상전원 공급
④ 의료 IT 계통의 누설전류 계측 시 10 [mA]에 도달하면 표시 및 경보 하도록 시설

해설 의료장소별 계통접지(242.10.2)

- 그룹 0 : TT 계통 또는 TN 계통
- 의료 IT 계통의 분전반은 의료장소의 내부 혹은 가까운 외부에 설치할 것
- 절환시간 0.5초 이내에 비상전원을 공급하는 장치 또는 기기 : 그룹 1 또는 그룹 2의 의료장소의 수술등, 내시경, 수술실 테이블, 기타 필수 조명
- 의료 IT 계통의 누설전류 계측 시 5 [mA]에 도달하면 표시 및 경보하도록 시설

정답 ④

(9) 엘리베이터 등의 승강로 안의 저압 옥내배선

사용전압 : 400 [V] 이하

3 저압 옥내 직류전기설비(243)

(1) 축전지실 등의 시설(243.1.7)

① 30 [V]를 초과하는 축전지는 비접지 측 도체에 쉽게 차단할 수 있는 곳에 개폐기를 시설하여야 한다.

② 옥내전로에 연계되는 축전지는 비접지 측 도체에 과전류보호장치를 시설하여야 한다.

③ 축전지실 등은 폭발성의 가스가 축적되지 않도록 환기장치 등을 시설하여야 한다.

(2) 저압 옥내 직류전기설비의 접지(243.1.8)

① 접지의 시설
  ㉠ 직류 2선식의 임의의 한 점
  ㉡ 변환장치의 직류측 중간점
  ㉢ 태양전지의 중간점

② 직류 2선식에서 접지시설의 예외
  ㉠ 사용전압이 60 [V] 이하인 경우
  ㉡ 접지검출기를 설치하고, 특정구역 내의 산업용 기계기구에만 공급하는 경우
  ㉢ 교류전로로부터 공급을 받는 정류기에서 인출되는 직류계통
  ㉣ 최대전류 30 [mA] 이하의 직류화재경보회로
  ㉤ 절연감시장치 또는 절연고장점검출장치를 설치하여 관리자가 확인할 수 있도록 경보장치를 시설하는 경우

4 비상용 예비전원설비(244)

(1) 비상용 예비전원설비의 조건 및 분류(244.1.2)

무순단	과도시간 내에 연속적인 전원공급이 가능한 것
순단	0.15초 이내 자동 전원공급이 가능한 것
단시간 차단	0.5초 이내 자동 전원공급이 가능한 것
보통 차단	5초 이내 자동 전원공급이 가능한 것
중간 차단	15초 이내 자동 전원공급이 가능한 것
장시간 차단	자동 전원공급이 15초 이후에 가능한 것

(2) 시설기준(244.2)
　① 비상용 예비전원의 시설
　　㉠ 비상용 예비전원은 고정설비로 한다.
　　㉡ 기능자 및 숙련자만 접근 가능하도록 설치하여야 한다.
　　㉢ 충분히 환기되어야 한다.
　　㉣ 비상용 예비전원의 유효성이 손상되지 않는 경우에만 비상용 예비전원설비 이외의 목적으로 사용할 수 있다.
　② 비상용 예비전원설비의 배선
　　㉠ 전로는 다른 전로로부터 독립되어야 한다.
　　㉡ 전로는 그들이 내화성이 아니라면 어떠한 경우라도 화재의 위험과 폭발의 위험에 노출되어 있는 지역을 통과해서는 안 된다.
　　㉢ 전로는 엘리베이터 샤프트 또는 굴뚝같은 개구부에 설치해서는 안 된다.
　　㉣ 직류로 공급될 수 있는 비상용 예비전원설비 전로는 2극 과전류 보호장치를 구비하여야 한다.

CHAPTER 02 개념 체크 OX

1 TN-S 계통은 PEN도체를 추가로 접지할 수 있다. ☐O ☐X

2 주택용 차단기 B형의 순시트립 범위는 5 I_n 초과 ~ 10 I_n 이하이다. ☐O ☐X

3 분기회로의 보호장치는 분기점으로부터 3 [m] 이내에 설치 가능하다. ☐O ☐X

4 정격출력이 2 [kW] 이하인 옥내에 시설하는 전동기에는 과부하 보호장치를 설치하지 않아도 된다. ☐O ☐X

5 저압 가공인입선이 도로를 횡단하는 경우 노면상 6 [m] 이상에 설치해야 한다. ☐O ☐X

6 저압 옥측전선로의 목조건물에 금속관공사가 가능하다. ☐O ☐X

7 애자사용공사에서 400 [V] 이하인 경우 전선 상호 간의 거리는 6 [cm] 이상이다. ☐O ☐X

8 저압옥상전선로의 저압절연전선과 조영재의 거리는 1 [m] 이상이다. ☐O ☐X

9 저압 가공전선중 경동선의 안전율은 2.0 이상이다. ☐O ☐X

10 저압 가공전선이 횡단보도 위에 시설되는 경우 3. 5 [m] 이상이다. ☐O ☐X

11 교통신호등 2차배선의 사용전압은 400 [V] 이하이다. ☐O ☐X

12 합성수지관의 접속 시 삽입하는 관의 길이는 바깥지름의 1.2배이상이다. ☐O ☐X

13 버스덕트의 지지점 간의 거리는 2 [m] 이하이다. ☐O ☐X

14 일반주택 및 아파트 각 호실 현관등은 3분 이내에 소등되어야 한다. ☐O ☐X

15 전격살충기와 식물과의 이격거리는 0.5 [m] 이상이다. ☐O ☐X

정답 01 (X) 02 (X) 03 (O) 04 (X) 05 (X) 06 (X) 07 (O) 08 (X) 09 (X) 10 (O) 11 (X) 12 (O) 13 (X) 14 (O) 15 (X)

1 PE도체를 추가로 접지 가능 **2** 3 I_n 초과 ~ 5 I_n 이하
4 정격출력이 0.2 [kW] 이하인 옥내에 시설하는 전동기에 설치하지 않아도 된다.
5 5 [m] 이상 **6** 목조 이외의 조영물에 가능
8 2 [m] 이상 **9** 2.2 이상
11 300 [V] 이하 **13** 3 [m] 이하
15 0.3 [m] 이상

CHAPTER 03 고압, 특고압 전기설비

01 통칙

1 적용범위(301)

구분	교류	직류
저압	1 [kV] 이하	1.5 [kV] 이하
고압	저압 초과 7 [kV] 이하	
특고압	7 [kV] 초과	

2 기본원칙(302)

(1) 전기적 요구사항(302.2)
　① 중성점 접지방식 선정 시 고려사항
　　㉠ 전원공급의 연속성 요구사항
　　㉡ 지락고장에 의한 기기의 손상제한
　　㉢ 고장부위의 선택적 차단
　　㉣ 고장위치의 감지
　　㉤ 접촉 및 보폭전압
　　㉥ 유도성 간섭
　　㉦ 운전 및 유지보수 측면
　② 그 외의 전기적 요구사항
　　㉠ 전압 등급　　　　　㉡ 정상운전전류
　　㉢ 단락전류　　　　　㉣ 정격 주파수
　　㉤ 코로나　　　　　　㉥ 전계 및 자계
　　㉦ 과전압　　　　　　㉧ 고조파

(2) 전기적 외 요구사항(302.3)
    ① 기계적 요구사항
        ㉠ 기기 및 지지구조물
        ㉡ 인장하중
        ㉢ 빙설하중
        ㉣ 풍압하중
        ㉤ 개폐전자기력
        ㉥ 단락전자기력
        ㉦ 도체 인장력의 상실
        ㉧ 지진하중
    ② 기후 및 환경조건
        ㉠ 주어진 기후 및 환경조건에 적합한 기기를 선정
        ㉡ 정상적인 운전이 가능하도록 설치
    ③ 특별요구사항
        ㉠ 작은 동물과 미생물의 활동으로 인한 안전에 영향이 없도록 설치

(3) 안전을 위한 보호의 분류(311)
    ① 직접 접촉에 대한 보호
    ② 간접 접촉에 대한 보호
    ③ 아크고장에 대한 보호
    ④ 직격뢰에 대한 보호
    ⑤ 화재에 대한 보호
    ⑥ 절연유 누설에 대한 보호
    ⑦ SF_6의 누설에 대한 보호

02 접지설비

1 고압, 특고압 접지계통(321)

(1) 고압과 저압 전기설비의 접지극이 서로 근접하여 시설되어 있는 변전소(321.2)
   ① 위험전압이 발생하지 않도록 이들 접지극을 상호 접속하여야 한다.
   ② 고압 및 특고압 계통의 지락사고 시 저압계통에 가해지는 상용주파 과전압은 일정한 값을 초과해서는 안 된다.

고압계통에서 지락고장시간 (초)	저압설비 허용 상용주파 과전압 (V)	비고
5초 초과	U_0 + 250 이하	중성선 도체가 없는 계통에서 U_0 는 선간전압을 의미
5초 이하	U_0 + 1200 이하	

(2) 접지극을 공용하는 통합접지시스템으로 하는 경우
   ① 접지극을 상호 접속하여야 한다.
   ② 낙뢰에 의한 과전압 등으로부터 전기전자기기 등을 보호하기 위해 서지보호장치를 설치하여야 한다.

2 혼촉에 의한 위험 방지시설(322)

(1) 고압 또는 특고압과 저압의 혼촉에 의한 위험방지 시설(322.1)
   ① 고압전로 또는 특고압전로와 저압전로를 결합하는 변압기의 저압측 중성점에 접지공사를 시행한다(단, 사용전압이 300 [V] 이하인 경우 저압측 1단자에 시행).
   ② 접지공사는 변압기의 시설장소마다 시행해야 한다.
   ③ 토지상황에 의해 접지공사가 어려운 경우 가공공동지선을 설치할 수 있다.
   ④ 가공공동지선에는 인장강도 5.26 [kN] 이상 또는 지름 4 [mm] 이상의 경동선을 사용한다.

(2) 혼촉방지판이 있는 변압기에 접속하는 저압 옥외전선의 시설 등(322.2)
   ① 저압전선은 1구내에만 시설한다.
   ② 저압전선은 케이블을 사용한다.
   ③ 저압 가공전선과 고압 또는 특고압의 가공전선을 동일 지지물에 시설하지 않는다 (단, 고압, 특고압전선이 케이블인 경우 제외).

(3) 특고압과 고압의 혼촉 등에 의한 위험방지 시설(322.3)
  ① 변압기에 의하여 특고압 전로에 결합되는 고압전로에는 사용전압의 3배 이하인 전압이 가하여진 경우에 방전하는 장치(접지저항 값이 10 [Ω] 이하는 예외)를 그 변압기의 단자에 가까운 1극에 설치하여야 한다.

예제 01

변압기에 의하여 154 [kV]에 결합되는 3300 [V] 전로에는 몇 배 이하의 사용전압이 가하여진 경우에 방전하는 장치를 그 변압기의 단자에 가까운 1극에 시설하여야 하는가?

① 2   ② 3
③ 4   ④ 5

[해설] 특고압과 고압의 혼촉 등에 의한 위험방지 시설(322.3)

변압기에 의하여 특고압전로에 결합되는 고압전로에는 사용전압의 3배 이하인 전압이 가하여진 경우에 방전하는 장치를 그 변압기의 단자에 가까운 1극에 설치하여야 한다.

정답 ②

---

(4) 전로의 중성점의 접지(322.5)
  ① 접지극은 고장 시 다른 시설물에 위험을 줄 우려가 없도록 시설할 것
  ② 접지도체의 공칭단면적

고압, 특고압 전로	저압전로
16 [mm^2] 이상의 연동선	6 [mm^2] 이상의 연동선

  ③ 고저항 중성점접지계통 적합조건
    ㉠ 접지저항기는 계통의 중성점과 접지극 도체와의 사이에 설치
    ㉡ 중성선은 동선 10 [mm^2] 이상, 알루미늄선은 16 [mm^2] 이상의 절연전선
    ㉢ 계통의 중성점은 접지저항기를 통하여 접지할 것
    ㉣ 변압기 또는 발전기의 중성점과 접지저항기 사이의 중성선은 별도로 배선할 것
    ㉤ 최초 개폐장치 또는 과전류보호장치와 접지저항기의 접지 측 사이의 기기 본딩 점퍼(기기접지도체와 접지저항기 사이를 잇는 것)는 도체에 접속점이 없어야 한다.

④ 접지극 도체를 접지 저항기에 연결 시 기기 본딩 점퍼의 굵기

상전선 최대 굵기 [mm²]	접지극 전선 [mm²]
30 이하	10
38 또는 50	16
60 또는 80	25
80 초과 175 이하	35
175 초과 300 이하	50
300 초과 550 이하	70
550 초과	95

㉠ 접지극 전선이 접지봉, 관, 판으로 연결될 때는 16 [mm²] 이상일 것
㉡ 콘크리트 매입 접지극으로 연결될 때는 25 [mm²] 이상일 것
㉢ 접지링으로 연결되는 접지극 전선은 접지링과 같은 굵기 이상일 것

⑤ 접지극 도체가 최초 개폐장치 또는 과전류장치에 접속 시
㉠ 기기 본딩 점퍼의 굵기는 10 [mm²] 이상으로서 접지저항기의 최대전류 이상의 허용전류를 갖는 것일 것

03 전선로

1 전선로 일반 및 구내, 옥측, 옥상 전선로(331)

(1) 가공전선 및 지지물의 시설(331.2)
① 가공전선의 분기 : 전선의 지지점에서 분기
② 철탑오름 및 전주오름 방지 : 발판 볼트는 지표상 1.8 [m] 이상에 설치

예제 02

가공전선로의 지지물에 취급자가 오르고 내리는 데 사용하는 발판 볼트 등은 지표상 몇 [m] 미만에 시설하여서는 아니 되는가?

① 1.2
② 1.5
③ 1.8
④ 2.0

> **해설** 가공전선로 지지물의 철탑오름 및 전주오름 방지(331.4)
>
> 가공전선로의 지지물에 취급자가 오르고 내리는 데 사용하는 발판 볼트 등을 지표상 1.8 [m] 미만에 시설하여서는 아니 된다.
>
> 정답 ③

(2) 풍압하중의 종별과 적용(331.6)
　① 갑종 풍압하중(투영면적 1 [m^2]에 대한 풍압)

풍압을 받는 구분					구성재의 수직 투영면적 1 [m^2]에 대한 풍압
목주					588 [Pa]
지지물	철주	원형			588 [Pa]
		삼각형 또는 마름모형			1412 [Pa]
		강관에 의하여 구성되는 4각형			1117 [Pa]
		기타			복재가 전·후면에 겹치는 경우 : 1627 [Pa] 기타의 경우 : 1784 [Pa]
	철근 콘크리트주	원형			588 [Pa]
		기타			882 [Pa]
	철탑	단주(완철류는 제외함)		원형	588 [Pa]
				기타	1117 [Pa]
		강관으로 구성(단주는 제외)			1255 [Pa]
		기타			2157 [Pa]
전선 기타 가섭선	다도체를 구성하는 전선				666 [Pa]
	기타				745 [Pa]
애자장치(특고압 전선용의 것에 한함)					1039 [Pa]
목주·철주(원형의 것에 한함) 및 철근 콘크리트주의 완금류(특고압 전선로용의 것에 한함)					단일재 : 1196 [Pa] 기타 : 1627 [Pa]

예제 03

가공전선로에 사용하는 지지물의 강도 계산 시 구성재의 수직 투영면적 1 [m²]에 대한 풍압을 기초로 적용하는 갑종 풍압하중 값의 기준으로 틀린 것은?

① 목주 : 588 [Pa]
② 원형 철주 : 588 [Pa]
③ 철근 콘크리트주 : 1117 [Pa]
④ 강관으로 구성된 철탑(단주는 제외) : 1255 [Pa]

해설 풍압 하중의 종별과 적용(331.6)

풍압을 받는 구분		구성재의 수직 투영면적 1 [m²]에 대한 풍압
목주		588 [Pa]
철주	원형의 것	588 [Pa]
	삼각형 또는 마름모형의 것	1412 [Pa]
	강관에 의하여 구성되는 4각형의 것	1117 [Pa]
철근콘크리트주	원형의 것	588 [Pa]
	기타의 것	882 [Pa]
철탑	강관으로 구성되는 것(단주는 제외함)	1255 [Pa]
애자장치(특고압 전선용의 것에 한한다)		1039 [Pa]

정답 ③

② 을종 풍압하중

전선 기타의 가섭선 주위에 두께 6 [mm], 비중 0.9의 빙설이 부착된 상태에서 수직 투영면적 372 [Pa](다도체를 구성하는 전선은 333 [Pa]), 그 이외의 것은 갑종 풍압하중의 2분의 1을 기초로 하여 계산한 것

③ 병종 풍압하중

갑종 풍압하중의 2분의 1을 기초로 하여 계산한 것

④ 풍압하중의 적용

구분		고온계절	저온계절
인가가 많이 연접되어 있는 장소			병종 풍압하중
빙설이 많은 지방 이외의 지방		갑종 풍압하중	병종 풍압하중
빙설이 많은 지방	일반		을종 풍압하중
	해안지방		갑종 풍압하중, 을종 풍압하중 중 큰 것

예제 04

가공전선로의 지지물의 강도계산에 적용하는 풍압하중은 빙설이 많은 지방 이외의 지방에서 저온계절에는 어떤 풍압하중을 적용하는가? (단, 인가가 연접되어 있지 않다고 한다)

① 갑종 풍압하중
② 을종 풍압하중
③ 병종 풍압하중
④ 을종과 병종 풍압하중을 혼용

해설 풍압하중의 종별과 적용(331.6)

구분		고온계절	저온계절
빙설이 많은 지방 이외의 지방		갑종 풍압하중	병종, 풍압하중
빙설이 많은 지방	일반		을종, 풍압하중
	해안지방		갑종 풍압하중과 을종 풍압하중 중 큰 것
인가가 많이 연접되어 있는 장소			병종 풍압하중

정답 ③

⑤ 병종 풍압하중의 적용
　인가가 많이 연접되어 있는 장소에 다음과 같은 경우 적용 가능하다.
　　㉠ 저압 또는 고압 가공전선로의 지지물 또는 가섭선
　　㉡ 사용전압이 35 [kV] 이하의 전선에 특고압 절연전선 또는 케이블을 사용하는 특고압 가공전선로의 지지물, 가섭선 및 특고압 가공전선을 지지하는 애자장치 및 완금류

(3) 가공전선로 지지물의 기초의 안전율(331.7)
　① 하중을 받는 지지물의 기초의 안전율은 2 이상이어야 한다.
　② 이상 시 상정하중에 대한 철탑의 기초에 대하여는 1.33 이상이어야 한다.
　③ 기초안전율을 적용하지 않아도 되는 경우

설계하중 [kN]	지지물	전체의 길이 [m]	매설깊이
6.8 이하	목주, 철주, 철근 콘크리트주	15 이하	전체길이의 1/6 이상
		15 초과 16 이하	2.5 [m] 이상
	철근 콘크리트주	16 초과 20 이하	2.8 [m] 이상

설계하중 [kN]	지지물	전체의 길이 [m]	매설깊이
6.8 ~ 9.8 이하	철근 콘크리트주	14 이상 15 이하	전체길이의 1/6 에서 0.3 [m] 가산
		15 초과 20 이하	2.8 [m] 이상
9.81 ~ 14.72 이하		14 이상 15 이하	전체길이의 1/6 에서 0.5 [m]를 더한 값 이상
		15 초과 18 이하	3 [m] 이상
		18 초과	3.2 [m] 이상

예제 05

전체의 길이가 16 [m]이고 설계하중이 6.8 [kN] 초과 9.8 [kN] 이하인 철근 콘크리트주를 논, 기타 지반이 연약한 곳 이외의 곳에 시설할 때, 묻히는 깊이를 2.5 [m]보다 몇 [cm] 가산하여 시설하는 경우에는 기초의 안전율에 대한 고려없이 시설하여도 되는가?

① 10　　　　② 20　　　　③ 30　　　　④ 40

해설 가공전선로 지지물의 기초의 안전율(331.7)

설계하중	지지물	전체의 길이	매설 깊이
6.8 [kN] 이하	목주,철주 철근 콘크리트주	~ 15 [m]	전체길이 6분의 1 이상
		15 [m]~16 [m]	2.5 [m] 이상
6.8 [kN] 이하	철근 콘크리트주	16 [m]~20 [m]	2.8 [m] 이상
6.8 [kN]~ 9.8 [kN]		14 [m]~20 [m]	30 [cm]를 가산
9.81 [kN]~14.72 [kN]		14 [m]~20 [m]	0.5 [m]를 더한 값 이상
		15 [m]~18 [m]	3 [m] 이상
		18 [m]~	3.2 [m] 이상

정답 ③

(4) 지선의 시설(331.11)

① 지선의 안전율 : 2.5 이상

② 허용 인장하중의 최저는 4.31 [kN]으로 한다.

③ 지선의 소선

　㉠ 3 가닥 이상의 연선이어야 한다.

　㉡ 지름이 2.6 [mm] 이상의 금속선을 사용

④ 지선로드

　㉠ 지표상 30 [cm]까지 나오게 시설한다.

　㉡ 내식성을 가져야 한다.

　㉢ 아연도금한 철봉을 사용한다.

⑤ 수평지선의 높이

도로	보도
지표상 5 [m] 이상	2.5 [m] 이상

⑥ 철탑은 지선을 사용해서는 안 된다.

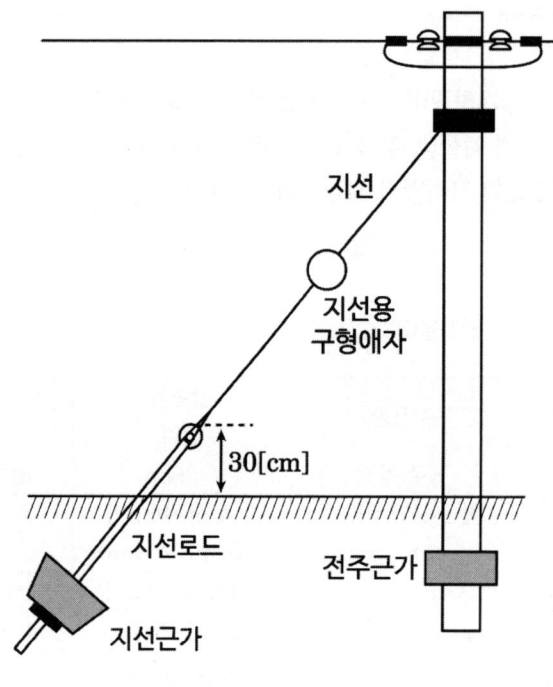

〈 지선의 구성요소 〉

예제 06

가공전선로의 지지물에 사용하는 지선의 시설과 관련하여 다음 중 옳지 않은 것은?

① 지선의 안전율은 2.5 이상, 허용 인장하중의 최저는 3.31 [kN]으로 할 것
② 지선에 연선을 사용하는 경우 소선 3가닥 이상의 연선일것
③ 지선에 연선을 사용하는 경우 소선의 지름이 2.6 [mm] 이상의 금속선을 사용한 것일 것
④ 가공전선로의 지지물로 사용하는 철탑은 지선을 사용하여 그 강도를 분담시키지 않을 것

해설 지선의 시설(331.11)

- 지선의 안전율은 2.5
- 허용 인장하중의 최저는 4.31 [kN]
- 지선에 연선을 사용할 경우 소선은 3가닥 이상의 연선일 것
- 소선의 지름이 2.6 [mm] 이상의 금속선을 사용한 것일 것
- 철탑은 지선을 사용하여 그 강도를 분담시키지 않을 것

정답 ①

(5) 구내인입선(331.12)

① 고압 가공인입선

㉠ 전선
- 전선에는 인장강도 8.01 [kN] 이상의 고압 절연전선, 특고압 절연전선
- 지름 5 [mm] 이상의 경동선의 고압 절연전선, 특고압 절연전선
- 인하용 절연전선을 애자사용배선에 의하여 시설
- 케이블

㉡ 연접인입선은 시설할 수 없다.

② 특고압 가공인입선

㉠ 사용전압 : 100 [kV] 이하
㉡ 사용전압이 35 [kV] 이하인 경우 시설높이 : 4 [m]
㉢ 연접인입선은 시설할 수 없다.

③ 전선의 높이

구분	저압인입선	고압 및 특고압인입선
철도 궤도 횡단	6.5 [m]	6.5 [m]
도로 횡단	5 [m]	6 [m]
기타(인도)	4 [m]	5 [m]
횡단보도	3 [m]	3.5 [m]

* 고압 가공인입선은 전선의 아래쪽에 위험 표시를 하는 경우 지표상 3.5 [m]까지 가능

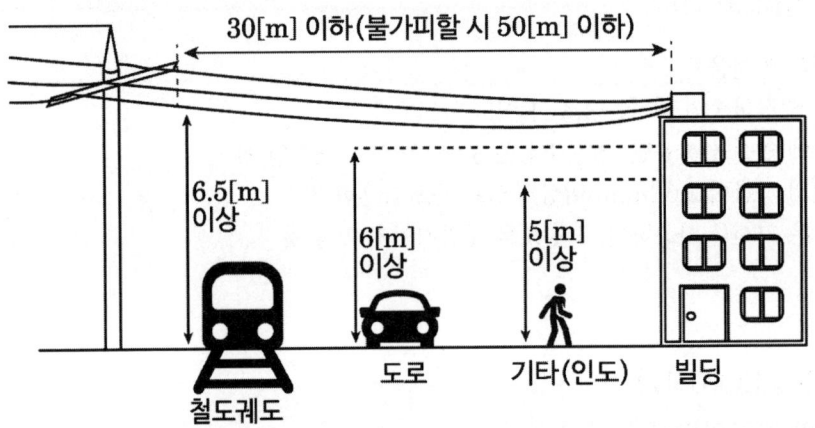

〈 고압·특고압 가공인입선 〉

예제 07

고압 인입선을 다음과 같이 시설하였다. 기술기준에 맞지 않는 것은?

① 고압 가공인입선 아래에 위험 표시를 하고 지표상 3.5 [m]의 높이에 설치하였다.
② 1.5 [m] 떨어진 다른 수용가에 고압 연접 인입선을 시설하였다.
③ 횡단보도교 위에 시설하는 경우 케이블을 사용하여 노면상에서 3.5 [m]의 높이에 시설하였다.
④ 전선은 5 [mm] 경동선과 동등한 세기의 고압 절연전선을 사용하였다.

해설 고압 가공인입선의 시설(331.12.1)

- 고압 가공인입선에는 인장강도 8.01 [kN] 이상의 고압 절연전선, 특고압 절연전선 또는 지름 5 [mm] 이상의 경동선의 고압 절연전선, 특고압 절연전선을 애자사용배선에 의하여 시설하여야 한다.
- 고압 가공인입선의 높이는 지표상 3.5 [m]까지로 감할 수 있다. 이 경우에 그 고압 가공인입선이 케이블 이외의 것인 때에는 그 전선의 아래쪽에 위험 표시를 하여야 한다.
- 고압 연접인입선은 시설하여서는 아니 된다.

정답 ②

(6) 옥측전선로(331.13)

① 고압 옥측전선로의 시설

㉠ 전선 : 케이블(관 또는 트라프에 넣어서 시설)

㉡ 케이블의 지지점 간의 거리

옆면 또는 아랫면에 따라 붙일 경우	수직으로 붙일 경우
2 [m]	6 [m]

㉢ 케이블을 넣는 장치의 금속제 부분은 접지공사를 실시(대지와의 전기저항 값이 10 [Ω] 이하인 부분은 제외)

㉣ 수관, 가스관과의 이격거리 : 0.15 [m] 이상(그 외 0.3 [m] 이상)

② 특고압 옥측전선로의 시설

㉠ 특고압 옥측전선로는 시설하면 안 된다(인입선의 옥측부분은 제외).

㉡ 사용전압이 100 [kV] 이하인 경우는 시설가능하다.

예제 08

고압 옥측전선로에 사용할 수 있는 전선은?

① 케이블
② 나경동선
③ 절연전선
④ 다심형 전선

해설 고압 옥측전선로는 전개된 장소에는 다음에 따라 시설(331.13.1)

전선은 케이블일 것

정답 ①

(7) 옥상전선로(331.14)

① 고압 옥상전선로의 시설 조건

㉠ 케이블을 사용

㉡ 조영재와의 이격거리 : 1.2 [m] 이상

㉢ 다른 시설물과의 이격거리 : 0.6 [m] 이상

㉣ 식물과 접촉하지 않도록 시설

② 특고압 옥상전선로는 시설해서는 안 된다(인입선의 옥상부분은 제외).

예제 09

고압 옥상전선로의 전선이 다른 시설물과 접근하거나 교차하는 경우 이들 사이의 이격거리는 몇 [cm] 이상이어야 하는가?

① 30　　　② 60　　　③ 90　　　④ 120

해설 고압 옥상전선로의 시설(331.14)

고압 옥상 전선로의 전선이 다른 시설물(가공전선을 제외)과 접근하거나 교차하는 경우에는 고압 옥상 전선로의 전선과 이들 사이의 이격거리는 0.6 [m] 이상

정답 ②

2 고압 가공전선로(332)

(1) 가공약전류전선로(통신선)의 유도장해 방지(332.1)

① 전선과 약전류전선 간의 이격거리 : 2 [m] 이상

② 시설기준

㉠ 가공전선과 가공약전류전선 간의 이격거리를 증가시킬 것

㉡ 교류식 가공전선로의 경우에는 가공전선을 적당한 거리에서 연가할 것

㉢ 가공전선과 가공약전류전선 사이에 인장강도 5.26 [kN] 이상의 것 또는 지름 4 [mm] 이상인 경동선의 금속선 2가닥 이상을 시설하고 접지공사를 할 것

예제 10

저압 또는 고압의 가공 전선로와 기설 가공 약전류 전선로가 병행할 때 유도작용에 의한 통신상의 장해가 생기지 않도록 전선과 기설 약전류 전선간의 이격거리는 몇 [m] 이상이어야 하는가? (단, 전기철도용 급전선로는 제외한다)

① 2　　　② 3　　　③ 4　　　④ 6

해설 가공약전류전선로의 유도장해 방지(332.1)

저·고압 가공전선로와 기설 가공약전류전선로가 병행하는 경우
- 유도작용에 의하여 통신상의 장해가 생기지 않도록 전선과 기설 약전류전선 간의 이격거리 2 [m] 이상

정답 ①

(2) 가공케이블의 시설(332.2)
    ① 가공전선에 케이블을 사용하는 경우
        ㉠ 케이블은 조가용선에 행거로 시설할 것(행거의 간격은 0.5 [m] 이하)
        ㉡ 조가용선은 인장강도 5.93 [kN] 이상의 것 또는 단면적 22 [mm^2] 이상인 아연도금강연선일 것
        ㉢ 조가용선 및 케이블의 피복에 사용하는 금속체에는 접지공사를 할 것
    ② 조가용선의 케이블에 금속 테이프 등을 감을 때 간격 : 0.2 [m] 이하

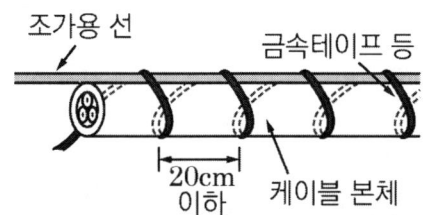

(3) 고압 가공전선의 안전율과 굵기(332.3)
    ① 가공전선의 안전율
        ㉠ 경동선 또는 내열 동합금선 : 2.2 이상
        ㉡ 그 밖의 전선 : 2.5 이상
    ② 가공전선의 굵기 : 지름 5 [mm] 이상의 경동선
    ③ 가공지선의 굵기 : 지름 4 [mm] 이상의 나경동선

예제 11

고압 가공전선으로 경동선을 사용하는 경우 안전율은 얼마 이상이 되는 이도(弛度)로 시설하여야 하는가?

① 2.0　　　　　　② 2.2
③ 2.5　　　　　　④ 4.0

해설 가공전선의 안전율(222.6, 332.4, 333.6)

- 안전율이 경동선 또는 내열 동합금선은 2.2 이상
- 그 밖의 전선은 2.5 이상이 되는 이도로 시설

정답 ②

(4) 고압 가공전선의 높이(332.5)

철도 또는 궤도	6.5 [m] 이상
도로	6 [m] 이상
횡단보도	3.5 [m] 이상
그 외	5 [m] 이상

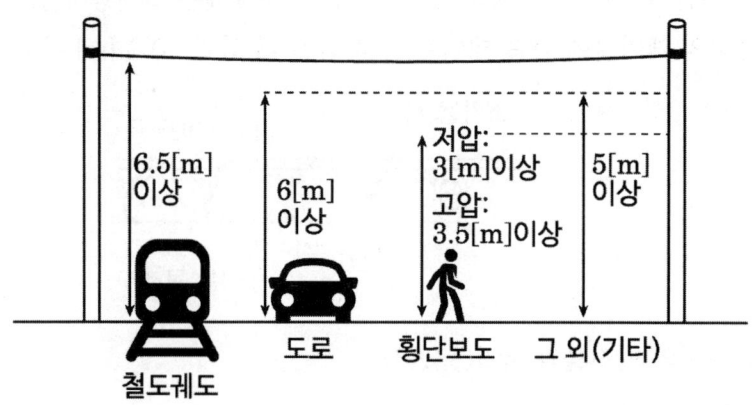

예제 12

저압 및 고압 가공전선의 높이는 도로를 횡단하는 경우와 철도를 횡단하는 경우에 각각 몇 [m] 이상이어야 하는가?

① 도로 : 지표상 5, 철도 : 레일면상 6
② 도로 : 지표상 5, 철도 : 레일면상 6.5
③ 도로 : 지표상 6, 철도 : 레일면상 6
④ 도로 : 지표상 6, 철도 : 레일면상 6.5

해설 가공전선의 높이(222.7, 332.5)

(4) 고압 가공전선의 높이(332.5) 표 참조

정답 ④

(5) 고압 가공전선로의 지지물의 강도(332.7)

① 목주

㉠ 풍압하중에 대한 안전율

저압	고압	특고압
1.2 이상	1.3 이상	1.5 이상

㉡ 굵기 : 말구(末口) 지름 0.12 [m] 이상일 것

② 철주, 철근 콘크리트주, 철탑

㉠ 풍압하중, 수직하중, 상정하중에 견디는 강도를 가져야 한다.

(6) 고압 가공전선 등의 병행설치(332.8)
   ① 저압 가공전선과 고압 가공전선을 동일 지지물에 시설하는 경우
      ㉠ 저압 가공전선을 고압 가공전선의 아래로 하고 별개의 완금류에 시설할 것
      ㉡ 저압과 고압 가공전선 사이의 이격거리 : 0.5 [m] 이상
      ㉢ 고압가공전선이 케이블인 경우 이격거리 : 0.3 [m] 이상
   ② 저압 또는 고압 가공전선과 교류전차선을 동일 지지물에 시설하는 경우
      ㉠ 수평거리 : 1 [m] 이상
      ㉡ 수직거리 : 수평거리의 1.5배 이하

예제 13

저압 가공전선과 고압 가공전선을 동일 지지물에 병가하는 경우, 고압 가공전선에 케이블을 사용하면 그 케이블과 저압 가공전선의 최소 이격거리는 몇 [cm]인가?

① 30　　　② 50　　　③ 70　　　④ 90

해설 가공전선 등의 병행설치(222.9, 332.8, 333.17)

구분	이격거리	케이블
저압 가공전선, 고압 가공전선 사이	0.5 [m] 이상	0.3 [m] 이상

정답 ①

(7) 고압 가공전선과 가공약전류전선 등의 공용설치(332.21)
   ① 목주의 풍압하중에 대한 안전율 : 1.5 이상
   ② 가공전선을 가공약전류전선의 위쪽으로 별개의 완금류에 시설한다.
   ③ 가공약전류전선과의 이격거리

구분	이격거리	
저압 가공전선	0.75 [m] 이상	
	절연전선, 케이블인 경우	0.3 [m] 이상
고압 가공전선	1.5 [m] 이상	
	케이블인 경우	0.5 [m] 이상

예제 14

저·고압 가공전선과 가공약전류 전선 등을 동일 지지물에 시설하는 경우로 틀린 것은?

① 가공전선을 가공약전류 전선 등의 위로하고 별개의 완금류에 시설할 것
② 전선로의 지지물로 사용하는 목주의 풍압하중에 대한 안전율은 1.5 이상일 것
③ 가공전선과 가공약전류 전선 등 사이의 이격거리는 저압과 고압 모두 75 [cm] 이상일 것
④ 가공전선이 가공약전류 전선에 대하여 유도작용에 의한 통신상의 장해를 줄 우려가 있는 경우에는 가공전선을 적당한 거리에서 연가할 것

해설 고압 가공전선과 가공약전류전선 등의 공용설치(332.21)

- 전선로의 지지물로서 사용하는 목주의 풍압하중에 대한 안전율은 1.5 이상일 것
- 가공전선과 가공약전류전선 등 사이의 이격거리는 저압(다중접지된 중성선을 제외)은 0.75 [m] 이상, 고압은 1.5 [m] 이상
- 가공전선이 가공약전류전선에 대하여 유도작용에 의한 통신상의 장해를 줄 우려가 있는 경우에는 연가할 것

정답 ③

(8) 고압 가공전선로 경간의 제한(332.9)

지지물의 종류	표준 경간	전선단면적 22 [mm²] 이상인 경우
목주, A종주	150 [m] 이하	300 [m] 이하
B종주	250 [m] 이하	500 [m] 이하
철탑	600 [m] 이하	

예제 15

고압 가공전선로의 지지물로 철탑을 사용한 경우 최대경간은 몇 [m] 이하이어야 하는가?

① 300 ② 400
③ 500 ④ 600

해설 가공전선로 경간 제한(332.9)

(8) 고압 가공전선로 경간의 제한(332.9) 표 참조

정답 ④

① 굵기 : 인장강도 8.01 [kN] 이상 또는 지름 5 [mm] 이상의 경동선
② 목주의 안전율 : 1.5 이상
③ 고압 보안공사 경간 제한

지지물의 종류	표준 경간
목주, A종 철주, A종 철근 콘크리트주	100 [m] 이하
B종 철주, B종 철근 콘크리트주	150 [m] 이하
철탑	400 [m] 이하

(단면적 38 [mm^2] 이상의 경동연선 사용하는 경우 제외)

(9) 고압 가공전선과 건조물의 접근(332.11)

① 저압 가공전선과 건조물의 조영재 사이의 이격거리

건조물 조영재의 구분		이격거리(이상)	
상부 조영재	위쪽	저압 절연전선	2 [m]
		고압, 특고압 절연전선 또는 케이블인 경우	1 [m]
	옆쪽 또는 아래쪽	저압 절연전선	1.2 [m]
		접촉우려 없는 경우	0.8 [m]
		고압, 특고압 절연전선 또는 케이블인 경우	0.4 [m]
기타의 조영재		저압 절연전선	1.2 [m]
		접촉우려 없는 경우	0.8 [m]
		고압, 특고압 절연전선 또는 케이블인 경우	0.4 [m]

예제 16

저압 가공전선이 건조물의 상부 조영재 옆쪽으로 접근하는 경우 저압 가공전선과 건조물의 조영재 사이의 이격거리는 몇 [m] 이상이어야 하는가? (단, 전선에 사람이 쉽게 접촉할 우려가 없도록 시설한 경우와 전선이 고압 절연전선, 특고압 절연전선 또는 케이블인 경우는 제외한다)

① 0.6
② 0.8
③ 1.2
④ 2.0

[해설] 저압, 고압 가공전선과 건조물의 접근(222.11, 332.11)
　(9) 고압 가공전선과 건조물의 접근(332.11) 표 참조

[정답] ③

② 고압 가공전선과 건조물의 조영재 사이의 이격거리

건조물 조영재의 구분		이격거리(이상)	
상부 조영재	위쪽	고압 절연전선	2 [m]
		케이블인 경우	1 [m]
	옆쪽 또는 아래쪽	고압 절연전선	1.2 [m]
		접촉우려 없는 경우	0.8 [m]
		케이블인 경우	0.4 [m]
기타의 조영재		고압 절연전선	1.2 [m]
		접촉우려 없는 경우	0.8 [m]
		케이블인 경우	0.4 [m]

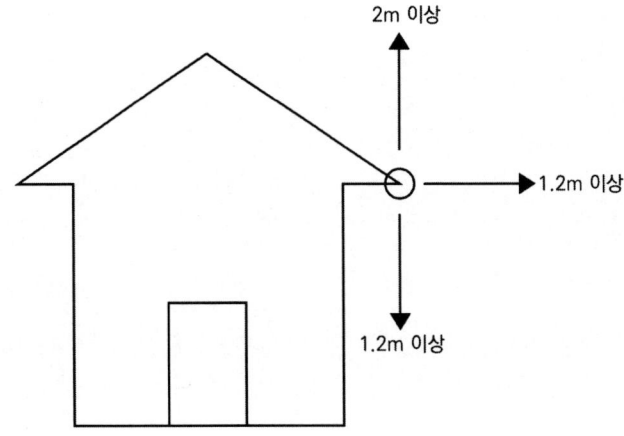

예제 17

고압 가공전선과 건조물의 상부 조영재와의 옆쪽 이격거리는 몇 [m] 이상인가? (단, 전선에 사람이 쉽게 접촉할 우려가 있고 케이블이 아닌 경우이다)

① 1.0 ② 1.2 ③ 1.5 ④ 2.0

해설 저압, 고압 가공전선과 건조물의 접근(222.11, 332.11)

구분			이격거리
상부 조영재	위쪽	2 [m]	케이블인 경우 1 [m]
	옆쪽 또는 아래쪽	1.2 [m]	전선에 사람이 쉽게 접촉할 우려가 없도록 시설한 경우 0.8 [m], 케이블 경우 0.4 [m]

정답 ②

③ 저압, 고압 가공전선이 건조물의 아래쪽에 시설될 때

가공전선의 종류		이격거리(이상)
저압 가공전선		0.6 [m]
	고압, 특고압 절연전선 또는 케이블인 경우	0.3 [m]
고압 가공전선		0.8 [m]
	케이블인 경우	0.4 [m]

⑩ 가공전선과 도로 등의 접근 또는 교차(332.12)

① 저압 가공전선과 도로 등의 이격거리

도로 등의 구분		이격거리(이상)
도로, 횡단보도, 철도, 궤도		3 [m]
삭도, 저압 전차선		0.6 [m]
	고압, 특고압 절연전선 또는 케이블인 경우	0.3 [m]
저압 전차선의 지지물		0.3 [m]

(단, 수평 이격거리가 1 [m] 이상인 경우는 예외)

예제 18

옥외용 비닐절연전선을 사용한 저압가공전선이 횡단 보도교 위에 시설되는 경우에 그 전선의 노면 상 높이는 몇 [m] 이상으로 하여야 하는가?

① 2.5   ② 3.0   ③ 3.5   ④ 4.0

해설 저고압 가공전선과 도로 등의 접근 또는 교차 (222.12, 332.12)

구분	전선의 높이	
철도 또는 궤도를 횡단	6.5 [m] 이상	
도로 횡단	노면상 5 [m] 이상	
	교통에 지장이 없을 때	3 [m] 이상
이 외	지표상 4 [m]	
	교통에 지장이 없을 때	2.5 [m] 이상
횡단보도교의 위	노면상 3 [m] 이상	

정답 ②

② 고압 가공전선과 도로 등의 이격거리

도로 등의 구분	이격거리(이상)	
도로, 횡단보도, 철도, 궤도	3 [m]	
삭도, 저압 전차선	0.8 [m]	
	케이블인 경우	0.4 [m]
저압 전차선의 지지물	0.6 [m]	
	케이블인 경우	0.3 [m]

(단, 수평 이격거리가 1.2 [m] 이상인 경우는 예외)

(11) 가공전선과 기타시설물의 접근 또는 교차(332.13)

① 약전류전선, 안테나, 가공전선 상호 간 이격거리

가공전선의 종류	이격거리(이상)	
저압 가공전선	0.6 [m]	
	고압, 특고압 절연전선 또는 케이블인 경우	0.3 [m]
고압 가공전선	0.8 [m]	
	케이블인 경우	0.4 [m]

② 식물과의 이격거리 : 접촉만 안 되면 된다.

예제 19

고압 가공전선이 가공 약전류 전선과 접근하는 경우 고압 가공전선과 가공 약전류 전선 사이의 이격거리는 몇 [cm] 이상이어야 하는가? (단, 전선이 케이블인 경우이다)

① 15
② 30
③ 40
④ 80

해설 가공전선과 가공약전류전선 등의 접근 또는 교차(222.13, 332.13)

고압 가공전선이 가공약전류전선 등과 접근하는 경우는 고압 가공전선과 가공약전류전선 등 사이의 이격거리는 0.8 [m](전선이 케이블인 경우에는 0.4 [m]) 이상

정답 ③

⑫ 고압 가공전선과 교류전차선 등의 접근 또는 교차(332.14)
  ① 가공전선과 교류전차선이 접근하는 경우
    ㉠ 가공전선은 교류전차선의 위쪽에 시설해서는 안 된다(단, 수평거리가 3 [m] 이상인 경우 예외).
    ㉡ 저압 가공전선은 지름 5 [mm] 이상의 경동선을 사용한다.
  ② 가공전선과 교류전차선이 교차하는 경우
    ㉠ 저압가공전선은 케이블을 사용한다.
    ㉡ 고압가공전선은 케이블 또는 단면적 38 [mm²] 이상의 경동연선을 사용
    ㉢ 케이블 이외 고압 가공전선 상호 간의 간격 : 0.65 [m] 이상
    ㉣ 가공전선로 지지물에 사용하는 목주의 안전율 : 2 이상
    ㉤ 가공전선로의 경간

목주, A종 철주 및 콘크리트주	B종 철주 및 콘크리트주
60 [m] 이하	120 [m] 이하

    ㉥ 교류 전차선과의 이격거리 : 2 [m] 이상

⒀ 고압 가공전선과 다른 시설물의 접근 또는 교차(332.15)

시설물의 구분		이격거리(이상)	
조영물의 상부 조영재	위쪽	2 [m]	
		케이블인 경우	1 [m]
	옆쪽 또는 아래쪽	0.8 [m]	
		케이블인 경우	0.4 [m]
상부 조영재 이외의 부분 또는 조영물 이외의 시설물		0.8 [m]	
		케이블인 경우	0.4 [m]

3 특고압 가공전선로(333)

⑴ 시가지 등에서 특고압 가공전선로의 시설(333.1)

① 사용전압이 170 [kV] 이하인 전선로

㉠ 전선을 지지하는 애자장치의 조건
- 50 [%] 충격섬락전압 값이 그 전선의 근접한 다른 부분을 지지하는 애자장치 값의 110 [%](사용전압이 130 [kV]를 초과하는 경우는 105 [%]) 이상인 것
- 아크 혼을 붙인 현수애자·장간애자(長幹碍子) 또는 라인포스트애자를 사용하는 것
- 2련 이상의 현수애자 또는 장간애자를 사용하는 것
- 2개 이상의 핀애자 또는 라인포스트애자를 사용하는 것

㉡ 지지물에는 철주·철근 콘크리트주 또는 철탑을 사용(목주는 사용금지)

㉢ 사용전압이 100 [kV]를 초과하는 특고압 가공전선에 지락 또는 단락이 생겼을 때에는 1초 이내에 자동적으로 이를 전로로부터 차단하는 장치를 시설할 것

㉣ 특고압 가공전선로의 경간 제한

지지물의 종류		표준 경간
A종 철주, A종 철근 콘크리트주		75 [m] 이하
B종 철주, B종 철근 콘크리트주		150 [m] 이하
철탑	단주가 아닌 경우	400 [m] 이하
	단주인 경우	300 [m] 이하
	전선 상호 간의 거리가 4 [m] 미만	250 [m] 이하

예제 20

시가지에 시설하는 사용전압 170 [kV] 이하인 특고압 가공전선로의 지지물이 철탑이고 전선이 수평으로 2 이상 있는 경우에 전선 상호 간의 간격이 4 [m] 미만인 때에는 특고압 가공전선로의 경간은 몇 [m] 이하이어야 하는가?

① 100
② 150
③ 200
④ 250

해설 시가지 등에서 170 [kV] 이하 특고압 가공전선로의 경간 제한(333.1)

지지물의 종류	경간
A종 철주 또는 A종 철근 콘크리트주	75 [m]
B종 철주 또는 B종 철근 콘크리트주	150 [m]
철탑	400 [m] (단주 300 [m]) (전선이 수평으로 2 이상 있는 경우에 전선 상호 간의 간격이 4 [m] 미만인 때에는 250 [m])

정답 ④

② 사용전압이 170 [kV] 초과하는 전선로
　㉠ 전선을 지지하는 애자장치에는 아크 혼을 부착한 현수애자, 장간애자를 사용
　㉡ 현수애자 장치에 의하여 전선을 지지하는 부분에는 아머로드를 사용
　㉢ 지지물은 철탑을 사용
　㉣ 경간 거리는 600 [m] 이하
　㉤ 전선로에는 가공지선을 시설할 것

③ 특고압 가공전선로 전선의 단면적

사용전압의 구분	단면적
100 [kV] 미만	단면적 55 [mm^2] 이상의 경동연선
100 [kV] 이상	단면적 150 [mm^2] 이상의 경동연선

④ 특고압 가공전선로의 높이

사용전압의 구분	높이	
35 [kV] 이하	10 [m] 이상	
	특고압 절연전선	8 [m] 이상
35 [kV] 초과	10 [m] + (초과10 [kV]마다 0.12 [m])	

예제 21

사용전압 154 [kV]의 특고압 가공전선로를 시가지에 시설하는 경우 지표상 몇 [m] 이상에 시설하여야 하는가?

① 7   ② 8   ③ 9.44   ④ 11.44

해설 시가지 등에서 170 [kV] 이하 특고압 가공전선로 높이(333.1)

사용전압의 구분	지표상의 높이
35 [kV] 이하	10 [m] (절연전선인 경우 8 [m])
35 [kV] 초과	10 [m] + $\dfrac{X-35}{10} \times 0.12\,[m]$

$\dfrac{154-35}{10} = 11.9$ (소수점 첫째자리에서 절상하면 12)

$10 + (12 \times 0.12) = 11.44\,[m]$

정답 ④

(2) 유도장해의 방지(333.2)

① 가공전화선로의 시설

㉠ 사용전압이 60 [kV] 이하인 경우에는 전화선로의 길이 12 [km]마다 유도전류가 2 [μA]를 넘지 않아야 한다.

㉡ 사용전압이 60 [kV]를 초과하는 경우에는 전화선로의 길이 40 [km]마다 유도전류가 3 [μA]를 넘지 않아야 한다.

예제 22

유도장해의 방지를 위한 규정으로 사용전압 60 [kV] 이하인 가공 전선로의 유도전류는 전화선로의 길이 12 [km]마다 몇 [μA]를 넘지 않도록 하여야 하는가?

① 1   ② 2   ③ 3   ④ 4

해설 특고압 가공 전선로 유도장해의 방지(333.2)

- 사용전압이 60 [kV] 이하인 경우 : 12 [km]마다 유도전류가 2 [μA]를 넘지 아니하도록 할 것
- 사용전압이 60 [kV]를 초과하는 경우 : 40 [km]마다 유도전류가 3 [μA]을 넘지 아니하도록 할 것

정답 ②

(3) 특고압 가공케이블의 시설(333.3)
　① 가공전선에 케이블을 사용하는 경우
　　㉠ 케이블은 조가용선에 행거로 시설할 것(행거의 간격은 0.5 [m] 이하)
　　㉡ 조가용선은 인장강도 13.93 [kN] 이상의 것 또는 단면적 22 [mm^2] 이상인 아연도금강연선일 것
　　㉢ 조가용선 및 케이블의 피복에 사용하는 금속체에는 접지공사를 할 것
　② 조가용선의 케이블에 금속 테이프 등을 감을 때 간격 : 0.2 [m] 이하

예제 23

특고압 가공전선로의 전선으로 케이블을 사용하는 경우의 시설로서 옳지 않은 것은?

① 케이블은 조가용선에 행거에 의하여 시설한다.
② 조가용선의 케이블에 접촉시켜 그 위에 쉽게 부식하지 아니하는 금속 테이프 등을 30 [cm] 이상의 간격으로 감아 붙인다.
③ 조가용선은 단면적 22 [mm^2] 의 아연도강연선 또는 인장강도 13.93 [kN] 이상의 연선을 사용한다.
④ 사용전압이 고압인 때에는 행거의 간격은 0.5 [m] 이하로 한다.

[해설] 가공케이블 시설(222.4, 332.2, 333.3)

조가용선의 케이블에 접촉시켜 그 위에 쉽게 부식하지 아니하는 금속 테이프 등을 0.2 [m] 이하의 간격을 유지

[정답] ②

(4) 특고압 가공전선의 안전율 및 굵기(333.4)
　① 가공전선과 가공지선의 안전율
　　㉠ 경동선 또는 내열 동합금선 : 2.2 이상
　　㉡ 그 밖의 전선 : 2.5 이상
　② 가공전선을 지지하는 애자장치의 안전율 : 2.5 이상

③ 가공전선의 굵기

구분			굵기
저압	400 [V] 이하		지름 3.2 [mm] 이상의 경동선
		절연전선	지름 2.6 [mm] 이상의 경동선
	400 [V] 초과	시내	지름 5 [mm] 이상의 경동선
		시외	지름 4 [mm] 이상의 경동선
고압			지름 5 [mm] 이상의 경동선
특고압			단면적 22 [mm²] 이상의 경동연선
	시가지	100 [kV] 미만	단면적 55 [mm²] 이상의 경동연선
		100 [kV] 이상	단면적 150 [mm²] 이상의 경동연선

예제 24

특고압 가공전선은 케이블인 경우 이외에는 단면적이 몇 [mm²] 이상의 경동연선이어야 하는가?

① 8
② 14
③ 22
④ 30

[해설] 특고압 가공전선의 굵기 및 종류(333.4)

특고압 가공전선은 케이블인 경우 이외에는 인장강도 8.71 [kN] 이상의 연선 또는 단면적이 22 [mm²] 이상의 경동연선 또는 동등 이상의 인장강도를 갖는 알루미늄 전선이나 절연전선이어야 한다.

정답 ③

④ 가공지선의 굵기
  ㉠ 단면적이 22 [mm²] 이상의 나경동연선, 아연도금강연선
  ㉡ 지름 5 [mm] 이상의 나경동선

(5) 특고압 가공전선과 지지물 등의 이격거리(333.5)

사용전압	이격거리(이상)
15 [kV] 미만	0.15 [m]
15 [kV] 이상 25 [kV] 미만	0.2 [m]
25 [kV] 이상 35 [kV] 미만	0.25 [m]
35 [kV] 이상 50 [kV] 미만	0.3 [m]
50 [kV] 이상 60 [kV] 미만	0.35 [m]
60 [kV] 이상 70 [kV] 미만	0.4 [m]
70 [kV] 이상 80 [kV] 미만	0.45 [m]
80 [kV] 이상 130 [kV] 미만	0.65 [m]
130 [kV] 이상 160 [kV] 미만	0.9 [m]
160 [kV] 이상 200 [kV] 미만	1.1 [m]
200 [kV] 이상 230 [kV] 미만	1.3 [m]
230 [kV] 이상	1.6 [m]

예제 25

사용전압 22.9 [kV]인 가공 전선과 지지물과의 이격거리는 일반적으로 몇 [cm] 이상이어야 하는가?

① 5   ② 10   ③ 15   ④ 20

해설 특고압가공전선과 지지물 등의 이격거리(333.5)

(5) 특고압 가공전선과 지지물 등의 이격거리(333.5) 표 참조

정답 ④

(6) 특고압 가공전선의 높이(333.7)

사용전압의 구분	지표상의 높이([m] 이상)				
	철도횡단	도로횡단	산지	횡단보도	그 외(평지)
35 [kV] 이하	6.5	6	5	4	5
35 [kV] 초과 160 [kV] 이하	6.5	6	5	5	6
160 [kV] 초과	최고 높이 + (초과 10 [kV]마다 0.12 [m])				

(7) 특고압 가공전선로의 목주 시설(333.10)

① 풍압하중에 대한 안전율

저압	고압	특고압
1.2 이상	1.3 이상	1.5 이상

② 굵기 : 말구(末口) 지름 0.12 [m] 이상일 것

(8) 특고압 가공전선로의 철주·철근 콘크리트주 또는 철탑의 종류(333.11)

① 지지물의 종류

구분	특징
직선형	전선로의 직선부분 사용(수평각도 3° 이하)
각도형	전선로중 3°를 초과하는 수평각도를 이루는 곳에 사용
인류형	전가섭선을 인류하는 곳에 사용
내장형	전선로의 지지물 양쪽의 경간의 차가 큰 곳에 사용
보강형	전선로의 직선부분에 그 보강을 위하여 사용

② B종 철주 또는 B종 콘크리트주를 연속하여 사용하는 부분
　㉠ 내장형 : 10기 이하마다 1기를 시설
　㉡ 보강형 : 5기 이하마다 1기를 시설

예제 26

직선형의 철탑을 사용한 특고압 가공전선로가 연속하여 10기 이상 사용하는 부분에는 몇 기 이하마다 내장 애자 장치가 되어 있는 철탑 1기를 시설하여야 하는가?

① 5　　　　② 10　　　　③ 15　　　　④ 20

해설 특고압 가공전선로의 철주·철근 콘크리트주 또는 철탑의 종류(333.11)

직선형 : 전선로의 직선부분(3° 이하인 수평각도를 이루는 곳을 포함한다. 이하 같다)에 사용하는 것. 다만 내장형 및 보강형에 속하는 것을 제외한다.
- 연속하여 10기 이상 사용하는 부분에는 10기 이하마다 내장 애자 장치가 되어 있는 철탑 1기를 시설

정답 ②

(9) 상시 상정하중(333.13)
  ① 철주·철근 콘크리트주 또는 철탑의 강도계산에 사용
  ② 수직하중
    ㉠ 전선로에 아래 직각 방향으로 가하여지는 경우의 하중
    ㉡ 가섭선·애자장치·지지물 부재(철근 콘크리트주에 대하여는 완금류를 포함한다) 등의 중량에 의한 하중
    ㉢ 지선의 장력에 의하여 생기는 수직분력에 의한 하중을 가산
    ㉣ 가섭선의 피빙(두께 6 [mm], 비중 0.9)의 중량에 의한 하중을 가산
  ③ 수평횡하중
    ㉠ 전선로의 옆 직각 방향으로 가하여지는 경우의 하중
    ㉡ 풍압하중 및 전선로에 수평각도가 있는 경우
    ㉢ 가섭선의 상정 최대장력에 의하여 생기는 수평 횡분력에 의한 하중
  ④ 수평종하중
    ㉠ 전선로의 방향으로 가하여지는 경우의 하중
    ㉡ 수직하중 또는 수평횡하중의 풍압하중을 고려하여 계산

(10) 이상 시 상정하중(333.14)
  ① 수직하중 : 상시 상정하중과 동일
  ② 수평횡하중 : 가섭선의 절단에 의하여 생기는 비틀림 힘에 의한 하중
  ③ 수평종하중 : 가섭선의 절단에 의하여 생기는 불평균 장력의 수평 종분력에 의한 하중 및 비틀림 힘에 의한 하중

예제 27

철탑의 강도계산에 사용하는 이상 시 상정하중을 계산하는 데 사용되는 것은?

① 미진에 의한 요동과 철구조물의 인장하중
② 뇌가 철탑에 가하여졌을 경우의 충격하중
③ 이상전압이 전선로에 내습하였을 때 생기는 충격하중
④ 풍압이 전선로에 직각방향으로 가하여지는 경우의 하중

해설 이상 시 상정하중(333.14)

  • 수직하중   • 수평횡하중   • 수평종하중

정답 ④

⑾ 특고압 가공전선과 저, 고압 가공전선 등의 병행설치(333.17)
  ① 사용전압이 35 [kV] 이하인 경우
    ㉠ 특고압 가공전선은 저압 또는 고압 가공전선의 위에 시설해야 한다.
    ㉡ 특고압 가공전선은 연선이어야 한다.
    ㉢ 저압 또는 고압 가공전선은 인장강도 8.31 [kN] 이상의 것 또는 케이블
    ㉣ 특고압 가공전선과 저압 또는 고압 가공전선 사이의 이격거리는 1.2 [m] 이상
  ② 사용전압이 35 [kV] 초과 100 [kV] 미만인 경우
    ㉠ 특고압 가공전선로는 제2종 특고압 보안공사에 의한다.
    ㉡ 특고압 가공전선 : 인장강도 21.67 [kN] 이상 또는 50 [mm²] 이상인 경동연선
    ㉢ 특고압 가공전선과 저압 또는 고압 가공전선 사이의 이격거리는 2 [m] 이상
    ㉣ 지지물로 목주는 사용불가

예제 28

66000 [V] 가공전선과 6000 [V] 가공전선을 동일 지지물에 병가하는 경우 특고압 가공전선으로 사용하는 경동연선의 굵기는 몇 [mm²] 이상이어야 하는가?

① 22   ② 38   ③ 50   ④ 100

해설 사용전압이 35 [kV]를 초과하고 100 [kV] 미만인 특고압 가공전선과 저압 또는 고압 가공전선을 동일 지지물에 시설하는 경우(333.17)

- 특고압 가공전선로는 제2종 특고압 보안공사에 의할 것
- 특고압 가공전선은 케이블인 경우를 제외하고는 인장강도 21.67 [kN] 이상의 연선 또는 단면적이 50 [mm²] 이상인 경동연선일 것

정답 ③

③ 특고압 가공전선과 저압 또는 고압의 가공전선을 동일 지지물에 시설하는 경우

사용전압의 구분		전선 상호 간 이격거리	
		일반전선	케이블인 경우
저압과 고압 병행설치		0.5 [m] 이상	0.3 [m] 이상
저압, 고압과 특고압 병행설치	35 [kV] 이하	1.2 [m] 이상	0.5 [m] 이상
	35 [kV] 초과 100 [kV] 미만	2 [m] 이상	1 [m] 이상
	100 [kV] 이상	동일지지물에 시설금지	

⑫ 특고압 가공전선과 가공약전류전선 등의 공용설치(333.19)
   ① 사용전압이 35 [kV] 이하인 특고압 가공전선인 경우
      ㉠ 특고압 가공전선로는 제2종 특고압 보안공사에 의할 것
      ㉡ 특고압 가공전선은 가공약전류전선의 위로 하고 별개의 완금류에 시설할 것
      ㉢ 특고압 가공전선은 인장강도 21.67 [kN] 이상의 연선 또는 단면적이 50 [mm^2] 이상인 경동연선일 것(케이블인 경우 제외)

예제 29

66000 [V] 가공전선과 6000 [V] 가공전선을 동일 지지물에 병가하는 경우 특고압 가공전선으로 사용하는 경동연선의 굵기는 몇 [mm^2] 이상이어야 하는가?

① 22
② 38
③ 50
④ 55

해설 가공전선과 가공약전류전선 등의 공용설치(222.21, 332.21, 333.19)

특고압 가공전선은 케이블인 경우 이외에는 인장강도 21.67 [kN] 이상의 연선 또는 단면적이 50 [mm^2] 이상인 경동연선일 것

정답 ③

② 특고압 가공전선과 가공약전류전선 등을 동일 지지물에 시설하는 경우

사용전압의 구분		가공전선과 가공약전류전선의 이격거리	
		일반전선	케이블인 경우
저압		0.75 [m] 이상	0.3 [m] 이상
고압		1.5 [m] 이상	0.5 [m] 이상
특고압	35 [kV] 이하	2 [m] 이상	0.5 [m] 이상
	35 [kV] 초과	동일지지물에 시설금지	

⑬ 특고압 가공전선로의 경간 제한(333.21)

지지물		경간	단면적 50 [mm^2] 이상인 경우
목주, A종 철주 및 철근콘크리트주		150 [m] 이하	300 [m] 이하
B종 철주 및 철근콘크리트주		250 [m] 이하	500 [m] 이하
철탑	단주 아닌 경우	600 [m] 이하	제한 없음
	단주인 경우	400 [m] 이하	

⒁ 특고압 보안공사(333.22)
　① 제1종 특고압 보안공사 : 2차 접근상태에서 사용전압이 35 [kV] 초과인 경우
　　㉠ 전선의 단면적

사용전압의 구분		인장강도	단면적
400 [V] 이하		5.26 [kN] 이상	지름 4 [mm] 이상
400 [V] 초과, 고압		8.01 [kN] 이상	지름 5 [mm] 이상
특고압	100 [kV] 미만	21.67 [kN] 이상	단면적 55 [mm^2] 이상
	100 [kV] 이상 300 [kV] 미만	58.84 [kN] 이상	단면적 150 [mm^2] 이상
	300 [kV] 이상	77.47 [kN] 이상	단면적 200 [mm^2] 이상

　　㉡ 목주, A종주 사용금지
　　㉢ 전선로에 가공지선을 시설한다.
　　㉣ 지락 또는 단락이 생겼을 때 3초 이내에 작동하는 자동차단장치를 시설(100 [kV] 이상인 경우 2초)
　② 제2종 특고압 보안공사 : 2차 접근상태에서 사용전압이 35 [kV] 이하인 경우
　　㉠ 특고압 가공전선은 연선으로 한다.
　　㉡ 목주의 풍압하중에 대한 안전율 : 2 이상

예제 30

154 [kV] 가공 송전선로를 제1종 특고압 보안공사로 할 때 사용되는 경동연선의 굵기는 몇 [mm^2] 이상인가?

① 100　　　　　　　　　② 150
③ 200　　　　　　　　　④ 250

해설 제 1종 특고압 보안공사(333.22)

사용전압	전선
100 [kV] 미만	인장강도 21.67 [kN] 이상의 연선 또는 단면적 55 [mm^2] 이상의 경동연선
100 [kV] 이상 300 [kV] 미만	인장강도 58.84 [kN] 이상의 연선 또는 단면적 150 [mm^2] 이상의 경동연선
300 [kV] 이상	인장강도 77.47 [kN] 이상의 연선 또는 단면적 200 [mm^2] 이상의 경동연선

정답 ②

③ 보안공사의 경간의 제한

지지물	저압, 고압	제1종 특고압	제2종 특고압
목주, A종 철주 및 철근콘크리트주	100 [m] 이하	시설불가	100 [m] 이하
B종 철주 및 철근콘크리트주	150 [m] 이하	150 [m] 이하	200 [m] 이하
철탑	400 [m] 이하	400 [m] 이하	400 [m] 이하
철탑(단주)		300 [m] 이하	300 [m] 이하

지지물	제3종 특고압 보안공사	
목주, A종 철주 및 철근콘크리트주	100 [m]	
	단면적이 38 [mm^2] 이상인 경동연선을 사용하는 경우	150 [m]
B종 철주 및 철근콘크리트주	200 [m]	
	단면적이 55 [mm^2] 이상인 경동연선을 사용하는 경우	250 [m]
철 탑	400 [m]	
	단면적이 55 [mm^2] 이상인 경동연선을 사용하는 경우	600 [m]

⑮ 특고압 가공전선과 건조물의 접근(333.23)

① 1차 접근상태인 경우 제3종 특고압 보안공사를 실시한다.

② 상부조영재와의 이격거리

사용전압의 구분		이격거리	
		위쪽	옆, 아래쪽
35 [kV] 이하	특고압 절연전선	2.5 [m] 이상	1.5 [m] 이상
	케이블	1.2 [m] 이상	0.5 [m] 이상
	기타전선	3 [m] 이상	
35 [kV] 초과	모든전선	각 제한값 + (초과 10 [kV]마다 0.15 [m]) 이상	

예제 31

765 [kV] 가공전선 시설 시 2차 접근상태에서 건조물을 시설하는 경우 건조물 상부와 가공전선 사이의 수직거리는 몇 [m] 이상인가? (단, 전선의 높이가 최저상태로 사람이 올라갈 우려가 있는 개소를 말한다)

① 15
② 20
③ 25
④ 28

해설 특고압 가공전선과 건조물의 접근(333.23)

사용전압이 400 [kV] 이상의 특고압 가공전선이 건조물과 제2차 접근상태로 있는 경우에는 전선높이가 최저상태일 때 가공전선과 건조물 상부와의 수직거리는 28 [m] 이상이어야 한다.

정답 ②

⑯ 특고압 가공전선과 도로 등의 접근 또는 교차(333.24)
  ① 도로 등과 1차 접근상태로 시설되는 경우
    ㉠ 제3종 특고압 보안공사를 실시한다.
    ㉡ 특고압 가공전선과 도로 등과 이격거리

사용전압의 구분	이격거리
35 [kV] 이하	3 [m] 이상
35 [kV] 초과	3 [m] + (초과 10 [kV]마다 0.15 [m])

(단, 수평 이격거리가 1.2 [m] 이상인 경우는 예외)

  ② 도로 등과 제2차 접근상태로 시설되는 경우
    ㉠ 제2종 특고압 보안공사를 실시한다.
    ㉡ 수평거리 3 [m] 미만으로 시설되는 부분의 길이가 연속하여 100 [m] 이하여야 한다.
  ③ 특고압 가공전선이 도로 등과 교차하는 경우
    ㉠ 제2종 특고압 보안공사를 실시한다.
    ㉡ 보호망의 시설
      • 인장강도 8.01 [kN] 이상의 것 또는 지름 5 [mm] 이상의 경동선을 사용
      • 보호망을 구성하는 금속선 상호의 간격은 가로, 세로 각 1.5 [m] 이하일 것
      • 보호망이 특고압 가공전선의 외부에 뻗은 폭은 특고압 가공전선과 보호망과의 수직거리의 2분의 1 이상일 것
  ④ 특고압 가공전선이 도로 등과 접근하는 경우에 특고압 가공전선을 도로 등의 아래쪽에 시설할 때에는 상호 간의 수평 이격거리는 3 [m] 이상으로 한다.

예제 32

특고압 가공전선이 도로 등과 교차하는 경우에 특고압 가공전선이 도로 등의 위에 시설되는 때에 설치하는 보호망에 대한 설명으로 옳은 것은?

① 보호망을 운전이 빈번한 철도선로의 위에 시설하는 경우에는 금속선을 사용하지 말 것
② 보호망을 구성하는 금속선의 인장강도는 6 [kN] 이상으로 한다.
③ 보호망을 구성하는 금속선은 지름 1.0 [mm] 이상의 경동선을 사용한다.
④ 보호망을 구성하는 금속선 상호의 간격은 가로, 세로 각 1.5 [m] 이하로 한다.

해설 특고압 가공전선과 도로 등과 접근 또는 교차 시 이격거리(333.24)

보호망을 구성하는 금속선 상호의 간격은 가로, 세로 각 1.5 [m] 이하일 것

정답 ④

(17) 특고압 가공전선과 삭도의 접근 또는 교차(333.25)

사용전압의 구분	이격거리	
35 [kV] 이하	2 [m] 이상	
	특고압 절연전선	1 [m] 이상
	케이블	0.5 [m] 이상
35 [kV] 초과 60 [kV] 이하	2 [m] 이상	
60 [kV] 초과	2 [m] + (초과 10 [kV]마다 0.12 [m])	

예제 33

사용전압이 22.9 [kV]인 가공전선이 삭도와 제1차 접근상태로 시설되는 경우 가공전선과 삭도 또는 삭도용 지주 사이의 이격거리는 몇 [m] 이상으로 하여야 하는가? (단, 전선으로는 특고압 절연전선을 사용한다)

① 0.5
② 1
③ 2
④ 2.12

해설 특고압 가공전선과 삭도의 접근 또는 교차(333.25)

(17) 특고압 가공전선과 삭도의 접근 또는 교차(333.25) 표 참조

정답 ②

⑱ 특고압 가공전선과 저고압 가공전선 등의 접근 또는 교차(333.26)
  ① 특고압 가공전선이 1차 접근상태일 때
    ㉠ 제3종 특고압 보안공사를 실시한다.
    ㉡ 이격거리

사용전압의 구분	이격거리
60 [kV] 이하	2 [m] 이상
60 [kV] 초과	2 [m] + (초과 10 [kV]마다 0.12 [m])

    ㉢ 35 [kV] 이하인 경우 이격거리

지주의 구분	전선의 종류	이격거리
저압가공전선 또는 저압이나 고압의 전차선	특고압 절연전선	1.5 [m] 이상
	케이블	1.2 [m] 이상
고압가공전선	특고압 절연전선	1 [m] 이상
	케이블	0.5 [m] 이상
가공약전류전선	특고압 절연전선	1 [m] 이상
	케이블	0.5 [m] 이상

  ② 특고압 가공전선 2차 접근상태일 때
    ㉠ 제2종 특고압 보안공사를 실시한다.
    ㉡ 수평이격거리 : 2 [m] 이상
    ㉢ 수평거리 3 [m] 미만인 경우 가공전선의 길이 : 50 [m] 이하

⑲ 특고압 가공전선 상호 간의 접근 또는 교차(333.27)

사용전압의 구분	이격거리	
35 [kV] 이하	케이블 상호 간	0.5 [m] 이상
	절연전선 상호 간	1 [m] 이상
35 [kV] 초과 60 [kV] 이하	2 [m] 이상	
60 [kV] 초과	2 [m] + (초과 10 [kV]마다 0.12 [m])	

예제 34

345 [kV] 가공전선과 154 [kV] 가공전선과의 이격거리는 최소 몇 [m] 이상이어야 하는가?

① 4.4   ② 5   ③ 5.48   ④ 6

해설 특고압 가공전선 상호 간의 접근 또는 교차(333.27)

35 [kV] 이하	35 [kV] 초과 60 [kV] 이하	60 [kV] 초과
2 [m] 절연전선인 경우는 1 [m] 케이블인 경우 0.5 [m]	2 [m]	$2 [m] + \dfrac{X-60}{10} \times 0.12$

$\dfrac{345-60}{10} = 28.5 \,(29단)$ • $29 \times 0.12 + 2 = 5.48 \,[m]$

정답 ③

⑳ 특고압 가공전선과 다른 시설물의 접근 또는 교차(333.28)

다른 시설물 : 특고압 가공전선이 건조물·도로·횡단보도교·철도·궤도·삭도·가공약전류전선로 등·저압 또는 고압의 가공전선로·저압 또는 고압의 전차선로 및 다른 특고압 가공전선로 이외의 시설물

① 제1차 접근상태로 시설되는 경우

  ㉠ 제3종 특고압 보안공사를 실시한다.

  ㉡ 이격거리

사용전압의 구분	이격거리
60 [kV] 이하	2 [m] 이상
60 [kV] 초과	2 [m] + (초과 10 [kV]마다 0.12 [m])

  ㉢ 35 [kV] 이하인 경우 이격거리

다른 시설물의 구분		이격거리	
조영물의 상부조영재	위쪽	2 [m] 이상	
		케이블인 경우	1.2 [m] 이상
	옆쪽 또는 아래쪽	1 [m] 이상	
		케이블인 경우	0.5 [m] 이상
그 외		1 [m] 이상	
		케이블인 경우	0.5 [m] 이상

예제 35

어떤 공장에서 케이블을 사용하는 사용전압이 22 [kV]인 가공전선을 건물 옆쪽에서 1차 접근상태로 시설하는 경우 케이블과 건물의 조영재 이격거리는 몇 [cm] 이상이어야 하는가?

① 50   ② 80   ③ 100   ④ 120

해설 특고압 가공전선과 다른 시설물의 접근 또는 교차(333.28)

다른 시설물의 구분	접근 형태	이격거리
조영물의 상부조영재	위쪽	2 [m] (케이블 1.2 [m])
	옆쪽 또는 아래쪽	1 [m] (케이블 0.5 [m])
조영물의 상부조영재 이외의 부분 또는 조영물 이외의 시설물		1 [m] (케이블 0.5 [m])

정답 ①

(21) 25 [kV] 이하인 특고압 가공전선로의 시설(333.32)
  ① 특고압 가공전선로의 중성선 시설
    ㉠ 접지도체의 단면적 : 6 [mm^2] 이상의 연동선
    ㉡ 접지한 곳 상호 간의 거리

사용전압의 구분	이격거리
15 [kV] 이하	300 [m] 이하
15 [kV] 초과 25 [kV] 이하	150 [m] 이하

   ㉢ 전기저항 값

사용전압의 구분	각 접지점의 대지저항 값	1 [km]마다 합성 저항값
15 [kV] 이하	300 [Ω] 이하	30 [Ω] 이하
15 [kV] 초과 25 [kV] 이하	300 [Ω] 이하	15 [Ω] 이하

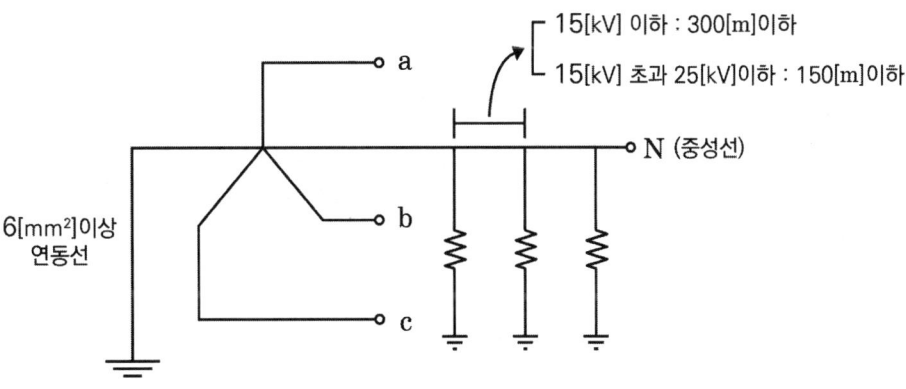

[22.9[kV] 중성점 다중접지방식]

② 15 [kV] 초과 25 [kV] 이하인 특고압 가공전선로
  ㉠ 경간 제한

지지물의 종류	표준 경간
목주, A종 철주, A종 철근 콘크리트주	100 [m] 이하
B종 철주, B종 철근 콘크리트주	150 [m] 이하
철탑	400 [m] 이하

  ㉡ 상호 간의 이격거리

전선의 종류	이격거리
나전선	1.5 [m] 이상
특고압 절연전선	1.0 [m] 이상
케이블	0.5 [m] 이상

예제 36

사용전압이 15 [kV] 초과 25 [kV] 이하인 특고압 가공전선로가 상호 간 접근 또는 교차하는 경우 사용전선이 양쪽 모두 나전선이라면 이격거리는 몇 [m] 이상이어야 하는가? (단, 중성선 다중접지 방식의 것으로서 전로에 지락이 생겼을 때에 2초 이내에 자동적으로 이를 전로로부터 차단하는 장치가 되어 있다)

① 1.0　　　　　　　　② 1.2
③ 1.5　　　　　　　　④ 1.75

해설 25 [kV] 이하인 특고압 가공전선로 경간 제한(333.32)

사용전압 15 [kV] 이하인 특고압 가공전선로의 중성선 다중접지식에 사용되는 접지선의 공칭단면적은 6 [mm^2]의 연동선 또는 이와 동등 이상의 굵기이며, 특고압 가공전선로가 상호 간 접근 또는 교차하는 경우 사용전선이 양쪽 모두 나전선이라면 이격거리는 1.5 [m] 이상이어야 한다.

정답 ③

4 지중 전선로(334)

(1) 지중전선로의 시설방식(334.1)

① 직접매설식
　㉠ 땅을 파서 트로프에 케이블을 직접 포설하는 방식(단, 컴바인덕트 케이블은 트로프를 사용하지 않아도 된다)
　㉡ 지중 케이블의 상부에는 견고한 판 또는 경질 비닐판으로 덮어서 매설
　㉢ 케이블 회선수 : 2회선 이하

② 관로식
　㉠ 케이블을 포설할 관로를 만들고, 그 안에 케이블을 포설하는 방식
　㉡ 케이블의 조수가 많은 장소 및 장래에 부하의 변경이 예상되는 장소에 사용
　㉢ 케이블 회선수 : 3회선 이상 8회선 이하

③ 암거식
　㉠ 지중에 암거를 시설하고 그 속에 케이블을 포설하는 방식
　㉡ 케이블은 암거의 측벽에 받침대나 선반에 의해 지지하며, 작업자의 보행을 위한 통로를 확보하여 시설
　㉢ 케이블 회선수 : 9회선 이상
　㉣ 난연조치를 하거나 암거내에 자동소화설비를 시설

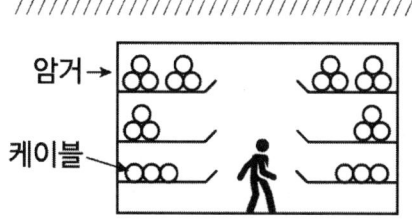

④ 직접매설식과 관로식의 매설깊이
　㉠ 차량 등 중량물의 압력이 있는 장소 : 1 [m] 이상
　㉡ 그 외 장소 : 0.6 [m] 이상

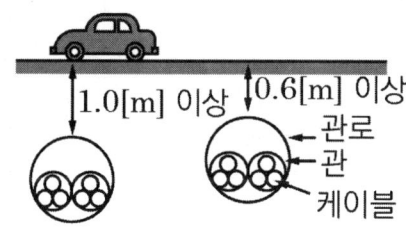

예제 37

지중 전선로를 직접 매설식에 의하여 시설하는 경우에는 매설 깊이를 차량 기타 중량물의 압력을 받을 우려가 있는 장소에서는 몇 [cm] 이상으로 하면 되는가?

① 40　　　② 60　　　③ 80　　　④ 100

해설 지중전선로(334)

지중 전선로를 직접 매설식에 의하여 시설하는 경우 매설 깊이
- 차량 기타 중량물의 압력을 받을 우려가 있는 장소 : 1.0 [m] 이상
- 기타 장소 : 0.6 [m] 이상

정답 ④

⑤ 지중함의 시설
　㉠ 지중함은 견고하고 압력에 충분히 견디는 구조로 만든다.
　㉡ 지중함 안에 고인 물을 제거 가능해야 한다.
　㉢ 지중함의 크기는 1 [m^3] 이상이어야 하고, 통풍장치를 시설한다.
　㉣ 지중함의 뚜껑은 시설자 외 쉽게 열 수 없도록 한다.

예제 38

지중 전선로에 사용하는 지중함의 시설기준으로 틀린 것은?

① 조명 및 세척이 가능한 적당한 장치를 시설할 것
② 견고하고 차량 기타 중량물의 압력에 견디는 구조일 것
③ 그 안의 고인 물을 제거할 수 있는 구조로 되어 있는 것
④ 뚜껑은 시설자 이외의 자가 쉽게 열 수 없도록 시설할 것

해설 지중함의 시설(334.2)

- 지중함은 견고하고 차량 기타 중량물의 압력에 견디는 구조일 것
- 지중함은 그 안의 고인 물을 제거할 수 있는 구조로 되어 있을 것
- 폭발성 또는 연소성의 가스가 침입할 우려가 있는 것에 시설하는 지중함으로서 그 크기가 1 [m^3] 이상인 것에는 통풍장치 기타 가스를 방산시키기 위한 적당한 장치를 시설
- 지중함의 뚜껑은 시설자 이외의 자가 쉽게 열 수 없도록 시설

정답 ①

(2) 케이블 가압장치의 시설(334.3)
  ① 가압장치의 시험압력
    ㉠ 유압, 수압 : 최고사용 압력의 1.5배
    ㉡ 기압 : 최고사용 압력의 1.25배
  ② 시험시간 : 연속하여 10분간
  ③ 압력관의 최고 사용압력 : 394 [kPa] 이상

(3) 지중전선 상호 간의 이격거리(334.7)
  ① 저압 지중전선과 고압 지중전선 : 0.15 [m] 이상
  ② 저압, 고압의 지중전선과 특고압 지중전선 : 0.3 [m] 이상
  ③ 사용전압이 25 [kV] 이하인 다중접지방식 : 0.1 [m] 이상

(4) 내화성 격벽의 설치 시 이격거리(334.6)
  ① 지중전선과 지중약전류전선과의 이격거리
    ㉠ 저압 또는 고압의 지중전선 : 0.3 [m] 이하일 때
    ㉡ 특고압 지중전선 : 0.6 [m] 이하일 때
  ② 특고압 지중전선과 관과의 이격거리
    ㉠ 가연성, 유독성의 유체를 내포하는 관 : 1 [m] 이하일 때
      (단, 사용전압이 25 [kV] 이하인 다중접지방식인 경우 : 0.5 [m] 이하)
    ㉡ 그 이외의 관 : 0.3 [m] 이하일 때

예제 39

저압 또는 고압의 지중전선이 지중 약전류 전선 등과 교차하는 경우 몇 [cm] 이하일 때에 내화성의 격벽을 설치하여야 하는가?

① 90 ② 60
③ 30 ④ 10

[해설] 지중전선과 지중약전류전선 등 또는 관과의 접근 또는 교차(334.6)

- 저압 또는 고압의 지중전선은 0.3 [m] 이하
- 특고압 지중전선은 0.6 [m] 이하 시 지중전선과 지중약전류 전선 등 사이에 견고한 내화성의 격벽을 설치

정답 ③

5 특수장소의 전선로(335)

(1) 터널 안 전선로의 시설(335.1)

구분	전선굵기	시설높이	시설방법
저압	인장강도 2.30 [kN] 이상 지름 2.6 [mm] 이상 경동선	2.5 [m] 이상	애자공사 합성수지관공사 금속관공사 가요전선관공사 케이블공사
고압	인장강도 5.26 [kN] 이상 지름 4 [mm] 이상 경동선	3 [m] 이상	애자공사 케이블공사

① 사람이 상시 통행하는 터널에는 저압 또는 고압에 한하여 시설한다.
② 터널 안 전선로의 전선과 약전류전선 등 또는 관 사이의 이격거리
  ㉠ 저압 : 0.1 [m] 이상(나전선인 경우 0.3 [m] 이상)
  ㉡ 고압, 특고압 : 0.15 [m] 이상

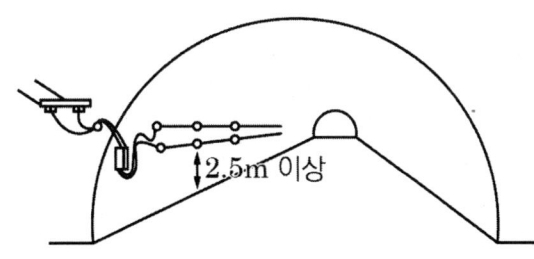

(2) 수상전선로의 시설(335.3)

① 사용전선
  ㉠ 저압 : 클로로프렌 캡타이어 케이블
  ㉡ 고압 : 캡타이어 케이블
② 접속점의 위치에 따른 높이

접속점의 위치	육상	수면상
저압	5 [m] 이상 (단, 도로 외는 4 [m] 이상)	4 [m] 이상
고압	5 [m] 이상	5 [m] 이상

예제 40

저압 수상전선로에 사용되는 전선은?

① 옥외 비닐 케이블　　　② 600 [V] 비닐절연전선
③ 600 [V] 고무절연전선　④ 클로로프렌 캡타이어 케이블

[해설] 수상전선로의 시설(335.3)

- 저압 : 클로로프렌 캡타이어 케이블
- 고압 : 캡타이어 케이블

[정답] ④

---

(3) 교량에 시설하는 전선로(335.6)

구분	전선	높이(이상)	조영재와의 거리(이상)	
			케이블	이 외
저압	인장강도 2.30 [kN] 이상 또는 지름 2.6 [mm] 이상의 경동선	5 [m]	0.15 [m]	0.3 [m]
고압	인장강도 5.26 [kN] 이상 또는 지름 4 [mm] 이상의 경동선	5 [m]	0.3 [m]	0.6 [m]

예제 41

교량 위에 시설하는 조명용 저압 가공 전선로에 사용되는 경동선의 최소 굵기는 몇 [mm]인가?

① 1.6　　　② 2.0　　　③ 2.6　　　④ 3.2

해설 교량에 시설하는 전선로(335.6)

교량에 시설하는 저압전선로는 다음에 따라 시설하여야 한다.
- 전선은 케이블인 경우 이외에는 인장강도 2.30 [kN] 이상의 것 또는 지름 2.6 [mm] 이상의 경동선의 절연전선일 것

정답 ③

(4) 급경사지에 시설하는 전선로(335.8)
　① 급경사지에 부득이하게 시설해야 하는 경우
　　㉠ 전선이 건조물의 위에 시설되는 경우
　　㉡ 다른 건조물이나 전선등과 교차하여 시설되는 경우
　　㉢ 시설물(도로제외)과 수평거리로 3 [m] 미만에 접근하여 시설되는 경우
　② 전선의 지지점 간의 거리 : 15 [m] 이하
　③ 고압 전선로는 저압 전선로의 위로 시설하고 이격거리는 0.5 [m] 이상으로 한다.

04 기계, 기구 시설 및 옥내배선

1 기계 및 기구(341)

(1) 특고압 배전용 변압기의 시설(341.2)

① 변압기의 전압
   ㉠ 1차 전압 : 35 [kV] 이하
   ㉡ 2차 전압 : 저압 또는 고압
② 변압기의 특고압 측에 개폐기 및 과전류차단기를 시설한다.
③ 2차 전압이 고압인 경우에는 고압측에 개폐기를 시설한다.
④ 특고압을 직접 저압으로 변성하는 변압기
   ㉠ 전기로 등 전류가 큰 전기를 소비하기 위한 변압기
   ㉡ 발전소·변전소·개폐소 또는 이에 준하는 곳의 소내용 변압기
   ㉢ 특고압 전선로에 접속하는 변압기
   ㉣ 사용전압이 35 [kV] 이하인 변압기로서 그 특고압 측 권선과 저압 측 권선이 혼촉한 경우에 자동적으로 변압기를 전로로부터 차단하기 위한 장치를 설치한 것
   ㉤ 사용전압이 100 [kV] 이하인 변압기로서 그 특고압 측 권선과 저압측 권선 사이에 접지공사를 한 금속제의 혼촉방지판이 있는 것(단, 접지저항 값이 10 [Ω] 이하인 것에 한함)
   ㉥ 교류식 전기철도용 신호회로에 전기를 공급하기 위한 변압기

예제 42

특고압 옥외 배전용 변압기가 1대일 경우 특고압 측에 일반적으로 시설하여야 하는 것은?

① 방전기   ② 계기용 변류기
③ 계기용 변압기   ④ 개폐기 및 과전류차단기

해설 특고압 배전용 변압기의 시설(341.2)

- 변압기의 1차 전압은 35 [kV] 이하, 2차 전압은 저압 또는 고압일 것
- 변압기의 특고압 측에 개폐기 및 과전류차단기를 시설할 것. 다만 변압기를 다음에 따라 시설하는 경우는 특고압 측의 과전류차단기를 시설하지 아니할 수 있다.
- 2 이상의 변압기를 각각 다른 회선의 특고압 전선에 접속할 것

정답 ④

(2) 기계기구의 시설(341.4)
　① 시설 높이
　　㉠ 고압용 : 4.5 [m] 이상(시가지 외 4 [m] 이상)
　　㉡ 특고압용 : 5 [m] 이상
　② 특고압용 충전부분의 높이

사용전압의 구분	울타리의 높이와 울타리로부터 충전부분까지의 거리 합계 또는 지표상의 높이
35 [kV] 이하	5 [m] 이상
35 [kV] 초과 160 [kV] 이하	6 [m] 이상
160 [kV] 초과	6 [m] + (초과 10 [kV]마다 0.12 [m])

예제 43

변전소에 울타리·담 등을 시설할 때 사용전압이 345 [kV]이면 울타리·담 등의 높이와 울타리·담 등으로부터 충전부분까지의 거리의 합계는 몇 [m] 이상으로 하여야 하는가?

① 8.16　　　　② 8.28
③ 8.40　　　　④ 9.72

해설 특고압용 기계기구의 시설(341.4)

사용전압의 구분	울타리의 높이와 울타리로부터 충전부분까지의 거리의 합계 또는 지표상의 높이
35 [kV] 이하	5 [m]
35 [kV] 초과 160 [kV] 이하	6 [m](산지 등에서는 5 [m])
160 [kV] 초과	$6 [m] + \dfrac{X-160}{10} \times 0.12 [m]$

$\dfrac{345-160}{10} = 18.5$ (소수점 첫째자리에서 절상하면 19)

$6 + (\dfrac{345-160}{10} \times 0.12) = 8.28 [m]$

정답 ②

(3) 과전류 차단기의 시설(341.10)
   ① 퓨즈
      ㉠ 포장 퓨즈 : 정격전류의 1.3배에 견디고 2배의 전류로 120분 안에 용단
      ㉡ 비포장 퓨즈 : 정격전류의 1.25배에 견디고 2배의 전류로 2분 안에 용단

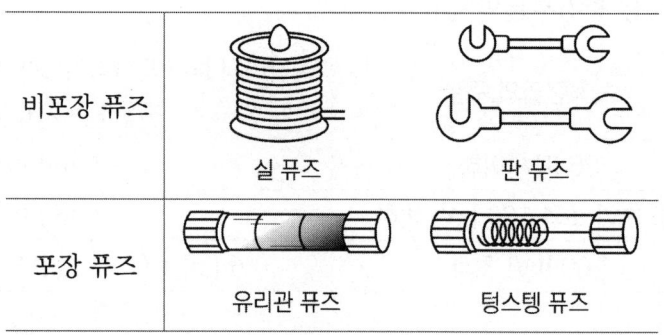

예제 44

과전류차단기로 시설하는 퓨즈 중 고압전로에 사용하는 비포장 퓨즈는 정격전류 2배 전류 시 몇 분 안에 용단되어야 하는가?

① 1분   ② 2분   ③ 5분   ④ 10분

해설 고압 및 특고압 전로 중의 과전류차단기의 시설(341.10)

종류	정격전류	용단 시간
포장 퓨즈	1.3배의 전류에 견딤	120분
비포장 퓨즈	1.25배의 전류에 견딤	2분

정답 ②

   ② 과전류 차단기의 시설제한
      ㉠ 접지공사의 접지도체
      ㉡ 다선식 전로의 중성선
      ㉢ 전로의 일부에 접지공사를 한 저압 가공전선로의 접지 측 전선

(4) 지락차단장치의 시설(341.12)
   ① 자동 지락차단장치의 시설조건
      ㉠ 특고압전로 또는 고압전로에 변압기에 의하여 결합되는 사용전압 400 [V] 초과의 저압전로
      ㉡ 발전기에서 공급하는 사용전압 400 [V] 초과의 저압전로
   ② 자동 지락차단장치 시설장소
      ㉠ 발전소·변전소 또는 이에 준하는 곳의 인출구
      ㉡ 다른 전기사업자로부터 공급받는 수전점
      ㉢ 배전용변압기의 시설 장소(단권변압기 제외)

예제 45

고압 및 특고압 전로 중 전로에 지락이 생긴 경우에 자동적으로 전로를 차단하는 장치를 하지 않아도 되는 곳은?

① 발전소, 변전소 또는 이에 준하는 곳의 인출구
② 수전점에서 수전하는 전기를 모두 그 수전점에 속하는 수전 장소에서 변성하여 사용하는 경우
③ 다른 전기사업자로부터 공급을 받는 수전점
④ 단권 변압기를 제외한 배전용 변압기의 시설장소

해설 지락차단장치 등의 시설(341.12)

고압 및 특고압 전로 중 다음에 열거하는 곳 또는 이에 근접한 곳에는 전로에 지락이 생겼을 때에 자동적으로 전로를 차단하는 장치를 시설하여야 한다.
• 발전소·변전소 또는 이에 준하는 곳의 인출구
• 다른 전기사업자로부터 공급받는 수전점
• 배전용변압기(단권변압기를 제외)의 시설 장소

정답 ②

(5) 피뢰기의 시설(341.13)
   ① 피뢰기 시설장소
      ㉠ 발전소·변전소 또는 이에 준하는 장소의 가공전선 인입구 및 인출구
      ㉡ 특고압 가공전선로에 접속하는 배전용 변압기의 고압 측 및 특고압 측
      ㉢ 고압 및 특고압 가공전선로로부터 공급을 받는 수용장소의 인입구
      ㉣ 가공전선로와 지중전선로가 접속되는 곳
   ② 피뢰기의 접지저항 값 : 10 [Ω] 이하

예제 46

피뢰기를 설치하지 않아도 되는 곳은?

① 발전소 · 변전소의 가공전선 인입구 및 인출구
② 가공전선로의 말구 부분
③ 가공전선로에 접속한 1차 측 전압이 35 [kV] 이하인 배전용 변압기의 고압 측 및 특고압 측
④ 고압 및 특고압 가공전선로로부터 공급을 받는 수용장소의 인입구

해설 피뢰기의 시설(341.13)

- 발전소 · 변전소 또는 이에 준하는 장소의 가공전선 인입구 및 인출구
- 특고압 가공전선로에 접속하는 배전용 변압기의 고압 측 및 특고압 측
- 고압 및 특고압 가공전선로로부터 공급을 받는 수용장소의 인입구
- 가공전선로와 지중전선로가 접속되는 곳

정답 ②

(6) 그 외의 시설(341.15, 341.16)

① 압축공기계통

㉠ 최고 사용압력의 1.5배의 수압을 연속하여 10분간 가한다.
  (수압시험을 하기 어려울 때에는 최고 사용압력의 1.25배의 기압)
㉡ 공기압축기 · 공기탱크 및 압축공기를 통하는 관은 용접에 의한 잔류응력이 생기거나 나사의 조임에 의하여 무리한 하중이 걸리지 않도록 한다.
㉢ 주 공기탱크의 압력이 저하한 경우에 자동적으로 압력을 회복하는 장치를 시설해야 한다.
㉣ 주 공기탱크 또는 이에 근접한 곳에는 사용압력의 1.5배 이상 3배 이하의 최고 눈금이 있는 압력계를 시설해야 한다.

예제 47

발전소의 개폐기 또는 차단기에 사용하는 압축공기장치의 주 공기탱크에 시설하는 압력계의 최고 눈금의 범위로 옳은 것은?

① 사용압력의 1배 이상 2배 이하
② 사용압력의 1.15배 이상 2배 이하
③ 사용압력의 1.5배 이상 3배 이하
④ 사용압력의 2배 이상 3배 이하

> **해설** 압축공기계통(341.15)
>
> 주 공기탱크 또는 이에 근접한 곳에는 사용압력의 1.5배 이상 3배 이하의 최고 눈금이 있는 압력계를 시설할 것
>
> 정답 ③

② 절연가스 취급설비
  ㉠ 최고 사용압력의 1.5배의 수압을 연속하여 10분간 가한다.
    (수압시험을 하기 어려울 때에는 최고 사용압력의 1.25배의 기압)
  ㉡ 절연가스는 가연성·부식성 또는 유독성의 것이 아니어야 한다.
  ㉢ 절연가스 압력의 저하로 절연파괴가 생길 우려가 있는 것은 절연가스의 압력저하를 경보하는 장치 또는 절연가스의 압력을 계측하는 장치를 설치해야 한다.

2 고압, 특고압 옥내설비의 시설(342)

(1) 고압 옥내배선 등의 시설(342.1)
  ① 고압 옥내배선 공사 종류
    ㉠ 애자사용배선
    ㉡ 케이블배선
    ㉢ 케이블트레이배선
  ② 애자사용배선 공사의 시설
    ㉠ 전선 : 단면적 6 [mm^2] 이상의 연동선
    ㉡ 지지점 간의 거리 : 6 [m] 이하(조영재 면을 따라 붙이는 경우 2 [m] 이하)
    ㉢ 전선 상호 간의 간격 : 8 [cm] 이상
    ㉣ 전선과 조영재 사이의 이격거리 : 5 [cm] 이상
    ㉤ 애자는 절연성, 난연성 및 내수성이어야 한다.
  ③ 고압 옥내배선이 다른 고압 옥내배선·저압 옥내전선·관등회로의 배선·약전류 전선 등 또는 수관·가스관이나 이와 유사한 것과 접근하거나 교차하는 경우
    ㉠ 이격거리 : 0.15 [m] 이상
    ㉡ 애자사용배선에 의하여 시설하는 저압옥내전선이 나전선인 경우 : 0.3 [m] 이상
    ㉢ 가스계량기 및 가스관의 이음부와 전력량계 및 개폐기와의 거리 : 0.6 [m] 이상

예제 48

고압 옥내배선의 공사방법으로 틀린 것은?

① 케이블공사
② 합성수지관공사
③ 케이블트레이 공사
④ 애자사용공사(건조한 장소로서 전개된 장소에 한한다)

해설 고압 옥내배선 등의 시설(342.1)

고압 옥내배선은 다음 중 하나에 의하여 시설할 것
- 애자사용배선(건조한 장소로서 전개된 장소)
- 케이블배선
- 케이블트레이배선

정답 ②

(2) 옥내에 시설하는 고압접촉전선 공사(342.3)
　① 애자사용배선 공사
　　㉠ 전선 : 지름 10 [mm] 이상, 단면적 70 [mm²] 이상 경동선
　　㉡ 전선 지지점 간의 거리 : 6 [m] 이하
　　㉢ 전선 상호 간의 간격 : 30 [cm] 이상
　　㉣ 전선과 조영재 와의 이격거리 : 20 [cm] 이상
　② 다른 옥내 전선·약전류 전선 등 또는 수관·가스관이나 이와 유사한 것과 접근 또는 교차하는 경우
　　㉠ 상호 간의 이격거리 : 60 [cm] 이상
　　㉡ 사이에 견고한 격벽이 설치된 경우 이격거리 : 30 [cm] 이상

(3) 특고압 옥내 전기설비의 시설(342.4)
　① 시설기준
　　㉠ 사용전압 : 100 [kV] 이하(케이블트레이배선에 의하여 시설하는 경우 35 [kV])
　　㉡ 사용전선 : 케이블
　　㉢ 금속제 함이나 케이블 피복에 사용되는 금속체는 접지공사를 실시한다.
　　㉣ 저압, 고압 옥내전선과의 이격거리 : 0.6 [m] 이상

예제 49

특고압을 옥내에 시설하는 경우 그 사용 전압의 최대한도는 몇 [kV] 이하인가? (단, 케이블트레이 공사는 제외)

① 25   ② 80   ③ 100   ④ 160

해설 특고압 옥내 전기설비의 시설(342.4)

사용전압은 100 [kV] 이하일 것. 다만 케이블트레이배선에 의하여 시설하는 경우에는 35 [kV] 이하일 것

정답 ③

05 발전소, 변전소, 개폐소 등의 전기설비

1 발전소, 변전소, 개폐소의 등의 전기설비(351)

(1) 발전소 등의 울타리, 담 등의 시설(351.1)

① 시설조건

㉠ 울타리, 담 등의 높이 : 2 [m] 이상

㉡ 지표면과 울타리, 담 등의 하단 사이의 간격 : 0.15 [m] 이하

㉢ 접지공사 : 고압 또는 특고압 가공전선과 교차하는 경우 교차점과 좌, 우로 45 [m] 이내

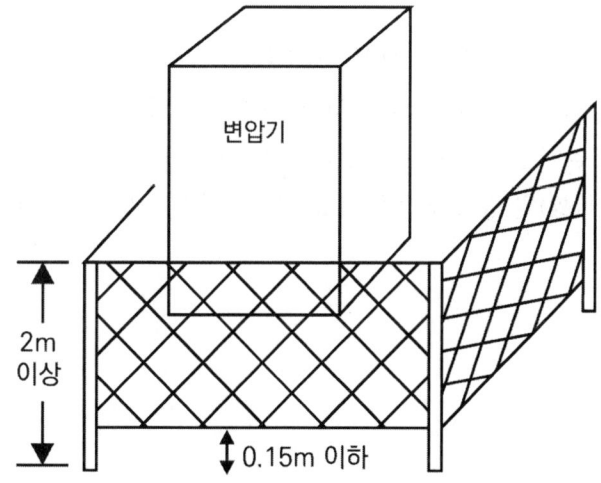

② 이격거리

사용전압의 구분	울타리, 담 등의 높이와 울타리, 담 등으로부터 충전부분까지의 거리 합계
35 [kV] 이하	5 [m] 이상
35 [kV] 초과 160 [kV] 이하	6 [m] 이상
160 [kV] 초과	6 [m] + (초과 10 [kV]마다 0.12 [m])

예제 50

35 [kV] 기계기구, 모선 등을 옥외에 시설하는 변전소의 구내에 취급자 이외의 사람이 들어가지 않도록 울타리를 시설하는 경우에 울타리의 높이와 울타리로부터의 충전부분까지의 거리의 합계는 몇 [m]인가?

① 5　　　　② 6　　　　③ 7　　　　④ 8

해설 발전소 등의 울타리·담 등의 시설 시 이격거리(351.1)

사용전압의 구분	울타리·담 등의 높이와 울타리·담 등으로부터 충전 부분까지의 거리의 합계
35 [kV] 이하	5 [m]
35 [kV] 초과 160 [kV] 이하	6 [m]
160 [kV] 초과	$6\,[m] + \dfrac{X-160}{10} \times 0.12\,[m]$

$\dfrac{X-160}{10}$ 은 소수점 첫째 자리에서 절상

정답 ①

(2) 특고압전로의 상 및 접속 상태의 표시(351.2)

　① 발전소, 변전소 또는 이에 준하는 곳의 특고압전로에 각전선에 상별표시를 한다.
　② 발전소, 변전소 또는 이에 준하는 곳의 특고압전로에 대하여는 그 접속 상태를 모의모선(模擬母線)의 방법에 의하여 표시하여야 한다(단, 2회선 이하의 단일모선은 예외).

예제 51

변전소에서 오접속을 방지하기 위하여 특고압 전로의 보기 쉬운 곳에 반드시 표시해야 하는 것은?

① 상별표시　　② 위험표시
③ 최대전류　　④ 정격전압

해설 특고압전로의 상 및 접속 상태의 표시(351.2)

발전소·변전소 또는 이에 준하는 곳의 특고압전로에는 그의 보기 쉬운 곳에 상별표시를 하여야 한다.

정답 ①

2 각종 기계기구 보호장치와 계측장치(351)

(1) 발전기 등의 보호장치(351.3)

① 자동차단장치의 시설

㉠ 발전기에 과전류나 과전압이 생긴 경우

㉡ 용량이 100 [kVA] 이상의 발전기를 구동하는 풍차

㉢ 용량이 500 [kVA] 이상의 발전기를 구동하는 수차

㉣ 용량이 2000 [kVA] 이상인 수차 발전기

㉤ 용량이 10000 [kVA] 이상인 발전기의 내부에 고장이 생긴 경우

㉥ 정격출력이 10000 [kW]를 초과하는 증기터빈

예제 52

발전기를 구동하는 풍차의 압유장치의 유압, 압축공기장치의 공기압 또는 전동식 브레이드 제어장치의 전원전압이 현저히 저하한 경우 발전기를 자동적으로 전로로부터 차단하는 장치를 시설하여야 하는 발전기 용량은 몇 [kVA] 이상인가?

① 100　　② 300
③ 500　　④ 1000

> [해설] 발전기 등의 보호장치(351.3)

- 발전기에 과전류나 과전압이 생긴 경우
- 용량이 500 [kVA] 이상의 발전기를 구동하는 수차의 압유 장치의 유압 또는 전동식 가이드밴 제어장치, 전동식 니들 제어장치 또는 전동식 디플렉터 제어장치의 전원전압이 현저히 저하한 경우
- 용량이 100 [kVA] 이상의 발전기를 구동하는 풍차의 압유장치의 유압, 압축 공기장치의 공기압 또는 전동식 브레이드 제어장치의 전원전압이 현저히 저하한 경우

정답 ①

(2) 특고압용 변압기의 보호장치(351.4)

뱅크용량의 구분	동작조건	작동장치
5000 [kVA] 이상 10000 [kVA] 미만	변압기내부고장	자동차단장치 또는 경보장치
10000 [kVA] 이상	변압기내부고장	자동차단장치
타냉식 변압기	냉각장치고장 또는 변압기의 온도가 현저히 상승	경보장치

예제 53

특고압용 변압기로서 그 내부에 고장이 생긴 경우에 반드시 자동 차단되어야 하는 변압기의 뱅크용량은 몇 [kVA] 이상인가?

① 5000 ② 10000 ③ 50000 ④ 100000

> [해설] 특고압용 변압기의 보호장치(351.4)

뱅크용량의 구분 [kVA]	동작 조건	장치의 종류
5000 이상 10000 미만	변압기 내부 고장	자동차단 장치 또는 경보장치
10000 이상	변압기 내부 고장	자동차단장치
타냉식 변압기	냉각장치에 고장이 생긴 경우 또는 변압기의 온도가 현저히 상승한 경우	경보장치

정답 ②

(3) 조상설비의 보호장치(351.5)

설비종별	뱅크용량의 구분	자동차단장치의 작동
콘덴서, 리액터	500 [kVA] 초과 15000 [kVA] 미만	내부고장, 과전류가 생긴 경우
	15000 [kVA] 이상	내부고장, 과전류, 과전압이 생긴 경우
조상기	15000 [kVA] 이상	내부고장이 생긴 경우

예제 54

전력용 콘덴서 또는 분로 리액터의 내부에 고장 또는 과전류 및 과전압이 생긴 경우에 자동적으로 동작하여 전로로부터 자동차단하는 장치를 시설해야 하는 뱅크 용량은?

① 500 [kVA]를 넘고 7500 [kVA] 미만
② 7500 [kVA]를 넘고 10000 [kVA] 미만
③ 10000 [kVA]를 넘고 15000 [kVA] 미만
④ 15000 [kVA] 이상

해설 조상설비의 보호장치(351.5)

설비종별	뱅크용량의 구분	자동적으로 전로로부터 차단하는 장치
전력용 커패시터 분로리액터	500 [kVA] 초과 15000 [kVA] 미만	내부 고장, 과전류가 생긴 경우 동작하는 장치
	15000 [kVA] 이상	내부 고장, 과전류 과전압이 생긴 경우 동작하는 장치
조상기	15000 [kVA] 이상	내부 고장이 생긴 경우에 동작하는 장치

정답 ④

(4) 계측장치의 시설(351.6)

① 발전소에서 계측해야 할 내용

㉠ 발전기, 연료전지 또는 태양전지 모듈의 전압 및 전류 또는 전력

㉡ 발전기의 베어링 및 고정자(固定子)의 온도

㉢ 주요 변압기의 전압 및 전류 또는 전력

㉣ 특고압용 변압기의 온도

㉤ 정격출력이 10000 [kW]를 초과하는 증기터빈에 접속하는 발전기 진동의 진폭

② 변전소에서 계측해야 할 내용
  ㉠ 주요 변압기의 전압 및 전류 또는 전력
  ㉡ 특고압용 변압기의 온도
③ 동기조상기에서 계측해야 할 내용
  ㉠ 동기조상기의 전압 및 전류 또는 전력
  ㉡ 동기조상기의 베어링 및 고정자의 온도
④ 동기검정장치를 시설해야 하는 것(위상이 일치하는지 검사하는 장치)
  ㉠ 동기발전기
  ㉡ 동기조상기

예제 55

변전소의 주요 변압기에 계측장치를 시설하여 측정하여야 하는 것이 아닌 것은?

① 역률　　　　　　　　② 전압
③ 전력　　　　　　　　④ 전류

해설 계측장치(351.6)

변전소에서는 다음의 사항을 계측하는 장치를 시설하여야 한다.
- 주요변압기의 전압 및 전류 또는 전력
- 특고압용 변압기의 온도

정답 ①

---

3 수소냉각식 발전기(351.10)

(1) 수소냉각식 발전기의 시설
  ① 기밀구조로 폭발의 압력에 견디는 강도로 만든다.
  ② 누설된 수소 가스를 안전하게 외부에 방출할 수 있는 장치를 시설한다.
  ③ 수소의 순도가 85 [%] 이하로 저하한 경우에 이를 경보하는 장치를 시설한다.
  ④ 압력이 현저히 변동한 경우에 이를 경보하는 장치를 시설한다.
  ⑤ 수소의 온도를 계측하는 장치를 시설한다.

예제 56

수소냉각식 발전기 및 이에 부속하는 수소냉각장치에 대한 시설기준으로 틀린 것은?

① 발전기 내부의 수소의 온도를 계측하는 장치를 시설할 것
② 발전기 내부의 수소의 순도가 70 [%] 이하로 저하한 경우에 경보를 하는 장치를 시설할 것
③ 발전기는 기밀구조의 것이고, 또한 수소가 대기압에서 폭발하는 경우에 생기는 압력에 견디는 강도를 가지는 것일 것
④ 발전기 내부의 수소의 압력을 계측하는 장치 및 그 압력이 현저히 변동한 경우에 이를 경보하는 장치를 시설할 것

해설 수소냉각식 발전기 등의 시설(351.10)

- 발전기축의 밀봉부에는 질소 가스를 봉입할 수 있는 장치 또는 발전기 축의 밀봉부로부터 누설된 수소 가스를 안전하게 외부에 방출할 수 있는 장치를 시설할 것
- 발전기 내부 또는 조상기 내부의 수소의 순도가 85 [%] 이하로 저하한 경우에 이를 경보하는 장치를 시설할 것
- 발전기 내부 또는 조상기 내부의 수소의 압력을 계측하는 장치 및 그 압력이 현저히 변동한 경우에 이를 경보하는 장치를 시설할 것
- 발전기 내부 또는 조상기 내부의 수소의 온도를 계측하는 장치를 시설할 것

정답 ②

4 상주 감시를 하지 않아도 되는 시설(351.8)

(1) 발전소의 시설

① 출력 500 [kW] 미만의 발전소로서(연료개질계통설비의 압력이 100 [kPa] 미만의 인산형) 전기공급에 지장을 주지 않고 기술원이 그 발전소를 수시 순회하는 경우
② 발전소를 원격감시 제어하는 제어소에 기술원이 상주하여 감시하는 경우

(2) 변전소의 시설

① 사용전압이 170 [kV] 이하의 변압기를 시설하는 변전소로서 기술원이 수시로 순회하거나 그 변전소를 원격감시 제어하는 제어소에서 상시 감시하는 경우
② 사용전압이 170 [kV]를 초과하는 변압기를 시설하는 변전소로서 변전제어소에서 상시 감시하는 경우

06 전력보안통신설비

1 전력보안통신설비의 시설(362)

(1) 통신설비의 시설장소(362.1)

① 송전선로 시설장소
  ㉠ 66 [kV], 154 [kV], 345 [kV], 765 [kV] 계통 송전선로 구간(가공, 지중, 해저)
  ㉡ 고압 및 특고압 지중전선로가 시설되어 있는 전력구 내
  ㉢ 직류 계통 송전선로 구간
  ㉣ 송변전자동화 등 지능형 전력망 구현을 위해 필요한 구간

② 배전선로 시설장소
  ㉠ 22.9 [kV] 계통 배전선로 구간(가공, 지중, 해저)
  ㉡ 22.9 [kV] 계통에 연결되는 분산전원형 발전소
  ㉢ 폐회로 배전 등 신 배전방식 도입 개소
  ㉣ 배전자동화, 원격검침, 부하감시 등 지능형 전력망 구현을 위해 필요한 구간

③ 발전소, 변전소 및 변환소 시설장소
  ㉠ 원격감시제어가 되지 않는 발전소, 변전소
  ㉡ 2개 이상의 급전소(분소) 상호 간과 이들을 통합 운용하는 급전소(분소) 간
  ㉢ 강수량 관측소와 수력발전소 간
  ㉣ 동일 수계에 속한 수력발전소 상호 간

예제 57

전력보안 통신용 전화설비의 시설장소로 틀린 것은?
① 동일 수계에 속하고 보안상 긴급연락의 필요가 있는 수력발전소 상호 간
② 동일 전력계통에 속하고 보안상 긴급연락의 필요가 있는 발전소 및 개폐소 상호 간
③ 2 이상의 급전소 상호 간과 이들을 총합 운용하는 급전소 간
④ 원격감시제어가 되지 않는 발전소와 변전소 간

해설 전력보안통신설비의 시설 요구사항(362.1)

- 원격 감시제어가 되지 아니하는 발전소
- 원격 감시제어가 되지 아니하는 변전소
- 2개 이상의 급전소 상호 간과 이들을 통합 운용하는 급전소 간
- 수력설비 중 필요한 곳, 수력설비의 안전상 필요한 양수소 및 강수량 관측소와 수력발전소 간
- 동일 수계에 속하고 안전상 긴급 연락의 필요가 있는 수력발전소 상호 간
- 동일 전력계통에 속하고 또한 안전상 긴급연락의 필요가 있는 발전소·변전소(이에 준하는 곳으로서 특고압의 전기를 변성하기 위한 곳을 포함한다) 및 개폐소 상호 간

정답 ④

(2) 전력보안통신선의 시설(362.2)

① 전력보안통신선의 높이

장소		가공통신선	첨가 통신선	
			저압 또는 고압	특고압
도로 위 또는 횡단	일반	5 [m]	6 [m]	6 [m]
	교통 지장 없는 경우	4.5 [m]	5 [m]	
철도 또는 궤도를 횡단		6.5 [m]		
횡단보도교 위에 시설		3 [m]	3.5 [m] (절연성능 3 [m])	5 [m] (광섬유 케이블 4 [m])
이외		3.5 [m]	4 [m] (광섬유 케이블 3.5 [m])	5 [m]

예제 58

저압 가공전선로의 지지물에 시설하는 통신선 또는 이에 접속하는 가공 통신선이 도로를 횡단하는 경우 일반적으로 지표상 몇 [m] 이상의 높이로 시설하여야 하는가?

① 6.0　　　　　　　　　② 4.0
③ 5.0　　　　　　　　　④ 3.0

해설 전력보안통신선의 시설 높이와 이격거리(362.2)

장소	가공 통신선	첨가 통신선 저압, 고압	첨가 통신선 특고압
도로	5 [m] (교통에 지장 줄 우려가 없는 경우 4.5 [m])	6 [m] (교통에 지장을 줄 우려가 없는 경우 5 [m])	6 [m]
철도 궤도	6.5 [m]		
횡단보도	3 [m]	3.5 [m] (절연성능이 있는 것 3 [m])	5 [m] (광섬유 케이블 4 [m])
이외	3.5 [m]	4 [m] (광섬유 케이블 3.5 [m])	5 [m]

정답 ①

② 가공전선과 첨가통신선과의 이격거리

가공전선	일반	케이블	기타
저압	0.6 [m]	0.3 [m]	
고압	0.6 [m]	0.3 [m]	
특고압	1.2 [m]	0.3 [m]	다중접지 중성선 0.6 [m] 25 [kV] 이하 0.75 [m]

(3) 도로, 횡단보도교, 철도의 레일, 삭도, 가공전선, 다른 가공약전류 전선 등 또는 교류 전차선 등과 교차하는 특고압 첨가통신선의 시설(362.2)

① 통신선의 규격

　㉠ 연선의 경우 16 [mm^2] 이상의 절연전선(단선의 경우 지름 4 [mm] 이상)

　㉡ 인장강도 8.01 [kN] 이상의 것 또는 연선의 경우 단면적 25 [mm^2] 이상의 경동선(단선의 경우 지름 5 [mm])

② 통신선과의 이격거리
　㉠ 일반적으로는 0.8 [m] 이상
　㉡ 통신선이 케이블 또는 광섬유 케이블일 때는 0.4 [m] 이상
③ 통신선의 위치
　㉠ 절연전선의 경우 : 통신선을 위에 시설
　㉡ 경동선인 경우 : 통신선을 아래에 시설

예제 59

특고압 가공전선로의 지지물에 시설하는 통신선 또는 이에 직접 접속하는 통신선과 삭도 또는 다른 가공약전류 전선 등 사이의 이격거리는 몇 [cm]인가? (단, 통신선은 케이블이다)

① 30　　　　　　　　　　② 40
③ 50　　　　　　　　　　④ 60

해설 전력보안통신선의 시설 높이와 이격거리(362.2)

통신선과 삭도 또는 다른 가공약전류전선 등 사이의 이격거리는 0.8 [m](통신선이 케이블 또는 광섬유 케이블일 때는 0.4 [m]) 이상일 것

정답 ②

(4) 조가선의 시설기준(362.3)
① 조가선의 단면적 : 38 [mm^2] 이상의 아연도강연선
② 조가선의 시설 높이

구분	통신선 지상고
도로(인도)에 시설 시	5 [m]
도로 횡단 시	6 [m]

③ 조가선 시설 방향
　㉠ 특고압주 : 특고압 중성도체와 같은 방향
　㉡ 저압주 : 저압선과 같은 방향

예제 60

전력보안통신설비의 조가선은 단면적 몇 [mm²] 이상의 아연도강연선을 사용하여야 하는가?

① 16   ② 38   ③ 50   ④ 55

해설 조가선의 시설기준(362.3)

조가선의 단면적 : 38 [mm²] 이상의 아연도강연선

정답 ②

④ 조가선의 시설방법
  ㉠ 전주와 전주 경간중에 접속하지 않는다.
  ㉡ 부식되지 않는 별도의 금구를 사용하고 조가선 끝단은 날카롭지 않게 한다.
  ㉢ 말단 배전주와 말단 1경간 전에 있는 배전주에 시설하는 조가선은 장력에 견디는 형태로 시설한다.
  ㉣ 조가선은 2조까지만 시설한다.
  ㉤ 주경간 50 [m] 기준으로 0.4 [m] 정도의 이도를 반드시 유지한다.
  ㉥ 조가선 간의 이격거리 : 0.3 [m]

⑤ 조가선의 접지
  ㉠ 매 500 [m]마다 접지한다.
  ㉡ 독립접지 시공을 원칙으로 한다.
  ㉢ 접지선 몰딩은 2 [m] 간격으로 밴딩 처리를 한다.
  ㉣ 접지극은 지표면에서 0.75 [m] 이상의 깊이에 타 접지극과 1 [m] 이상 이격하여 시설한다.

(5) 전원공급기의 시설(362.9)
  ① 시설조건
    ㉠ 지상에서 4 [m] 이상
    ㉡ 누전차단기를 내장해야 한다.
    ㉢ 시설은 인도 측으로 하면 외함은 접지한다.
  ② 기기주, 변대주 및 분기주 등 설비 복잡개소에는 전원공급기를 시설할 수 없다.
  ③ 전원공급기 시설 시 통신사업자는 기기 전면에 명판을 부착하여야 한다.

(6) 전력선 반송 통신용 결합장치의 보안장치(362.11)

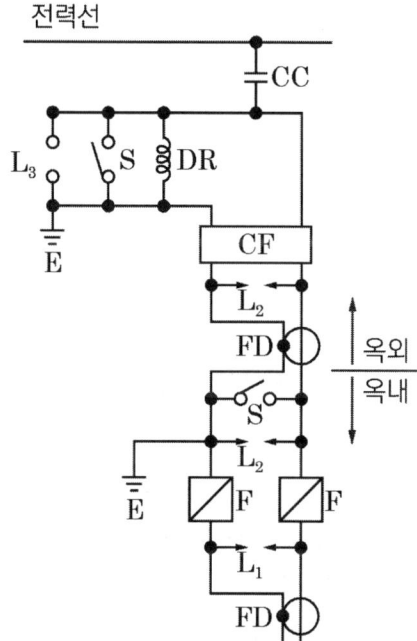

- FD : 동축케이블
- F : 정격전류 10 [A] 이하의 포장 퓨즈
- DR : 전류 용량 2 [A] 이상의 배류 선륜
- L_1 : 교류 300 [V] 이하에서 동작하는 피뢰기
- L_2 : 동작 전압이 교류 1.3 [kV]를 초과하고 1.6 [kV] 이하로 조정된 방전갭
- L_3 : 동작 전압이 교류 2 [kV]를 초과하고 3 [kV] 이하로 조정된 구상 방전갭
- S : 접지용 개폐기
- CF : 결합 필타
- CC : 결합 커패시터(결합 안테나를 포함)
- E : 접지

(7) 가공통신 인입선 시설(362.12)

① 고압 가공전선로의 가공통신 인입선의 높이(교통에 지장을 주지 않을 때)
  ㉠ 노면상의 높이 : 4.5 [m] 이상
  ㉡ 조영물의 붙임점에서의 지표상의 높이 : 2.5 [m] 이상

② 특고압 가공전선로의 가공통신 인입선의 높이(교통에 지장을 주지 않을 때)
  ㉠ 노면상의 높이 : 5 [m] 이상
  ㉡ 조영물의 붙임점에서의 지표상의 높이 : 3.5 [m] 이상
  ㉢ 다른 가공약전류 전선 등 사이의 이격거리 : 0.6 [m] 이상

예제 61

특고압 가공전선로의 지지물에 시설하는 가공통신 인입선은 조영물의 붙임점에서 지표상의 높이를 몇 [m] 이상으로 하여야 하는가? (단, 교통에 지장이 없고 또한 위험의 우려가 없을 때에 한한다)

① 2.5
② 3
③ 3.5
④ 4

> [해설] 가공통신 인입선 시설(362.12)
>
> 교통에 지장이 없고 또한 위험의 우려가 없을 때에 노면상의 높이는 5 [m] 이상, 조영물의 붙임점에서의 지표상의 높이는 3.5 [m] 이상
>
> 정답 ③

2 지중통신선로 설비(363)

(1) 지중통선선로설비 시설(363.1)

① 통신선 : 지름 22 [mm] 이하인 광섬유 케이블 및 동축케이블

② 전력구 내 통신선의 시설
  ㉠ 통신용 행거는 최상단에 시설
  ㉡ 통신선은 반드시 내관 속에 시설하고 그 내관을 행거 위에 시설
  ㉢ 통신용 행거 끝에는 행거 안전캡(야광)을 씌운다.
  ㉣ 전력케이블이 시설된 행거에는 통신선을 시설하지 않는다.
  ㉤ 통신용 관로구와 내관은 방수처리를 한다.

③ 맨홀 또는 관로에서 통신선의 시설
  ㉠ 보호장치를 활용하여 맨홀 측벽으로 정리
  ㉡ 통신선이 시설된 매 행거마다 통신케이블을 고정
  ㉢ 통신선을 전력선위에 얹어 놓는 경우가 없도록 처리
  ㉣ 배전케이블이 시설되어 있는 관로에 통신선을 시설하지 않는다.
  ㉤ 통신선을 시설하는 관로구와 내관은 누수가 되지 않도록 방수처리를 한다.

(2) 맨홀 및 전력구 내 통신기기의 시설(363.2)

① 비상시를 대비하여 전력구 내에는 유무선 비상 통신설비를 시설

② 통신기기 중 전원공급기는 맨홀, 전력구 내에 시설하여서는 안 된다.

③ 시설기준
  ㉠ 최상단 행거의 위쪽벽면에 시설
  ㉡ 통신용기기는 맨홀 상부 벽면 또는 전력구 최상부 벽면에 ㄱ자형 또는 T자형 고정 금구류를 사용하여 시설
  ㉢ 통신용 기기에서 발생하는 열 등으로 전력케이블에 손상이 가지 않도록 한다.

3 무선용 안테나(364)

(1) 무선용 안테나 등을 지지하는 철탑 등의 시설(364.1)
  ① 목주의 안전율 : 풍압하중에 대한 안전율 : 1.5 이상
  ② 철주·철근 콘크리트주 또는 철탑의 기초 안전율 : 1.5 이상

(2) 무선용 안테나 등의 시설 제한(364.2)
  무선용 안테나 등은 전선로의 주위 상태를 감시하거나 배전자동화, 원격검침 등 지능형 전력망을 목적으로 시설하는 것 이외에는 가공전선로의 지지물에 시설하지 않는다.

예제 62

무선용 안테나 등을 지지하는 철탑의 기초 안전율은 얼마 이상이어야 하는가?

① 1.0   ② 1.5   ③ 2.0   ④ 2.5

해설 무선용 안테나 등을 지지하는 철탑 등의 시설(364.1)

철주·철근 콘크리트주 또는 철탑의 기초 안전율은 1.5 이상이어야 한다.

정답 ②

---

4 통신설비의 식별(365)

(1) 통신설비의 식별표시(365.1)
  ① 모든 통신기기에는 식별이 용이하도록 인식용 표찰을 부착
  ② 통신사업자의 설비표시명판은 글씨를 각인하거나 지워지지 않도록 제작된 것을 사용

(2) 설비표시명판 시설기준(365.1)
  ① 배전주에 시설하는 통신설비의 설비표시명판
    ㉠ 직선주는 전주 5경간마다 시설할 것
    ㉡ 분기주, 인류주는 매 전주에 시설할 것
  ② 지중설비에 시설하는 통신설비의 설비표시명판
    ㉠ 관로는 맨홀마다 시설할 것
    ㉡ 전력구 내 행거는 50 [m] 간격으로 시설할 것

CHAPTER 03 | 개념 체크 OX

1 전주오름을 방지하기위한 발판 볼트는 지표상 1.8 [m] 이상에 설치한다. O X

2 원형 지지물의 수직 투영면적 1 [m²]에 대한 갑종 풍압하중 값은 588 [Pa]이다. O X

3 병종 풍압하중은 갑종 풍압하중의 3분의 1을 기초로 계산한다. O X

4 인가가 많이 연접되어 있는 장소에는 갑종 풍압하중을 적용한다. O X

5 지선의 안전율은 2.0이다. O X

6 모든 지지물에 지선을 사용한다. O X

7 고압, 특고압 옥상전선로는 시설해서는 안 된다. O X

8 고압가공전선의 굵기는 지름 4 [mm] 이상의 경동선이다. O X

9 내장형 철탑은 5기마다 1기를 시설하여야 한다. O X

10 지중전선로 시설 중 케이블 회선수가 10회선인 경우 관로식을 사용한다. O X

11 터널 안 전선로의 시설 시 고압인 경우 2.5 [m] 이상에 시설한다. O X

12 수상전선로는 고압인 경우 수면상 5 [m] 이상에 시설한다. O X

13 변전소에 울타리·담 등을 시설할 때, 사용전압이 35 [kV] 이하이면 울타리·담 등의 높이와 울타리·담 등으로부터 충전부분까지의 거리의 합계는 6 [m] 이상이다. O X

14 고압설비의 포장퓨즈는 정격전류의 1.3배에 견디고 2배의 전류로 2분 안에 용단한다. O X

정답 01 (O) 02 (O) 03 (X) 04 (X) 05 (X) 06 (X) 07 (X) 08 (X) 09 (X) 10 (X) 11 (X) 12 (O) 13 (X) 14 (X)

3 2분의 1로 계산
4 병종 풍압하중을 적용
5 2.5이다.
6 철탑에는 지선을 사용하지 않는다.
7 고압은 시설가능하다.
8 5 [mm] 이상의 경동선
9 10기마다 1기 시설
10 9회선 이상인 경우 암거식을 사용
11 3 [m] 이상에 시설
13 5 [m] 이상
14 120분 안에 용단

CHAPTER 04 전기철도설비

01 통칙

1 전기철도의 용어 정리(402)

(1) 전기철도 : 전기를 공급받아 열차를 운행하여 여객(승객)이나 화물을 운송하는 철도

(2) 전기철도설비 : 전기철도설비는 전철 변전설비, 급전설비, 부하설비(전기철도차량 설비 등)로 구성

(3) 전기철도차량 : 전기적 에너지를 기계적 에너지로 바꾸어 열차를 견인하는 차량으로 전기방식에 따라 직류, 교류, 직·교류 겸용, 성능에 따라 전동차, 전기기관차로 분류

(4) 궤도 : 레일·침목 및 도상과 이들의 부속품으로 구성된 시설

(5) 차량 : 전동기가 있거나 또는 없는 모든 철도의 차량(객차, 화차 등)

(6) 열차 : 동력차에 객차, 화차 등을 연결하고 본선을 운전할 목적으로 조성된 차량

(7) 레일 : 철도에 있어서 차륜을 직접지지하고 안내해서 차량을 안전하게 주행시키는 설비

(8) 전차선 : 전기철도차량의 집전장치와 접촉하여 전력을 공급하기 위한 전선

(9) 전차선로 : 전기철도차량에 전력을 공급하기 위하여 선로를 따라 설치한 시설물로서 전차선, 급전선, 귀선과 그 지지물 및 설비를 총괄한 것

(10) 급전선 : 전기철도차량에 사용할 전기를 변전소로부터 전차선에 공급하는 전선

(11) 급전선로 : 급전선 및 이를 지지하거나 수용하는 설비를 총괄한 것

(12) 급전방식 : 변전소에서 전기철도차량에 전력을 공급하는 방식(직류식, 교류식)

(13) 합성전차선 : 전기철도차량에 전력을 공급하기위하여 설치하는 전차선, 조가선(강체포함), 행어이어, 드로퍼 등으로 구성된 가공전선

⑭ 조가선 : 전차선이 레일면상 일정한 높이를 유지하도록 행어이어, 드로퍼 등을 이용하여 전차선 상부에서 조가하여 주는 전선

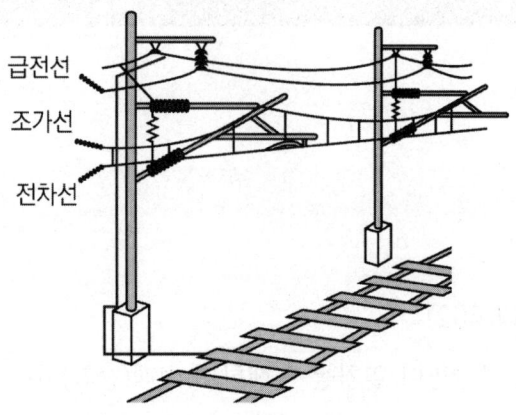

⑮ 가선방식 : 전기철도차량에 전력을 공급하는 전차선의 가선방식으로 가공방식, 강체방식, 제3레일방식으로 분류

⑯ 전차선 기울기 : 연접하는 2개의 지지점에서, 레일면에서 측정한 전차선 높이의 차와 경간 길이와의 비율

⑰ 전차선 높이 : 지지점에서 레일면과 전차선 간의 수직거리

⑱ 전차선 편위 : 팬터그래프 집전판의 편마모를 방지하기 위하여 전차선을 레일면 중심수직선으로부터 한쪽으로 치우친 정도의 치수

⑲ 귀선회로 : 전기철도차량에 공급된 전력을 변전소로 되돌리기 위한 귀로

⑳ 누설전류 : 전기철도에 있어서 레일 등에서 대지로 흐르는 전류

㉑ 수전선로 : 전기사업자에서 전철변전소 또는 수전설비 간의 전선로와 이에 부속되는 설비

㉒ 전철변전소 : 외부로부터 공급된 전력을 구내에 시설한 변압기, 정류기 등 기타의 기계기구를 통해 변성하여 전기철도차량 및 전기철도설비에 공급하는 장소

㉓ 지속성 최저전압 : 무한정 지속될 것으로 예상되는 전압의 최젓값

㉔ 지속성 최고전압 : 무한정 지속될 것으로 예상되는 전압의 최곳값

㉕ 장기 과전압 : 지속시간이 20 [ms] 이상인 과전압

02 전기철도의 방식

1 전기철도의 전기방식(410)

(1) 전력수급조건(411.1)

① 수전선로의 공칭전압 : 교류 3상 22.9 [kV], 154 [kV], 345 [kV]

② 수전선로의 계통구성 시 고려사항

㉠ 3상 단락전류   ㉡ 3상 단락용량
㉢ 전압강하   ㉣ 전압불평형
㉤ 전압왜형률   ㉥ 플리커

(2) 전차선로의 전압(411.2)

① 직류방식(평균값)

지속성 최저전압 [V]	공칭전압 [V]	지속성 최고전압 [V]	비지속성 최고전압 [V]	장기 과전압 [V]
500	750	900	950	1269
900	1500	1800	1950	2538

* 비지속성 최고전압은 지속시간이 5분 이하로 예상되는 전압의 최곳값으로 한다.

② 교류방식(60 [Hz] 실횻값)

비지속성 최 저전압 [V]	지속성 최저전압 [V]	공칭전압 [V]	지속성 최고전압 [V]	비지속성 최 고전압 [V]	장기 과전압 [V]
17500	19000	25000	27500	29000	38746
35000	38000	50000	55000	58000	77492

* 비지속성 최저전압은 지속시간이 2분 이하로 예상되는 전압의 최젓값으로 한다.

2 전기철도의 변전방식(420)

(1) 변전소의 설비(421.4)

① 급전용 변압기

㉠ 직류 전기철도 : 3상 정류기용 변압기
㉡ 교류 전기철도 : 3상 스코트결선 변압기

② 개폐기의 설치장소
  ㉠ 선로 중 중요한 분기점
  ㉡ 고장발견이 필요한 장소
  ㉢ 빈번한 개폐를 필요로 하는 곳
③ 제어용 교류전원은 상용과 예비의 2계통으로 구성해야 한다.
④ 제어반의 경우 디지털계전기방식을 원칙으로 한다.

03 전기철도의 전차선로

1 전차선로의 일반사항(431)

(1) 전차선 가선방식(431.1)
  ① 가공방식
  ② 강체방식
  ③ 제3레일방식

(2) 전차선로의 충전부와 건조물 간의 최소절연이격(431.2)

시스템 종류	공칭전압 [V]	동적 [mm]		정적 [mm]	
		비오염	오염	비오염	오염
직류	750	25	25	25	25
	1500	100	110	150	160
단상교류	25000	170	220	270	320

(3) 전차선로의 충전부와 차량 간의 최소절연이격(431.3)

시스템 종류	공칭전압 [V]	동적 [mm]	정적 [mm]
직류	750	25	25
	1500	100	150
단상교류	25000	170	270

* 충전부와 식물 사이의 이격거리는 5 [m] 이상

(4) 급전선로(431.4)
    ① 급전선
        ㉠ 급전선은 나전선을 적용하여 가공식으로 가설한다.
        ㉡ 전기적 이격거리가 충분하지 않거나 지락, 섬락 등의 우려가 있을 경우 케이블로 시공
        ㉢ 나전선의 접속은 직선접속을 원칙으로 한다.
    ② 가공식은 전차선의 높이 이상으로 전차선로 지지물에 병가한다.
    ③ 신설 터널 내 급전선을 가공으로 설계할 경우 지지물의 취부는 C찬넬 또는 매입전을 이용하여 고정

예제 01

급전선에 대한 설명으로 틀린 것은?

① 급전선은 비절연보호도체, 매설접지도체, 레일 등으로 구성하여 단권변압기 중성점과 공통접지에 접속한다.
② 가공식은 전차선의 높이 이상으로 전차선로 지지물에 병가하며, 나전선의 접속은 직선접속을 원칙으로 한다.
③ 선상승강장, 인도교, 과선교 또는 교량 하부 등에 설치할 때에는 최소 절연이격거리 이상을 확보하여야 한다.
④ 신설 터널 내 급전선을 가공으로 설계할 경우 지지물의 취부는 C찬넬 또는 매입전을 이용하여 고정하여야 한다.

해설 전차선로의 급전선로(431.4)

- 급전선은 나전선을 적용하여 가공식으로 가설한다.
- 나전선의 접속은 직선접속을 원칙으로 한다.
- 가공식은 전차선의 높이 이상으로 전차선로 지지물에 병가한다.
- 신설 터널 내 급전선을 가공으로 설계할 경우 지지물의 취부는 C찬넬 또는 매입전을 이용하여 고정

정답 ②

(5) 전차선 및 급전선의 최소높이(431.6)

시스템 종류	공칭전압 [V]	동적 [mm]	정적 [mm]
직류	750	4800	4400
	1500	4800	4400
단상교류	25000	4800	4570

(6) 전차선의 기울기(431.7)

설계속도 V [km/h]	속도등급	기울기 [천분율]
300 < V ≤ 350	350 킬로급	0
250 < V ≤ 300	300 킬로급	0
200 < V ≤ 250	250 킬로급	1
150 < V ≤ 200	200 킬로급	2
120 < V ≤ 150	150 킬로급	3
70 < V ≤ 120	120 킬로급	4
V ≤ 70	70 킬로급	10

(7) 전차선로 지지물 설계 시 고려하여야 하는 하중(431.9)

① 전선의 중량, 브래킷, 빔 기타 중량, 작업원의 중량

② 풍압하중, 전선의 횡장력, 지지물이 특수한 사용조건에 따라 일어날 수 있는 모든 하중

③ 지지물 및 기초, 지선기초에는 지진 하중

(8) 전차선로 설비의 안전율(431.10)

안전율	설비종류
1.0 이상	빔, 브래킷, 철주, 강봉형지선
2.0 이상	합금전차선, 지지물의 기초, 장력조정장치
2.2 이상	경동선
2.5 이상	조가선, 복합체 자재, 브래킷의 애자, 선형지선

(9) 교류 전차선 등 충전부와 식물 사이의 이격거리 : 5 [m] 이상

예제 02

교류 전차선과 식물 사이의 이격거리는?

① 4 [m] 이상 ② 5 [m] 이상
③ 6 [m] 이상 ④ 8 [m] 이상

해설 전차선 등과 식물 사이의 이격거리(431.11)

교류 전차선 등 충전부와 식물 사이의 이격거리는 5 [m] 이상

정답 ②

04 전기철도의 설비

1 전기철도차량 설비(440)

(1) 절연구간(441.1)

① 교류 구간에서는 변전소 및 급전구분소 앞에서 서로 다른 위상 또는 공급점이 다른 전원이 인접하게 될 경우 전원이 혼촉되는 것을 방지하기 위한 절연구간을 설치

② 교류-교류 절연구간을 통과하는 방식
 ㉠ 역행 운전방식
 ㉡ 타행 운전방식
 ㉢ 변압기 무부하 전류방식
 ㉣ 전력소비 없이 통과하는 방식

③ 교류-직류(직류-교류) 절연구간
 ㉠ 교류구간과 직류구간의 경계지점에 시설
 ㉡ 이 구간에서 전기철도차량은 노치 오프(Notch off) 상태로 주행

④ 절연구간의 소요길이 결정요소
 ㉠ 구간 진입 시의 아크 시간
 ㉡ 잔류전압의 감쇄시간
 ㉢ 팬터그래프 배치간격
 ㉣ 열차속도

(2) 전기철도차량의 역률(441.4)
① 비지속성 최저전압에서 비지속성 최고전압까지의 전압범위에서 유도성 역률 및 전력소비에 대해서만 적용한다.
② 회생제동 중 전압을 제한 범위 내로 유지시키기 위하여 유도성 역률을 낮출 수 있다.
③ 총 역률이 0.8 이상이어야 하는 경우
㉠ 전기철도차량이 전차선로와 접촉한 상태에서 견인력을 끄고 보조전력을 가동한 상태로 정지해 있는 경우
㉡ 가공 전차선로의 유효전력이 200 [kW] 이상일 경우
④ 팬터그래프에서의 전기철도차량 순간전력 및 유도성 역률

팬터그래프에서의 전기철도차량 순간전력 P [MW]	전기철도차량의 유도성 역률
P > 6	0.95 이상
2 ≤ P ≤ 6	0.93 이상

(3) 회생제동(441.5)
① 회생제동 사용의 중단사유
㉠ 전차선로 지락이 발생한 경우
㉡ 전차선로에서 전력을 받을 수 없는 경우
㉢ 규정된 선로전압이 장기 과전압보다 높은 경우
② 회생전력을 다른 전기장치에서 흡수할 수 없는 경우에는 다른 제동시스템으로 전환되어야 한다.
③ 전기철도 전력공급시스템은 회생제동이 상용제동으로 사용이 가능하고 다른 전기철도차량과 전력을 지속적으로 주고받을 수 있도록 설계되어야 한다.

(4) 전기철도차량 전기설비의 보호대책(441.6)
① 전기위험방지를 위한 보호대책
㉠ 충전부는 직접접촉에 대한 보호가 있어야 한다.
㉡ 간접접촉에 대한 보호대책으로 부근 충전부와의 유도 및 접촉에 의한 감전이 일어나지 않아야 한다.
㉢ 모든 전기철도차량은 차체와 고정 설비의 보호용 도체 사이에는 최소 2개 이상의 보호용 본딩 연결로가 있어야 한다.
② 전기철도차량별 최대임피던스

차량 종류	최대임피던스 (Ω)
기관차	0.05
객차	0.15

05 전기철도의 보호

1 전기철도의 설비를 위한 보호(450)

(1) 보호협조(451.1)

① 계통 내에서 발생한 사고전류를 검출하고 차단할 수 있는 보호시스템을 구성

② 보호계전방식은 취급 및 보수 점검이 용이하도록 구성

③ 급전선로는 보호계전방식에 자동재폐로 기능을 구비

④ 전차선로용 애자를 보호하고 접지전위 상승을 억제하기 위한 보호설비를 구비

⑤ 가공 선로측에서 발생한 지락 및 사고전류의 파급을 방지하기 위하여 피뢰기를 설치

(2) 피뢰기(451.3)

① 피뢰기의 선정

㉠ 피뢰기는 밀봉형을 사용하고 유효 보호거리를 증가시키기 위하여 방전개시전압 및 제한전압이 낮은 것을 사용

㉡ 변전소 근처의 단락 전류가 큰 장소에는 속류차단능력이 크고 또한 차단성능이 회로조건의 영향을 받을 우려가 적은 것을 사용

② 피뢰기 설치 장소

㉠ 변전소 인입 측 및 급전선 인출 측

㉡ 가공전선과 직접 접속하는 지중케이블에서 낙뢰에 의해 절연파괴의 우려가 있는 케이블 단말

㉢ 보호하는 기기와 가까운 곳에 시설

㉣ 누설전류 측정이 용이하도록 지지대와 절연하여 설치

2 전기철도의 안전을 위한 보호(460)

(1) 충전부와의 감전에 대한 보호조치(461.1)

① 공칭전압이 저압(교류 1 [kV] 또는 직류 1.5 [kV] 이하)인 경우 공간거리 (제3레일 방식 제외)

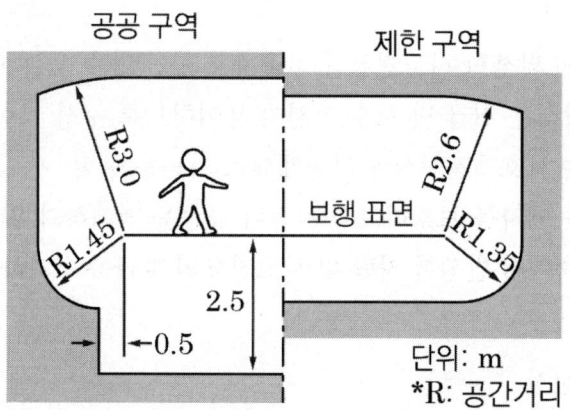

② 위에 제시된 공간거리를 유지할 수 없는 경우 장애물 설치높이
  ㉠ 충전부와 장애물 상단으로부터 거리 : 1.35 [m] 이상
  ㉡ 충전부와 장애물 사이의 공간거리 : 0.3 [m] 이상

③ 공칭전압이 25 [kV] 이하인 고압, 특고압인 경우 공간거리

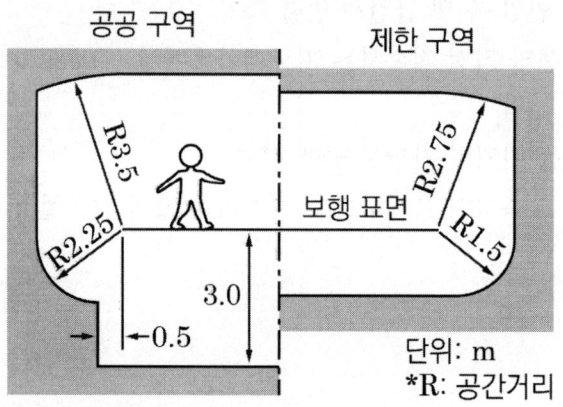

④ 위에 제시된 공간거리를 유지할 수 없는 경우 장애물 설치높이
  ㉠ 충전부와 장애물 상단으로부터 거리 : 1.5 [m] 이상
  ㉡ 충전부와 장애물 사이의 공간거리 : 0.6 [m] 이상

(2) 레일 전위의 위험에 대한 보호(461.2)

① 레일 전위는 고장 조건과 정상 운전 조건에서의 접촉전압으로 구분

② 교류 전기철도 급전시스템에서의 레일 전위의 최대허용접촉전압(실횻값)

시간 조건	교류 [V]	직류 [V]
순시 조건(t ≤ 0.5초)	670 이하	535 이하
일시적 조건(0.5초 < t ≤ 300초)	65 이하	150 이하
영구적 조건(t > 300초)	60 이하	120 이하

③ 작업장 및, 이와 유사한 장소에서의 최대허용접촉전압(실횻값)

교류 [V]	직류 [V]
25 이하	60 이하

예제 03

순시조건(t ≤ 0.5초)에서 교류 전기철도 급전시스템에서의 레일 전위의 최대 허용접촉전압(실횻값)으로 옳은 것은?

① 60 [V]   ② 65 [V]   ③ 440 [V]   ④ 670 [V]

해설 레일 전위의 위험에 대한 보호(461.2)

시간 조건	최대 허용 접촉전압(실횻값)
순시조건 (t ≤ 0.5초)	670 [V]
일시적 조건 (0.5초<t ≤ 300초)	65 [V]
영구적 조건 (t > 300초)	60 [V]

정답 ④

(3) 레일 전위의 접촉전압 감소 방법(461.3)

① 교류 전기철도 급전시스템의 최대허용접촉전압을 초과한 경우

㉠ 접지극 추가 사용

㉡ 등전위 본딩

㉢ 전자기적 커플링을 고려한 귀선로의 강화

㉣ 전압제한소자 적용

㉤ 보행 표면의 절연

㉥ 단락전류를 중단시키는 데 필요한 트래핑 시간의 감소

② 직류 전기철도 급전시스템의 최대허용접촉전압을 초과한 경우
　㉠ 고장 조건에서 레일 전위를 감소시키기 위해 전도성 구조물 접지의 보강
　㉡ 전압제한소자 적용
　㉢ 귀선 도체의 보강
　㉣ 보행 표면의 절연
　㉤ 단락전류를 중단시키는 데 필요한 트래핑 시간의 감소

(4) 전식방지대책(461.4)
① 전기철도 측의 전식예방법
　㉠ 변전소 간 간격 축소
　㉡ 레일본드의 양호한 시공
　㉢ 장대레일채택
　㉣ 절연도상 및 레일과 침목 사이에 절연층의 설치
② 매설금속체 측의 누설전류에 의한 전식예방법
　㉠ 배류장치 설치　　　　㉡ 절연코팅
　㉢ 매설금속체 접속부 절연　㉣ 저준위 금속체를 접속
　㉤ 궤도와의 이격거리 증대　㉥ 금속판 등의 도체로 차폐

예제 04

전식방지대책에서 매설금속체 측의 누설전류에 의한 전식의 피해가 예상되는 곳에 고려하여야 하는 방법으로 틀린 것은?

① 절연코팅　　　　　　② 배류장치 설치
③ 변전소 간 간격 축소　④ 저준위 금속체를 접속

해설 전식방지대책(461.4)

매설금속체 측의 누설전류에 의한 전식의 피해가 예상되는 곳은 다음 방법을 고려하여야 한다.
① 배류장치 설치
② 절연코팅
③ 매설금속체 접속부 절연
④ 저준위 금속체를 접속
⑤ 궤도와의 이격거리 증대
⑥ 금속판 등의 도체로 차폐
(변전소 간 간격축소는 전기철도 측의 전식방식 또는 전식예방을 위한 고려방법)

정답 ③

(5) 누설전류 간섭에 대한 방지(461.5)

① 직류 전기철도 시스템의 누설전류를 최소화하기 위해 귀선전류를 금속귀선로 내부로만 흐르도록 한다.

② 정상 운전 시 단위 길이당 컨덕턴스 값

견인시스템	옥외(S/km)	터널(S/km)
철도선로(레일)	0.5	0.5
개방 구성에서의 대량수송 시스템	0.5	0.1
폐쇄 구성에서의 대량수송 시스템	2.5	-

③ 귀선시스템의 종 방향 전기저항을 낮추기 위해서는 레일 사이에 저저항 레일본드를 접합 또는 접속하여 전체 종 방향 저항이 5 [%] 이상 증가하지 않도록 한다.

④ 귀선시스템의 어떠한 부분도 대지와 절연되지 않은 설비, 부속물 또는 구조물과 접속되어서는 안 된다.

⑤ 직류 전기철도 시스템이 매설 배관 또는 케이블과 인접할 경우 누설전류를 피하기 위해 최대한 이격시켜야 하며, 주행레일과 최소 1 [m] 이상의 거리를 유지한다.

(6) 전자파 장해의 방지(461.6)

① 전차선로에서 발생하는 전자파 방사성 방해 허용기준

㉠ 궤도중심선으로부터 측정안테나까지의 거리 : 10 [m]

㉡ 떨어진 지점에서 6회 이상 측정하여 기준에 적합해야 한다.

CHAPTER 04 | 개념 체크 OX

1. 전기철도 변전소의 급전용 변압기는 직류 전기철도인 경우 3상 스코트결선 변압기로 시설한다. [O][X]

2. 전차선로의 충전부와 건조물 간의 최소 절연 이격거리는 직류 750 [V]일 때 25 [mm] 이상이어야 한다. [O][X]

3. 급전선은 나전선을 사용하지 않는다. [O][X]

4. 전차선로의 조가선의 안전율은 2.0 이상이다. [O][X]

5. 전기철도차량이 전차선로와 접촉한 상태에서 견인력을 끄고 보조전력을 가동한 상태로 정지해 있는 경우 역률은 0.95 이상이어야 한다. [O][X]

6. 설계속도가 300 [km/h]인 경우 전차선의 기울기는 0으로 한다. [O][X]

7. 전차선의 가선방식은 가공방식, 강체방식, 제2레일방식이 있다. [O][X]

8. 전기철도차량에 사용할 전기를 변전소로부터 전차선에 공급하는 전선을 조가선이라고 한다. [O][X]

정답 01 (X) 02 (O) 03 (X) 04 (X) 05 (X) 06 (O) 07 (X) 08 (X)

1 3상 정류기용 변압기로 시설
3 나전선을 적용하여 가공식으로 가설
4 2.5 이상
5 0.8 이상
7 제3레일방식
8 급전선이라고 한다.

CHAPTER 05 분산형 전원설비

01 통칙

1 용어정리(502)

(1) 풍력터빈 : 바람의 운동에너지를 기계적 에너지로 변환하는 장치(가동부 베어링, 나셀, 블레이드 등의 부속물을 포함)

(2) 풍력터빈을 지지하는 구조물 : 타워와 기초로 구성된 풍력터빈의 일부분

(3) 풍력발전소 : 단일 또는 복수의 풍력터빈(풍력터빈을 지지하는 구조물을 포함)을 원동기로 하는 발전기와 그 밖의 기계기구를 시설하여 전기를 발생시키는 곳

(4) 자동정지 : 풍력터빈의 설비보호를 위한 보호장치의 작동으로 인하여 자동적으로 풍력터빈을 정지시키는 것

(5) MPPT : 태양광발전이나 풍력발전 등이 현재 조건에서 가능한 최대의 전력을 생산할 수 있도록 인버터 제어를 이용하여 해당 발전원의 전압이나 회전속도를 조정하는 최대출력추종(MPPT, Maximum Power Point Tracking) 기능

예제 01

중앙급전 전원과 구분되는 것으로서 전력소비지역 부근에 분산하여 배치 가능한 신·재생에너지 발전설비 등의 전원으로 정의되는 용어는?

① 임시전력원 ② 분전반전원
③ 분산형 전원 ④ 계통연계전원

해설 분산형 전원의 용어(112)

분산형 전원이란 중앙급전 전원과 구분되는 것으로서 전력소비지역 부근에 분산하여 배치 가능한 전원을 말한다. 상용전원의 정전 시에만 사용하는 비상용 예비전원은 제외하며, 신·재생에너지 발전설비, 전기저장장치 등을 포함한다.

정답 ③

2 분산형 전원 계통 연계설비의 시설(503)

(1) 시설기준(503.2)

① 전기공급방식

㉠ 전력계통과 연계되는 전기 공급방식과 동일하다.

㉡ 설비 용량 합계가 250 [kVA] 이상일 경우에는 송·배전계통과 연계지점의 연결 상태를 감시 또는 유효전력, 무효전력 및 전압을 측정할 수 있는 장치를 시설한다.

② 저압 전력계통에 연계 시 인버터로부터 직류유출 방지를 위해 접속점과 인버터 사이에 상용주파수 변압기(단권변압기를 제외한다)를 시설한다.

③ 단락전류 제한장치를 시설한다.

④ 특고압 송전계통 연계 시 분산형 전원 운전제어장치를 시설한다.

⑤ 연계용 변압기는 중성점을 접지한다.

(2) 계통 연계용 보호장치의 시설(503.2.4)

① 전력계통 분리장치의 시설

㉠ 분산형 전원설비의 이상 또는 고장

㉡ 연계한 전력계통의 이상 또는 고장

㉢ 단독운전 상태

② 단순 병렬운전의 경우 역전력 계전기를 설치

02 전기저장장치

1 일반사항(511)

(1) 시설장소의 요구사항(511.1)

① 충분한 공간을 확보하고 조명설비를 설치하여야 한다.

② 폭발성 가스의 축적을 방지하기 위한 환기시설을 갖춘다.

③ 침수의 우려가 없도록 시설한다.

④ 일반인의 출입을 통제하기 위한 잠금장치 등을 설치해야 한다.

(2) 설비의 안전 요구사항(511.2)

① 충전부분은 노출되지 않도록 시설하여야 한다.

② 전기저장장치의 비상정지 스위치 등 안전하게 작동하기 위한 안전시스템이 있어야 한다.

③ 모든 부품은 충분한 내열성을 확보하여야 한다.

(3) 옥내전로의 대지전압 제한(511.3)
   ① 옥내전로의 대지전압을 직류 600 [V]까지 적용이 가능한 조건
      ㉠ 합성수지관배선, 금속관배선 및 케이블배선에 의하여 시설
      ㉡ 지락 발생 시 자동전로 차단장치 시설

예제 02

주택의 전기저장장치의 축전지에 접속하는 부하 측 옥내배선을 사람이 접촉할 우려가 없도록 케이블배선에 의하여 시설하고 전선에 적당한 방호장치를 시설한 경우 주택의 옥내전로의 대지전압은 직류 몇 [V]까지 적용할 수 있는가? (단, 전로에 지락이 생겼을 때 자동적으로 전로를 차단하는 장치를 시설한 경우이다)

① 150   ② 300   ③ 400   ④ 600

해설 옥내전로의 대지전압 제한(511.3)

옥내전로의 대지전압은 직류 600 [V]까지 적용 가능조건
- 합성수지관배선, 금속관배선 및 케이블배선에 의하여 시설
- 지락 발생 시 자동전로 차단장치 시설

정답 ④

---

2 전기저장장치의 시설(512)

(1) 전기배선(512.1)
   ① 전선 : 공칭단면적 2.5 [mm²] 이상의 연동선
   ② 공사방법 : 합성수지관배선, 금속관배선, 가요전선관배선, 케이블 배선
   ③ 단자의 체결 시 나사풀림방지 기능이 있는 것을 사용

예제 03

태양전지 모듈에 사용하는 연동선의 최소 단면적 [mm²]은?

① 1.5   ② 2.5   ③ 4.0   ④ 6.0

해설 태양전지 전기배선(512.1.1)

전선은 공칭단면적 2.5 [mm²] 이상의 연동선 또는 이와 동등 이상의 세기 및 굵기의 것일 것

정답 ②

(2) 제어 및 보호장치(512.2)

① 전기저장장치를 계통에 연계할 때 전력계통 분리장치의 시설한다.

② 전기저장장치가 비상용 예비전원 용도를 겸하는 경우
　㉠ 상용전원이 정전되었을 때 비상용 부하에 전기를 안정적으로 공급할 수 있는 시설을 갖춘다.
　㉡ 전원유지시간 동안 비상용 부하에 전기를 공급할 수 있는 충전용량을 상시 보존하도록 시설한다.

③ 전기저장장치의 접속점에는 전용의 개폐기를 시설

④ 전기저장장치의 이차전지 자동차단장치가 작동하는 경우
　㉠ 과전압 또는 과전류가 발생
　㉡ 제어장치에 이상이 발생
　㉢ 이차전지 모듈의 내부 온도가 급격히 상승

⑤ 계측사항
　㉠ 축전지 출력 단자의 전압, 전류, 전력 및 충방전 상태
　㉡ 주요변압기의 전압, 전류 및 전력

3 특정 기술을 이용한 전기저장장치의 시설(515)

(1) 적용범위(515.1)

20 [kWh]를 초과하는 리튬·나트륨·레독스플로우 계열의 이차전지를 이용한 전기저장장치

(2) 시설장소의 요구사항(515.2)

① 전용건물에 시설하는 경우
　㉠ 시설장소의 바닥, 천장(지붕), 벽면 재료는 불연재료로 한다.
　㉡ 시설장소의 지표면 기준 높이 : 22 [m] 이내
　㉢ 시설장소의 출구가 있는 바닥면 기준 깊이 : 9 [m] 이내
　㉣ 이차전지 이격거리 : 벽면으로부터 1 [m] 이상
　㉤ 차량에 의해 충격을 받을 우려가 있는 장소에 시설되는 경우 충돌방지장치 설치
　㉥ 전기저장장치 시설장소의 이격거리
　　• 주변 시설(도로, 건물, 가연물질 등)로부터 1.5 [m] 이상
　　• 다른 건물의 출입구나 피난계단 등 이와 유사한 장소로부터는 3 [m] 이상

예제 04

전기저장장치를 전용건물에 시설하는 경우에 대한 설명이 다음 (   )에 들어갈 내용으로 옳은 것은?

> 전기저장장치의 시설장소는 주변 시설(도로, 건물, 가연물질 등)로부터 (㉠) [m] 이상 이격하고 다른 건물의 출입구나 피난계단 등 이와 유사한 장소로부터는 (㉡) [m] 이상 이격하여야 한다.

① ㉠ 3, ㉡ 1   ② ㉠ 2, ㉡ 1.5   ③ ㉠ 1, ㉡ 2   ④ ㉠ 1.5, ㉡ 3

해설 전기저장장치 시설장소의 이격거리(515.2)

- 주변 시설(도로, 건물, 가연물질 등)로부터 1.5 [m] 이상
- 다른 건물의 출입구나 피난계단 등 이와 유사한 장소로부터는 3 [m] 이상

정답 ④

② 전용건물 이외의 장소에 시설하는 경우
  ㉠ 이차전지모듈의 직렬 연결체의 용량 : 50 [kWh] 이하
  ㉡ 이차전지의 총 용량 : 600 [kWh] 이하
  ㉢ 이차전지랙과 랙 사이 및 랙과 벽면 사이 거리 : 각각 1 [m] 이상 이격
  ㉣ 이차전지실과 이격거리
    - 건물 내 다른 시설(수전설비, 가연물질 등) : 1.5 [m] 이상
    - 각 실의 출입구나 피난계단 등 이와 유사한 장소 : 3 [m] 이상

(3) 제어 및 보호장치(515.3)
  ① 직류 전로에 직류서지보호장치(SPD)를 설치해야 한다.
  ② 긴급상황이 발생한 경우에는 관리자에게 경보하고 즉시 전기저장장치를 자동 및 수동으로 정지시킬 수 있는 비상정지장치를 설치해야 한다.

03 태양광발전설비

1 일반사항(521)

(1) 설치장소의 요구사항(521.1)
① 기기 등을 조작 또는 보수 점검할 수 있는 충분한 공간에 조명을 설치한다.
② 실내온도의 과열 상승을 방지하기 위한 환기시설을 갖추어야 한다.
③ 옥외에 시설하는 경우 침수의 우려가 없도록 시설하여야 한다.
④ 태양전지 모듈의 직렬군 최대개방전압이 직류 750 [V] 초과 1500 [V] 이하인 시설장소는 울타리 등의 안전조치를 하여야 한다.

(2) 설비의 안전 요구사항(521.2)
① 충전부분이 노출되지 않도록 한다.
② 모든 접속함에는 내부의 충전부가 인버터로부터 분리된 후에도 여전히 충전상태일 수 있음을 나타내는 경고가 붙어 있어야 한다.
③ 고장으로 인하여 문제가 있을 경우 회로분리를 위한 안전시스템이 있어야 한다.

2 태양광설비의 시설(522)

(1) 간선의 시설(522.1)
① 접속점에 장력이 가해지지 않도록 한다.
② 배선시스템은 외부영향에 잘 견디도록 시설한다.
③ 모듈의 출력배선은 극성별로 확인할 수 있도록 표시한다.
④ 모듈의 배선은 스트링 양극간의 배선간격이 최소가 되도록 배치한다.
⑤ 전선의 공칭단면적 : 2.5 [mm^2] 이상의 연동선
⑥ 공사방법 : 합성수지관배선, 금속관배선, 가요전선관배선, 케이블 배선

예제 05

태양전지 발전소에 시설하는 태양전지 모듈, 전선 및 개폐기의 시설에 대한 설명으로 틀린 것은?
① 전선은 공칭단면적 2.5 [mm^2] 이상의 연동선을 사용할 것
② 태양전지 모듈에 접속하는 부하 측 전로에는 개폐기를 시설할 것
③ 태양전지 모듈을 병렬로 접속하는 전로에 과전류 차단기를 시설할 것
④ 옥측에 시설하는 경우 금속관 공사, 합성수지관 공사, 애자 사용 공사로 배선할 것

> **해설** 태양광설비의 시설(522.1)
> - 전선의 공칭단면적 : 2.5 [mm^2] 이상의 연동선
> - 공사방법 : 합성수지관배선, 금속관배선, 가요전선관배선, 케이블 배선
>
> 정답 ④

(2) 전력변환장치의 시설(522.2.2)

① 인버터는 실내·실외용을 구분한다.

② 각 직렬군의 태양전지 개방전압은 인버터 입력전압 범위 이내여야 한다.

③ 옥외에 시설하는 경우 방수등급은 IPX4 이상이어야 한다.

(3) 모듈을 지지하는 구조물(522.2.3)

① 모듈의 지지물 재질

㉠ 용융아연

㉡ 스테인리스 스틸

㉢ 알루미늄 합금

② 모듈 지지대와 그 연결부재의 경우 용융아연도금처리 또는 녹방지 처리를 한다.

③ 절단가공 및 용접부위는 방식처리를 한다.

④ 모듈-지지대의 고정 볼트에는 스프링 와셔 또는 풀림방지너트 등으로 체결한다.

(4) 제어 및 보호(522.3)

① 어레이 출력 개폐기를 시설한다.

② 과전류차단기 및 지락 보호장치를 시설한다.

③ 모듈의 프레임은 지지물과 전기적으로 완전하게 접속하여야 한다.

④ 수상에 시설하는 태양전기 모듈 등의 금속제는 접지를 해야 한다.

⑤ 피뢰시스템을 시설한다.

⑥ 전압과 전류 또는 전압과 전력을 계측하는 장치를 시설한다.

04 풍력발전설비

1 일반사항(531)

(1) 설비의 요구사항

① 발전용 풍력설비의 항공장애등 및 주간장애표지를 시설해야 한다.

② 500 [kW] 이상의 풍력터빈은 나셀 내부의 화재 발생 시, 이를 자동으로 소화할 수 있는 화재방호설비를 시설해야 한다.

2 풍력설비의 시설(532)

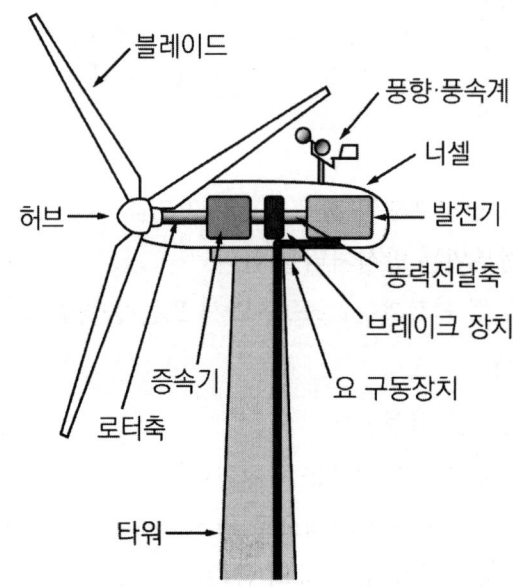

(1) 간선의 시설기준(532.1)

① 출력배선에 쓰이는 전선 : CV선 또는 TFR-CV선을 사용

② 공사방법 : 합성수지관배선, 금속관배선, 가요전선관배선, 케이블 배선

③ 단자의 체결 시 나사풀림방지 기능이 있는 것을 사용

(2) 풍력터빈의 강도계산(532.2.1)

① 강도계산 시 고려사항

㉠ 사용조건 : 최대풍속, 최대회전수

㉡ 강도조건 : 하중조건, 강도계산의 기준, 피로하중

② 강도계산 순서
  ㉠ 풍력터빈의 제원(블레이드 직경, 회전수, 정격출력 등)을 결정
  ㉡ 자중, 공기력, 원심력 및 이들에서 발생하는 모멘트를 산출
  ㉢ 풍력터빈의 사용조건에 의해 각부에 작용하는 하중을 계산
  ㉣ 각부에 사용하는 재료에 의해 풍력터빈의 강도조건
  ㉤ 하중, 강도조건에 의해 각부의 강도계산을 실시하여 안전함을 확인
③ 강도계산 시 하중의 합계계산 순서
  ㉠ 바람 에너지를 흡수하는 블레이드의 강도계산
  ㉡ 블레이드를 지지하는 날개 축, 날개 축을 유지하는 회전축의 강도계산
  ㉢ 블레이드, 회전축을 지지하는 나셀과 타워를 연결하는 요 베어링의 강도계산

(3) 풍력터빈을 지지하는 구조물의 구조 등(532.2.2)
  ① 풍력터빈을 지지하는 구조물의 구조, 성능 및 시설조건
    ㉠ 풍력터빈을 지지하는 구조물은 자중, 적재하중, 적설, 풍압, 지진, 진동 및 충격을 고려
    ㉡ 동결, 착설 및 분진의 부착 등에 의한 비정상적인 부식 등이 발생하지 않도록 고려
    ㉢ 풍속변동, 회전수변동 등에 의해 비정상적인 진동이 발생하지 않도록 고려
  ② 풍력터빈을 지지하는 구조물의 강도계산

$$P = CqA$$

P : 풍압력(N), C : 풍력계수, q : 속도압(N/m^2), A : 수풍면적(m^2)

3 제어 및 보호장치(532.3)

(1) 제어장치의 기능(532.3.1)
  ① 풍속에 따른 출력 조절
  ② 출력제한
  ③ 회전속도제어
  ④ 계통과의 연계
  ⑤ 기동 및 정지
  ⑥ 계통 정전 또는 부하의 손실에 의한 정지
  ⑦ 요잉(Yawing)에 의한 케이블 꼬임 제한

(2) 보호장치의 기능(532.3.1)
   ① 과풍속
   ② 발전기의 과출력 또는 고장
   ③ 이상진동
   ④ 계통 정전 또는 사고
   ⑤ 케이블의 꼬임 한계

(3) 접지설비(532.3.4)
   ① 통합접지공사를 실시한다.
   ② 설비 사이의 전위차가 없도록 등전위 본딩을 해야 한다.

(4) 피뢰설비(532.3.5)
   ① 풍력터빈의 피뢰설비
      ㉠ 수뢰부를 풍력터빈 선단부분 및 가장자리 부분에 배치하되 뇌격전류에 의한 발열에 용손되지 않도록 한다.
      ㉡ 인하도선은 쉽게 부식되지 않는 금속선으로 가능한 직선으로 시설한다.
      ㉢ 계측 센서용 케이블은 금속관 또는 차폐케이블 등을 사용하여 뇌유도과전압으로부터 보호해야 한다.
      ㉣ 피뢰설비(리셉터, 인하도선 등)의 기능저하로 인해 다른 기능에 영향을 미치지 않도록 한다.
   ② 전력기기·제어기기 등의 피뢰설비
      ㉠ 전력기기는 금속시스케이블, 내뢰변압기 및 서지보호장치(SPD)를 적용한다.
      ㉡ 제어기기는 광케이블 및 포토커플러를 적용한다.

예제 06

풍력터빈의 피뢰설비 시설기준에 대한 설명으로 틀린 것은?
① 풍력터빈에 설치한 피뢰설비(리셉터, 인하도선 등)의 기능저하로 인해 다른 기능에 영향을 미치지 않을 것
② 풍력터빈 내부의 계측 센서용 케이블은 금속관 또는 차폐케이블 등을 사용하여 뇌유도과전압으로부터 보호할 것
③ 풍력터빈에 설치하는 인하도선은 쉽게 부식되지 않는 금속선으로서 뇌격전류를 안전하게 흘릴 수 있는 충분한 굵기여야 하며, 가능한 직선으로 시설할 것
④ 수뢰부를 풍력터빈 중앙부분에 배치하되 뇌격전류에 의한 발열에 용손(溶損)되지 않도록 재질, 크기, 두께 및 형상 등을 고려할 것

> **해설** 풍력터빈의 피뢰설비(532.3.5)
>
> - 수뢰부를 풍력터빈 선단부분 및 가장자리 부분에 배치하되 뇌격전류에 의한 발열에 용손되지 않도록 한다.
>
> 정답 ④

(5) 풍력터빈 정지장치가 작동하는 경우(532.3.6)
　① 풍력터빈의 회전속도가 비정상적으로 상승
　② 풍력터빈의 컷 아웃 풍속
　③ 풍력터빈의 베어링 온도가 과도하게 상승
　④ 풍력터빈 운전중 나셀진동이 과도하게 증가
　⑤ 제어용 압유장치의 유압이 과도하게 저하된 경우
　⑥ 압축공기장치의 공기압이 과도하게 저하된 경우
　⑦ 전동식 제어장치의 전원전압이 과도하게 저하된 경우

(6) 계측장치의 시설(532.3.7)
　① 회전속도계
　② 나셀 내의 진동을 감시하기 위한 진동계
　③ 풍속계
　④ 압력계
　⑤ 온도계

예제 07

풍력터빈에 설비의 손상을 방지하기 위하여 시설하는 운전상태를 계측하는 계측장치로 틀린 것은?
① 조도계　　② 압력계　　③ 온도계　　④ 풍속계

> **해설** 계측장치의 시설(532.3.7)
>
> - 풍력터빈에는 설비의 손상을 방지하기 위하여 운전 상태를 계측하는 다음의 계측장치를 시설
> ① 회전속도계
> ② 나셀(nacelle) 내의 진동을 감시하기 위한 진동계
> ③ 풍속계
> ④ 압력계
> ⑤ 온도계
>
> 정답 ①

05 연료전지설비

1 일반사항(541)

(1) 설치장소의 안전 요구사항(541.1)

① 연료전지를 설치할 주위의 벽 등은 화재에 안전하게 시설

② 가연성물질과 안전거리를 충분히 확보

③ 침수 등의 우려가 없는 곳에 시설

(2) 연료전지 발전실의 가스 누설 대책(541.2)

① 연료가스를 통하는 부분은 최고사용 압력에 대하여 기밀성을 가지는 것이어야 한다.

② 연료전지 설비를 설치하는 장소는 연료가스가 누설되었을 때 체류하지 않는 구조로 한다.

③ 연료전지 설비로부터 누설되는 가스가 체류할 우려가 있는 장소에 해당 가스의 누설을 감지하고 경보하기 위한 설비를 설치해야 한다.

2 연료전지설비의 시설(542)

(1) 전기배선(542.1.1)

① 전기배선은 열적 영향이 적은 방법으로 시설한다.

② 공사방법 : 합성수지관배선, 금속관배선, 가요전선관배선, 케이블 배선

③ 단자의 체결 시 나사풀림방지 기능이 있는 것을 사용

(2) 연료전지설비의 구조시험(542.1.3)

구분	최고사용압력[MPa]	시험압력		시험조건
내압시험	0.1 이상일 때	수압시험	1.5배	10분간 유지
		비수압시험	1.25배	
기밀시험	0.1 이상일 때	1.1배		

3 제어 및 보호장치(542.2)

(1) 연료전지설비의 보호장치 작동(542.2.1)

① 연료전지에 과전류가 생긴 경우

② 발전요소(發電要素)의 발전전압에 이상이 생겼을 경우

③ 연료가스 출구에서의 산소농도 또는 공기 출구에서의 연료가스 농도가 현저히 상승한 경우

④ 연료전지의 온도가 현저하게 상승한 경우

(2) 접지설비(542.2.5)

① 접지도체

㉠ 공칭단면적 16 $[mm^2]$ 이상의 연동선

㉡ 저압 전로의 중성점에 시설하는 경우 : 공칭단면적 6 $[mm^2]$ 이상의 연동선

② 접지도체에 접속하는 저항기·리액터 등은 고장 시 흐르는 전류를 안전하게 통할 수 있는 것을 사용한다.

③ 접지도체·저항기·리액터 등은 취급자 이외의 사람이 접촉할 우려가 없도록 시설한다

CHAPTER 05 개념 체크 OX

1. 전기저장장치는 침수를 우려해서 방수형으로 시설한다. ☐O ☐X
2. 전기저장장치의 충전부분이 노출되는 경우 안전을 위해 절연체로 보호한다. ☐O ☐X
3. 전기저장장치의 전선은 공칭단면적 2.5 [mm²] 이상의 연동선을 사용한다. ☐O ☐X
4. 20 [kWh]를 초과하는 이차전지를 이용한 전기저장장치는 벽면으로부터 2 [m] 이상 이격시킨다. ☐O ☐X
5. 태양광 설비의 간선의 시설 시 합성수지관 공사는 제외한다. ☐O ☐X
6. 전력변환장치를 옥외에 시설하는 경우 방수등급은 IPX5 이상이어야 한다. ☐O ☐X
7. 모듈을 지지하는 구조물에는 부식에 강한 용융아연을 사용한다. ☐O ☐X
8. 연료전지설비의 구조시험 중 내압시험의 시험조건은 10분간 유지해야 한다. ☐O ☐X

정답 01 (X) 02 (X) 03 (O) 04 (X) 05 (X) 06 (X) 07 (O) 08 (O)

1. 침수의 우려가 없도록 시설
2. 충전부분은 노출이 되지 않게 시설
4. 1 [m] 이상 이격
5. 가능하다.
6. IPX4 이상

MOAG

모아바 www.moa-ba.com
모아소방전기학원 www.moate.co.kr

필기
PART 02

모아 전기기사

최다빈출
N제 플러스

유형 1 | 용어의 정의

난이도 下

01 판단기준 용어에서 "제2차 접근상태"란 가공전선이 다른 시설물과 접근하는 경우에 그 가공전선이 다른 시설물의 위쪽 또는 옆쪽에서 수평거리로 몇 [m] 미만인 곳에 시설되는 상태를 말하는가?

① 2
② 3
③ 4
④ 5

해설 | 용어정리 – 제2차접근상태(112)
가공 전선이 다른 시설물과 접근하는 경우에 그 가공 전선이 다른 시설물의 위쪽 또는 옆쪽에서 수평 거리로 3 [m] 미만인 곳에 시설되는 상태

정답 ②

난이도 下

02 교류회로에서 중성선 겸용 보호도체를 나타내는 것은?

① PE
② PEN
③ PEM
④ PEL

해설 | 용어의 정리(112)
- PE : 보호도체
- PEM : 직류 회로에서 중간선 겸용 보호도체
- PEL : 직류 회로에서 선도체 겸용 보호도체

정답 ②

난이도 下

03 중앙급전 전원과 구분되는 것으로서 전력소비지역 부근에 분산하여 배치 가능한 신·재생에너지 발전설비 등의 전원으로 정의되는 용어는?

① 임시전력원
② 분전반전원
③ 분산형 전원
④ 계통연계전원

해설 | 용어정리 – 분산형 전원(112)
중앙급전 전원과 구분되는 것으로서 전력소비지역 부근에 분산하여 배치 가능한 전원을 말한다. 상용전원의 정전 시에만 사용하는 비상용 예비전원은 제외하며, 신·재생에너지 발전설비, 전기저장장치 등을 포함한다.

정답 ③

난이도 下

04 가공인입선 및 수용장소의 조영물의 옆면 등에 시설하는 전선으로서 그 수용장소의 인입구에 이르는 부분의 전선을 무엇이라고 하는가?

① 인입선
② 옥외배선
③ 옥측배선
④ 배전간선

해설 | 용어정리 – 인입선(112)
가공인입선 및 수용장소의 조영물의 옆면 등에 시설하는 전선으로서 그 수용장소의 인입구에 이르는 부분의 전선을 인입선이라 한다.

정답 ①

난이도 下

05 전력계통의 일부가 전력계통의 전원과 전기적으로 분리된 상태에서 분산형 전원에 의해서만 가압되는 상태를 무엇이라 하는가?

① 계통연계
② 접속설비
③ 단독운전
④ 단순 병렬운전

해설 | 용어정리(112)
전력계통의 일부가 전력계통의 전원과 전기적으로 분리된 상태에서 분산형 전원에 의해서만 운전되는 상태

정답 ③

난이도 下

06 전기철도 차량에 공급된 전력을 변전소로 되돌리기 위한 귀로를 무엇이라 하는가?

① 귀선회로
② 급전선로
③ 전차선로
④ 수전선로

해설 | 전기철도의 용어정리(402)
- 급전선로 : 급전선 및 이를 지지하거나 수용하는 설비
- 전차선로 : 전기철도차량에 전력을 공급하기 위하여 선로를 따라 설치한 시설물로서 전차선, 급전선, 귀선과 그 지지물 및 설비
- 수전선로 : 전철변전소 또는 수전설비 간의 전선로와 이에 부속되는 설비

정답 ①

난이도 中

07 발전소, 변전소, 개폐소 이에 준하는 곳, 전기 사용장소 상호 간의 전선 및 이를 지지하거나 수용하는 시설물을 무엇이라 하는가?

① 급전소
② 송전선로
③ 전선로
④ 개폐소

해설 | 전선로(「전기사업법」 제2조제16호의2)
"전선로"란 발전소·변전소·개폐소 및 이에 준하는 장소와 전기를 사용하는 장소 상호 간의 전선 및 이를 지지하거나 수용하는 시설물을 말한다고 규정하고 있다.

정답 ③

난이도 中

08 "리플프리(Ripple-free)직류"란 교류를 직류로 변환할 때 리플성분의 실효값이 몇 [%] 이하로 포함된 직류를 말하는가?

① 3
② 5
③ 10
④ 15

해설 | 용어정리 - 리플프리직류(112)
교류를 직류로 변환 시 리플성분의 실효값이 10 [%] 이하로 포함된 직류

정답 ③

난이도 上

09 급전선에 대한 설명으로 틀린 것은?

① 급전선은 비절연보호도체, 매설접지도체, 레일 등으로 구성하여 단권변압기 중성점과 공통접지에 접속한다.
② 가공식은 전차선의 높이 이상으로 전차선로 지지물에 병가하며, 나전선의 접속은 직선접속을 원칙으로 한다.
③ 선상승강장, 인도교, 과선교 또는 교량 하부 등에 설치할 때에는 최소 절연이격거리 이상을 확보하여야 한다.
④ 신설 터널 내 급전선을 가공으로 설계할 경우 지지물의 취부는 C찬넬 또는 매입전을 이용하여 고정하여야 한다.

해설 | **전차선로의 급전선로(431.4)**
- 급전선은 나전선을 적용하여 가공식으로 가설
- 나전선의 접속은 직선접속을 원칙으로 한다.
- 가공식은 전차선의 높이 이상으로 전차선로 지지물에 병가
- 신설 터널 내 급전선을 가공으로 설계할 경우 지지물의 취부는 C찬넬 또는 매입전을 이용하여 고정
※ ①의 내용은 귀선로에 해당하는 내용

정답 ①

유형 2 | 절연내력

표에서 정한 시험전압을 전로와 대지 사이에 연속하여 10분간 가하여 시험하였을 때 이에 견뎌야 한다.

(1) 전로

최대전압		시험전압 배율		시험 최저전압 [V]
중성점 비접지식	7 [kV] 이하	1.5배		500
	7 [kV] 초과 60 [kV] 이하	1.25배		10500
	60 [kV] 초과	1.25배		-
중성점 접지식	7 [kV] 이하	1.5배		500
	7 [kV] 초과 25 [kV] 이하	다중접지식	0.92배	-
	25 [kV] 초과 60 [kV] 이하	1.25배		-
	60 [kV] 초과 170 [kV] 이하	접지식	1.1배	75000
		직접접지식	0.72배	-
	170 [kV] 초과	0.64배		-

(2) 회전기 및 정류기

	최대사용전압		시험전압 배율	시험 최저전압 [V]
회전기	발전기 전동기	7 [kV] 이하	1.5배	500
		7 [kV] 초과	1.25배	10500
	회전변류기		1배	500
정류기	60 [kV] 이하		1배	500
	60 [kV] 초과		1.1배	-

(3) 변압기

구분	최대사용전압	시험전압	최저시험전압
비접지식	7 [kV] 이하	1.5배	500 [V]
	7 [kV] 초과	1.25배	10.5 [kV]
중성선 다중접지	7 [kV] 초과 25 [kV] 이하	0.92배	-
중성점 접지식 (성형결선, 스콧결선)	60 [kV] 초과	1.1배	75 [kV]
중성점 직접접지식	60 [kV] 초과 170 [kV] 이하	0.72배	-
	170 [kV] 초과	0.64배	-

난이도 下

01 최대사용전압이 23000 [V]인 중성점 비접지식 전로의 절연내력 시험전압은 몇 [V]인가?

① 16560
② 21160
③ 25300
④ 28750

해설 | 전로의 절연내력 시험전압(132)
$23000 \times 1.25 = 28750 [V]$

정답 ④

난이도 中

02 전로와 대지 간 절연내력시험을 하고자 할 때 전로의 종류와 그에 따른 시험전압의 내용으로 옳은 것은?

① 7,000 [V] 이하 - 2배
② 60,000 [V] 초과 중성점 비접지 - 1.5배
③ 60,000 [V] 초과 중성점 접지 - 1.1배
④ 170,000 [V] 초과 중성점 직접접지 - 0.72배

해설 | 전로의 절연내력 시험전압(132)
① 7,000 [V] 이하 - 1.5배
② 60,000 [V] 초과 중성점 비접지 - 1.25배
④ 170,000 [V] 초과 중성점 직접접지 - 0.64배

정답 ③

난이도 上

03 22.9 [kV] 3상 4선식 다중 접지 방식의 지중 전선로의 절연 내력시험을 직류로 할 경우 시험전압은 몇 [V]인가?

① 16,448
② 21,068
③ 32,796
④ 42,136

해설 | 전로의 절연내력 시험전압(132)
직류는 2배의 값을 가지므로 $22900 \times 0.92 \times 2 = 42136 [V]$

정답 ④

유형 3 | 전선의 높이

(1) 가공인입선(단위 : [m] 이상)

구분	저압인입선([m] 이상)	고압 및 특고압인입선([m] 이상)
철도 궤도 횡단	6.5	6.5
도로 횡단	5	6
기타(인도)	4	5
횡단보도	3	3.5

(2) 저압, 고압 가공전선의 높이(단위 : [m] 이상)

구분	저압가공전선([m] 이상)		고압 가공전선([m] 이상)
철도 또는 궤도	6.5		6.5
도로	6		6
횡단보도	3.5		3.5
	저압절연전선, 케이블	3	
그 외	5		5
	교통에 지장이 없는 경우	4	

(3) 특고압 가공전선의 높이(단위 : [m] 이상)

사용전압의 구분	지표상의 높이([m] 이상)				
	철도횡단	도로횡단	산지	횡단보도	그 외(평지)
35 [kV] 이하	6.5	6	5	4	5
35 [kV] 초과 160 [kV] 이하	6.5	6	5	5	6
160 [kV] 초과	최고 높이 + (초과 10 [kV]마다 0.12)				

난이도 下

01 저압 및 고압 가공전선의 높이에 대한 기준으로 틀린 것은?

① 철도를 횡단하는 경우는 레일면상 6.5 [m] 이상이다.
② 횡단 보도교 위에 시설하는 저압의 경우는 그 노면 상에서 3 [m] 이상이다.
③ 횡단 보도교 위에 시설하는 고압의 경우는 그 노면 상에서 3.5 [m] 이상이다.
④ 다리의 하부 기타 이와 유사한 장소에 시설하는 저압의 전기철도용 급전선은 지표상 3.5 [m]까지로 감할 수 있다.

해설 | 가공전선의 높이(222.7, 332.5)

구분	도로	철도 궤도	횡단보도교 위	이외의 경우
저고압 가공전선	6 [m] 이상	6.5 [m] 이상	3.5 [m] 이상	5 [m] 이상

정답 ②

난이도 中

02 인입용 비닐절연전선을 사용한 저압 가공전선을 횡단보도교 위에 시설하는 경우 노면상의 높이는 몇 [m] 이상으로 하여야 하는가?

① 3
② 3.5
③ 4
④ 4.5

해설 | 저압 가공전선의 높이(222.7)

철도 궤도	6.5 [m] 이상	
도로	6 [m] 이상	
횡단보도요 위	3.5 [m] 이상	
	저압절연전선, 케이블	3 [m] 이상
그 외	5 [m] 이상	
	교통에 지장이 없는 경우	4 [m] 이상

정답 ①

난이도 上

03 345 [kV] 송전선을 사람이 쉽게 들어가지 않는 산지에 시설할 때 전선의 지표상 높이는 몇 [m] 이상으로 하여야 하는가?

① 7.28
② 7.56
③ 8.28
④ 8.56

해설 | 특고압 가공전선의 높이(333.7)

사용전압의 구분	지표상의 높이(m 이상)				
	철도횡단	도로횡단	산지	횡단보도	그 외 평지
35 [kV] 이하	6.5	6	5	4	5
35 [kV] 초과 160 [kV] 이하	6.5	6	5	5	6
160 [kV] 초과	최고 높이 + (초과 10 [kV]마다 0.12 [m])				

$\dfrac{345-160}{10} = 18.5 = 19$단

• $5 + 0.12 \times 19 = 7.28 \, [m]$

정답 ①

유형 4 | 지지물의 경간

(1) 고압 가공전선로 경간의 제한

지지물의 종류	표준 경간	전선단면적 22 [mm²] 이상인 경우
목주, A종주	150 [m] 이하	300 [m] 이하
B종주	250 [m] 이하	500 [m] 이하
철탑	600 [m] 이하	

(2) 시가지 특고압 가공전선로의 경간 제한

지지물의 종류		표준 경간
A종 철주, A종 철근 콘크리트주		75 [m] 이하
B종 철주, B종 철근 콘크리트주		150 [m] 이하
철탑	단주가 아닌 경우	400 [m] 이하
	단주인 경우	300 [m] 이하
	전선상호 간의 거리가 4 [m] 미만	250 [m] 이하

(3) 특고압 가공전선로의 경간 제한

지지물		경간	단면적 50 [mm²] 이상인 경우
목주, A종 철주 및 철근콘크리트주		150 [m] 이하	300 [m] 이하
B종 철주 및 철근콘크리트주		250 [m] 이하	500 [m] 이하
철탑	단주 아닌 경우	600 [m] 이하	제한 없음
	단주인 경우	400 [m] 이하	

(4) 보안공사의 경간의 제한
　① 제1종, 제2종 특고압 보안공사

지지물	저압, 고압	제1종 특고압	제2종 특고압
목주, A종 철주 및 철근콘크리트주	100 [m] 이하	시설불가	100 [m] 이하
B종 철주 및 철근콘크리트주	150 [m] 이하	150 [m] 이하	200 [m] 이하
철탑	400 [m] 이하	400 [m] 이하	400 [m] 이하
철탑(단주)		300 [m] 이하	300 [m] 이하

　② 제3종 특고압 보안공사

지지물	제3종 특고압 보안공사	
목주, A종 철주 및 철근콘크리트주	100 [m]	
	단면적이 38 [mm²] 이상인 경동연선을 사용하는 경우	150 [m]
B종 철주 및 철근콘크리트주	200 [m]	
	단면적이 55 [mm²] 이상인 경동연선을 사용하는 경우	250 [m]
철 탑	400 [m]	
	단면적이 55 [mm²] 이상인 경동연선을 사용하는 경우	600 [m]

난이도 下

01 고압 보안공사를 할 때 지지물로 철탑을 사용하면 그 경간은 몇 [m] 이하인가?

① 200　　　　　　　　② 600
③ 300　　　　　　　　④ 400

해설 | 고압 보안공사(332.10)

지지물의 종류	표준 경간
목주, A종주	100 [m] 이하
B종주	150 [m] 이하
철탑	400 [m] 이하

정답 ④

난이도 中

02 전선의 단면적이 55 [mm²]인 경동연선을 사용하고 지지물로 철탑을 사용하는 경우 제 3종 특고압 보안공사에 의하여 시설하는 철탑 경간의 한도는 몇 [m]인가?

① 300
② 400
③ 500
④ 600

해설 | 특고압 보안공사(333.22)
- 제3종 특고압 보안공사 시 경간 제한

지지물	경간
목주, A종	100 [m]
	단면적이 38 [mm²] 이상인 경동연선을 사용하는 경우 150 [m]
B종	200 [m]
	단면적이 55 [mm²] 이상인 경동연선을 사용하는 경우 250 [m]
철탑	400 [m]
	단면적이 55 [mm²] 이상인 경동연선을 사용하는 경우 600 [m]

정답 ④

난이도 上

03 시가지에 시설하는 사용전압 170 [kV] 이하인 특고압 가공전선로의 지지물이 철탑이고 전선이 수평으로 2 이상 있는 경우에 전선 상호 간의 간격이 4 [m] 미만인 때에는 특고압 가공전선로의 경간은 몇 [m] 이하이어야 하는가?

① 100
② 150
③ 200
④ 250

해설 | 시가지 등에서 170 [kV] 이하 특고압 가공전선로의 경간 제한(333.1)

지지물의 종류		표준 경간
A종 철주, A종 철근 콘크리트주		75 [m] 이하
B종 철주, B종 철근 콘크리트주		150 [m] 이하
철탑	단주가 아닌 경우	400 [m] 이하
	단주인 경우	300 [m] 이하
	전선상호 간의 거리가 4 [m] 미만	250 [m] 이하

정답 ④

유형 5 | 이격거리

(1) 애자사용 공사

시설 장소	전선 상호 간의 간격		전선과 조영재 사이의 거리	
	400 [V] 이하	400 [V] 초과	400 [V] 이하	400 [V] 초과
비에 젖지 않는 곳	6 [cm]	6 [cm]	2.5 [cm]	2.5 [cm]
비에 젖는 곳	6 [cm]	12 [cm]	2.5 [cm]	4.5 [cm]

(2) 저압 옥상전선로의 절연전선과 조영재 : 2 [m]

(3) 가공전선과 조영물의 구분에 따른 이격거리(332.11 222.18)

시설물의 구분			이격거리
조영물의 상부 조영재	위쪽	옥외용 절연전선	2 [m]
		저압 절연전선	1 [m]
		고압, 특고압 또는 케이블	0.5 [m]
	옆쪽 또는 아래쪽	옥외용 절연전선	0.3 [m]
		고압, 특고압 또는 케이블	0.15 [m]
상부 조영재 이외의 부분 또는 조영물 이외의 시설물		옥외용 절연전선	0.3 [m]
		고압, 특고압 또는 케이블	0.15 [m]

(4) 저압가공전선과 도로 등의 이격거리(222.12)

도로 등의 구분	이격거리(이상)	
도로, 횡단보도, 철도, 궤도	3 [m]	
삭도, 저압 전차선	0.6 [m]	
	고압, 특고압 절연전선, 케이블인 경우	0.3 [m]
저압 전차선의 지지물	0.3 [m]	

(5) 발전소 등의 울타리·담 등의 시설 시 충전부분까지의 이격거리(351.1)

사용전압의 구분	울타리, 담 등의 높이와 울타리, 담 등으로부터 충전부분까지의 거리 합계
35 [kV] 이하	5 [m] 이상
35 [kV] 초과 160 [kV] 이하	6 [m] 이상
160 [kV] 초과	6 [m] + (초과 10 [kV]마다 0.12 [m])

(6) 가공전선과 첨가 통신선과의 이격거리(362.2)

가공전선	일반	케이블	기타
저압	0.6 [m]	0.3 [m]	
고압	0.6 [m]	0.3 [m]	
특고압	1.2 [m]	0.3 [m]	다중접지 중성선 0.6 [m] 25 [kV] 이하 0.75 [m]

(7) 가공전선 등의 병행설치(332.8)

① 저압과 고압 가공전선 사이의 이격거리 : 0.5 [m] 이상
② 고압가공전선이 케이블인 경우 이격거리 : 0.3 [m] 이상

(8) 특고압가공전선과 지지물 등의 이격거리(333.5)

사용전압	이격거리(이상)
15 [kV] 미만	0.15 [m]
15 [kV] 이상 25 [kV] 미만	0.2 [m]
25 [kV] 이상 35 [kV] 미만	0.25 [m]
35 [kV] 이상 50 [kV] 미만	0.3 [m]
50 [kV] 이상 60 [kV] 미만	0.35 [m]
60 [kV] 이상 70 [kV] 미만	0.4 [m]
70 [kV] 이상 80 [kV] 미만	0.45 [m]
80 [kV] 이상 130 [kV] 미만	0.65 [m]
130 [kV] 이상 160 [kV] 미만	0.9 [m]
160 [kV] 이상 200 [kV] 미만	1.1 [m]
200 [kV] 이상 230 [kV] 미만	1.3 [m]
230 [kV] 이상	1.6 [m]

(9) 전차선로의 충전부와 건조물 간의 최소절연이격(431.2)

시스템 종류	공칭전압 [V]	동적 [mm]		정적 [mm]	
		비오염	오염	비오염	오염
직류	750	25	25	25	25
	1500	100	110	150	160
단상교류	25000	170	220	270	320

⑽ 15 [kV] 초과 25 [kV] 이하 특고압 가공전선로 상호 간 이격거리(333.32)

전선의 종류	이격거리
나전선	1.5 [m] 이상
특고압 절연전선	1.0 [m] 이상
케이블	0.5 [m] 이상

⑾ 특고압 가공전선 상호 간의 접근 또는 교차

사용전압의 구분	이격거리	
35 [kV] 이하	케이블 상호 간	0.5 [m] 이상
	절연전선 상호 간	1 [m] 이상
35 [kV] 초과 60 [kV] 이하	2 [m] 이상	
60 [kV] 초과	2 [m] + (초과 10 [kV]마다 0.12 [m])	

난이도 下

01 사용전압이 220 [V]인 경우 애자사용 공사에서 전선과 조영재 사이의 이격거리는 몇 [cm] 이상이어야 하는가?

① 2.5　　　　　　　　② 4.5
③ 6.0　　　　　　　　④ 8.0

해설 | 애자공사 시설조건(232.56.1)

구분	400 [V] 이하	400 [V] 초과
전선 상호 간 거리	6 [cm] 이상	6 [cm] 이상
전선과 조영재의 거리	2.5 [cm] 이상	4.5 [m] 이상 (건조한 곳은 2.5 [cm] 이상)

정답 ①

난이도 中

02 저압 가공전선이 안테나와 접근상태로 시설될 때 상호 간의 이격거리는 몇 [cm] 이상이어야 하는가? (단, 전선이 고압 절연전선, 특고압 절연전선 또는 케이블이 아닌 경우이다.)

① 60
② 80
③ 100
④ 120

해설 | 저압가공전선과 다른 시설물의 접근 또는 교차(222.18)

시설물		이격거리(이상)	
조영물의 상부 조영재	위쪽	2 [m]	
		고압, 특고압 절연전선 또는 케이블인 경우	1 [m]
	옆쪽 또는 아래쪽	0.6 [m]	
		고압, 특고압 절연전선 또는 케이블인 경우	0.3 [m]
상부 조영재 이외의 부분 또는 조영물 이외의 시설물		0.6 [m]	
		고압, 특고압 절연전선 또는 케이블인 경우	0.3 [m]

정답 ①

난이도 上

03 345 [kV] 가공전선과 154 [kV] 가공전선과의 이격거리는 최소 몇 [m] 이상이어야 하는가?

① 4.4
② 5
③ 5.48
④ 6

해설 | 특고압 가공전선 상호 간의 접근 또는 교차(333.27)

사용전압	이격거리	
35 [kV] 이하	케이블 상호 간	0.5 [m] 이상
	절연전선 상호 간	1 [m] 이상
35 [kV] 초과 60 [kV] 이하	2 [m] 이상	
60 [kV] 초과	2 [m] + (초과 10 [kV]마다 0.12 [m])	

$\frac{345-60}{10} = 28.5$ (29단)   • $29 \times 0.12 + 2 = 5.48 \,[m]$

정답 ③

유형 6 | 안전율

(1) 지지물의 기초에 대한 안전율

안전율	내용
1.33	이상 시 상정하중
1.5	안테나, 케이블트레이
2.0	지지물의 기초
2.2	경동선, 내열동합금선
2.5	지선, ACSR, 기타전선

(2) 가공전선로의 풍압하중에 대한 안전율

저압	고압	특고압
1.2 이상	1.3 이상	1.5 이상

(3) 보안공사의 풍압하중에 대한 안전율

저압	고압	특고압
1.5 이상	1.5 이상	2.0 이상

(4) 전차선로 설비의 안전율

안전율	설비종류
1.0 이상	빔, 브래킷, 철주, 강봉형 지선
2.0 이상	합금전차선, 지지물의 기초, 장력조정장치
2.2 이상	경동선
2.5 이상	조가선, 복합체 자재, 브래킷의 애자, 선형 지선

난이도 下

01 가공전선로의 지지물에 하중이 가하여지는 경우에 그 하중을 받는 지지물의 기초 안전율은 특별한 경우를 제외하고 최소 얼마 이상인가?

① 1.5 ② 2
③ 2.5 ④ 3

해설 | 가공전선로 지지물의 기초의 안전율(331.7)

안전율	내용
1.33	이상 시 상정하중
1.5	안테나, 케이블트레이
2.0	지지물의 기초
2.2	경동선, 내열동합금선
2.5	지선, ACSR, 기타전선

정답 ②

난이도 中

02 제2종 특고압 보안공사에서 지지물로 사용하는 목주의 풍압하중에 대한 안전율은 얼마 이상이어야 하는가?

① 1.2 ② 1.5
③ 2.0 ④ 2.5

해설 | 특고압 보안공사 시 목주의 안전율(333.22)

저압	고압	특고압
1.5 이상	1.5 이상	2.0 이상

정답 ③

난이도 上

03 가공 전선로의 지지물에 지선을 시설하려고 한다. 이 지선의 기준으로 옳은 것은?

① 소선지름 : 2.0 [mm], 안전율 : 2.5, 허용 인장하중 2.11 [kN]
② 소선지름 : 2.6 [mm], 안전율 : 2.5, 허용 인장하중 4.31 [kN]
③ 소선지름 : 1.6 [mm], 안전율 : 2.0, 허용 인장하중 4.31 [kN]
④ 소선지름 : 2.6 [mm], 안전율 : 1.5, 허용 인장하중 3.21 [kN]

해설 | 지선의 시설(331.11)
- 지선의 안전율 : 2.5
- 인장하중 : 4.31 [kN] 이상
- 지선의 소선 : 3가닥 이상의 연선이며 지름이 2.6 [mm] 이상의 금속선
- 지선로드 : 내식성을 가진 아연도금철봉으로 지표상 30 [cm] 이상
- 지선높이 : 도로 5 [m], 보도 2.5 [m]
- 철탑은 지선사용 금지

정답 ②

유형 7 | 전선의 굵기

(1) 가공전선의 굵기

구분			굵기
저압	400 [V] 이하		지름 3.2 [mm] 이상의 경동선
		절연전선	지름 2.6 [mm] 이상의 경동선
	400 [V] 초과	시내	지름 5 [mm] 이상의 경동선
		시외	지름 4 [mm] 이상의 경동선
고압			지름 5 [mm] 이상의 경동선
특고압			단면적 22 [mm^2] 이상의 경동연선
	시가지	100 [kV] 미만	단면적 55 [mm^2] 이상의 경동연선
		100 [kV] 이상	단면적 150 [mm^2] 이상의 경동연선

(2) 보안공사 시 전선의 굵기

사용전압의 구분		인장강도	단면적
400 [V] 이하		5.26 [kN] 이상	지름 4 [mm] 이상
400 [V] 초과, 고압		8.01 [kN] 이상	지름 5 [mm] 이상
특고압	100 [kV] 미만	21.67 [kN] 이상	단면적 55 [mm^2] 이상
	100 [kV] 이상 300 [kV] 미만	58.84 [kN] 이상	단면적 150 [mm^2] 이상
	300 [kV] 이상	77.47 [kN] 이상	단면적 200 [mm^2] 이상

난이도 下

01 사용전압이 400 [V] 미만인 저압 가공전선은 케이블인 경우를 제외하고는 지름이 몇 [mm] 이상이어야 하는가? (단, 절연전선은 제외한다.)

① 3.2 ② 3.6
③ 4.0 ④ 5.0

해설 | 저압 가공전선의 굵기 및 종류(222.5)

400 [V] 이하	케이블 제외		인장강도 3.42 [kN] 이상 지름 3.2 [mm] 이상
	절연전선		인장강도 2.30 [kN] 이상 지름 2.6 [mm] 이상
400 [V] 초과	케이블 제외 (DV전선 사용 불가)	시가지	인장강도 8.01 [kN] 이상 지름 5 [mm] 이상
		시가지 외	인장강도 5.26 [kN] 이상 지름 4 [mm] 이상

정답 ①

난이도 中

02 154 [kV] 가공 송전선로를 제1종 특고압 보안공사로 할 때 사용되는 경동연선의 굵기는 몇 [mm²] 이상인가?

① 100 ② 150
③ 200 ④ 250

해설 | 특고압 보안공사(333.22)
제1종 특고압 보안공사 시 전선의 단면적

사용전압	인장강도	단면적
100 [kV] 미만	21.67 [kN] 이상	55 [mm²] 이상
100 [kV] 이상 300 [kV] 미만	58.84 [kN] 이상	150 [mm²] 이상
300 [kV] 이상	77.47 [kN] 이상	200 [mm²] 이상

정답 ②

난이도 上

03 시가지에 사용전압이 35 [kV]인 특고압 가공전선을 시설하는 경우 단면적이 몇 [mm²] 이상의 경동연선을 사용해야 하는가?

① 14
② 22
③ 55
④ 150

해설 | 특고압 가공전선의 굵기 및 종류(333.4)

구분			굵기
특고압			단면적 22 [mm²] 이상의 경동연선
	시가지	100 [kV] 미만	단면적 55 [mm²] 이상의 경동연선
		100 [kV] 이상	단면적 150 [mm²] 이상의 경동연선

정답 ③

유형 8 | 지지점 간의 거리

(1) 애자사용 배선 : 2 [m]

(2) 합성수지몰드 배선 : 0.5 [m]

(3) 금속몰드 배선 : 1.5 [m]

(4) 합성수지관 배선 : 1.5 [m]

(5) 금속관 배선 : 2 [m]

(6) 가요전선관 배선 : 1 [m]

(7) 케이블 배선 : 2 [m]

(8) 캡타이어 케이블 배선 : 1 [m]

(9) 금속덕트 배선 : 3 [m]

(10) 버스덕트 배선 : 3 [m]

(11) 라이팅덕트 배선 : 2 [m]

난이도 下

01 애자공사에 의한 저압 옥측전선로는 사람이 쉽게 접촉될 우려가 없도록 시설하고, 전선의 지지점 간의 거리는 몇 [m] 이하이어야 하는가?

① 1　　　　　　　② 1.5
③ 2　　　　　　　④ 3

해설 | 옥측전선로의 애자공사(221.2)
전선의 지지점 간의 거리 : 2 [m] 이하

시설 장소	전선 상호 간의 간격		전선과 조영재 사이의 거리	
	400 [V] 이하	400 [V] 초과	400 [V] 이하	400 [V] 초과
비에 젖지 않는 곳	6 [cm]	6 [cm]	2.5 [cm]	2.5 [cm]
비에 젖는 곳	6 [cm]	12 [cm]	2.5 [cm]	4.5 [cm]

정답 ③

난이도 中

02 라이팅 덕트 공사에 의한 저압 옥내배선에서 덕트의 지지점 간의 거리는 몇 [m] 이하인가?

① 2
② 3
③ 4
④ 5

해설 | 라이팅덕트공사(232.71)
- 조명 기구나 소형 전기기기 등의 위치를 자주 바꾸는 곳에서 사용된다.
- 지지점 간의 거리 : 2 [m]
- 건조하고 노출된 장소 또는 점검할 수 있는 은폐 장소에 시설한다.
- 덕트의 끝부분은 막는다.
- 덕트는 조영재를 관통하여 시설하지 않는다.
- 금속재를 피복한 덕트를 사용하는 경우 접지공사 실시한다.

정답 ①

난이도 上

03 옥내의 네온방전등 공사에서 관등회로의 배선을 애자사용 공사에 의하여 시설할 때 그 기술기준으로 틀린 것은? (답 2개)

① 전선은 네온 전선일 것
② 전선의 지지점 간의 거리는 1.5 [m] 이하일 것
③ 전선 상호 간의 간격은 6 [cm] 이상일 것
④ 전선과 조영재 사이의 이격거리는 점검할 수 있는 은폐장소에서 6 [cm] 이상일 것

해설 | 네온방전등 관등회로 (234.12)
- 배선은 애자공사로 시설
- 전선은 네온관용 전선을 사용
- 전선 상호 간의 이격거리 : 6 [cm] 이상
- 전선의 지지점 간의 거리 : 1 [m] 이하
- 전선과 조영재 이격거리

전압 구분	이격거리(이상)
6 [kV] 이하	20 [mm]
6 [kV] 초과 9 [kV] 이하	30 [mm]
9 [kV] 초과	40 [mm]

정답 ②, ④

필기 PART 03

모아 전기기사

과년도 기출문제

※ KEC 개정 및 출제기준 변경에 따라 문항이 삭제되어, 일부 회차의 문항 수가 20문항이 되지 않습니다.

전기설비기술기준 및 판단기준 — 2024년 1회

01 반드시 차단기나 리클로져와 같이 설치해야 기능이 발휘되는 장치는?

① 섹셔널라이저
② 선로용 퓨즈
③ 과전류 계전기
④ 자동 고장 구간 개폐기

해설 | 개폐장치 - 섹셔널라이저
부하의 분기점에 설치하여 선로 고장 시 고장 구간을 신속하게 개방하는 자동구간 개폐장치로 사고전류를 직접 차단할 수 없으므로 반드시 차단기나 리클로져를 설치해야 기능을 발휘할 수 있다.

02 고압 수상전선로의 전선을 가공전선로의 전선과 접속할 때, 전선의 접속점이 수상에 있는 경우 수면상 높이(m)는?

① 3   ② 4
③ 5   ④ 6

해설 | 수상전선로의 시설(335.3)
가공전선과 접속점의 높이(수상인 경우)
• 저압인 경우에는 수면상 4 [m] 이상
• 고압인 경우에는 수면상 5 [m] 이상
※ 육상인 경우 지표상 5 [m] 이상

03 애자사용 공사에 의한 저압 옥내배선 시설 중 옳은 것은?

① 전선은 인입용 비닐 절연전선일 것
② 전선 상호 간의 간격은 5 [cm] 이상일 것
③ 전선의 지지점 간의 거리는 전선을 조영재의 윗면에 따라 붙일 경우에는 1 [m] 이하일 것
④ 전선과 조영재 사이의 이격거리는 사용 전압이 400 [V] 이하인 경우에는 2.5 [cm] 이상일 것

해설 | 저압옥내배선의 애자공사(232.56)
• 전선은 다음의 경우 이외에는 절연전선(옥외용 비닐절연전선 및 인입용 비닐절연전선을 제외)일 것
• 전선 상호 간의 간격은 0.06 [m] 이상일 것
• 전선의 지지점 간의 거리는 전선을 조영재의 윗면 또는 옆면에 따라 붙일 경우에는 2 [m] 이하일 것

구분	400 [V] 이하	400 [V] 초과
전선 상호 간 거리	6 [cm] 이상	6 [cm] 이상
전선과 조영재의 거리	2.5 [cm] 이상	4.5 [m] 이상 (건조한 곳은 2.5 [cm] 이상)

정답 01 ① 02 ③ 03 ④

04 사용전압이 22.9 [kV]인 특고압 가공전선이 도로를 횡단하는 경우, 지표상 높이는 최소 몇 [m] 이상인가?

① 4.5
② 5
③ 5.5
④ 6

해설 | 특고압 가공전선의 높이(333.7)

사용전압의 구분	지표상의 높이(m 이상)				
	철도 횡단	도로 횡단	산지	횡단 보도	그 외 평지
35 [kV] 이하	6.5	6	5	4	5
35 [kV] 초과 160 [kV] 이하	6.5	6	5	5	6
160 [kV] 초과	최고 높이 + (초과 10 [kV]마다 0.12 [m])				

05 도로를 횡단하는 경우 지선의 시설 높이는 지표면 몇 [m] 이상 이어야 하는가?

① 4
② 5
③ 6
④ 6.5

해설 | 지선의 시설(331.11)
- 지선의 안전율 : 2.5
- 인장하중 : 4.31 [kN] 이상
- 지선의 소선 : 3가닥 이상의 연선이며 지름이 2.6 [mm] 이상의 금속선
- 지선로드 : 내식성을 가진 아연도금철봉으로 지표상 30 [cm] 이상
- 지선높이 : 도로 5 [m], 보도 2.5 [m]
- 철탑은 지선사용 금지

06 주택용 B형 배선차단기의 순시 트립의 범위는?

① $3I_a$ 초과 ~ $5I_n$ 이하
② $5I_n$ 초과 ~ $10I_n$ 이하
③ $10I_n$ 초과 ~ $20I_n$ 이하
④ $20I_n$ 초과 ~ $30I_n$ 이하

해설 | 주택용 차단기의 순시 트립 범위 (212.2)

형	순시트립 범위
B	$3I_n$ 초과 ~ $5I_n$ 이하
C	$5I_n$ 초과 ~ $10I_n$ 이하
D	$10I_n$ 초과 ~ $20I_n$ 이하

※ B,C,D : 순시트립전류에 따른 차단기 분류
I_n : 차단기 정격전류

07 라이팅 덕트 공사에 의한 저압 옥내배선에서 덕트의 지지점 간의 거리는 몇 [m] 이하인가?

① 2
② 3
③ 4
④ 5

해설 | 라이팅덕트 공사(232.71)
- 조명 기구나 소형 전기기기 등의 위치를 자주 바꾸는 곳에서 사용된다.
- 지지점 간의 거리 : 2 [m]
- 건조하고 노출된 장소 또는 점검할 수 있는 은폐 장소에 시설한다.
- 덕트의 끝부분은 막는다.
- 덕트는 조영재를 관통하여 시설하지 않는다.
- 금속재를 피복한 덕트를 사용하는 경우 접지공사 실시한다.

정답 04 ④ 05 ② 06 ① 07 ①

08 시가지에 사용전압이 35 [kV]인 특고압 가공전선을 시설하는 경우 단면적이 몇 [mm²] 이상의 경동연선을 사용해야 하는가?

① 14 ② 22
③ 55 ④ 150

해설 | 특고압 가공전선의 굵기 및 종류(333.4)

구분			굵기
저압	400 [V] 이하		지름 3.2 [mm] 이상의 경동선
		절연전선	지름 2.6 [mm] 이상의 경동선
	400 [V] 초과	시내	지름 5 [mm] 이상의 경동선
		시외	지름 4 [mm] 이상의 경동선
고압			지름 5 [mm] 이상의 경동선
특고압	시가지		단면적 22 [mm²] 이상의 경동연선
		100 [kV] 미만	단면적 55 [mm²] 이상의 경동연선
		100 [kV] 이상	단면적 150 [mm²] 이상의 경동연선

09 가공전선로의 지지물 중 지선을 사용하여 그 강도를 분담 시켜서는 안 되는 것은?

① 철탑 ② 목주
③ 철주 ④ 철근콘크리트주

해설 | 지선의 시설(331.11)
• 지선의 안전율 : 2.5
• 인장하중 : 4.31 [kN] 이상
• 지선의 소선 : 3가닥 이상의 연선이며 지름이 2.6 [mm] 이상의 금속선
• 지선로드 : 내식성을 가진 아연도금철봉으로 지표상 30 [cm] 이상
• 지선높이 : 도로 5 [m], 보도 2.5 [m]
• 철탑은 지선사용 금지

10 가공전선로의 지지물에 시설하는 지선의 시설기준으로 틀린 것은?

① 지선의 안전율을 2.5 이상으로 할 것
② 소선은 최소 5가닥 이상의 강심 알루미늄연선을 사용할 것
③ 도로를 횡단하여 시설하는 지선의 높이는 지표상 5 [m] 이상으로 할 것
④ 지중부분 및 지표상 30 [cm]까지의 부분에는 내식성이 있는 것을 사용할 것

해설 | 지선의 시설(331.11)
• 지선의 안전율 : 2.5
• 인장하중 : 4.31 [kN] 이상
• 지선의 소선 : 3가닥 이상의 연선이며 지름이 2.6 [mm] 이상의 금속선
• 지선로드 : 내식성을 가진 아연도금철봉으로 지표상 30 [cm] 이상
• 지선높이 : 도로 5 [m], 보도 2.5 [m]
• 철탑은 지선사용 금지

정답 08 ③ 09 ① 10 ②

11 전기자동차의 충전장치를 옥외에 시설 시 충전 케이블의 설치 높이는 몇 [m] 이상이어야 하는가?

① 0.6
② 0.8
③ 1.0
④ 1.2

해설 | 전기자동차 전원설비(241.17)
충전 케이블의 설치 높이

구분	옥내	옥외
케이블 거치대 또는 수납공간	0.45 [m] 이상	0.6 [m] 이상
충전케이블의 인출부	0.45 [m] 이상 1.2 [m]이내	0.6 [m] 이상

12 전기욕기에 전기를 공급하는 전원장치는 전기욕기용으로 내장되어 있는 2차 측 전로의 사용전압을 몇 [V] 이하로 한정하고 있는가?

① 6
② 10
③ 12
④ 15

해설 | 전기욕기(241.2)
- 전원장치에 내장되는 전원 변압기의 2차 측 전로의 사용전압 : 10 [V] 이하
- 변압기의 2차 측 배선 : 단면적 2.5 [mm^2] 이상의 연동선, 케이블, 단면적 1.5 [mm^2] 이상의 캡타이어케이블
- 욕기 내의 전극 간의 거리 : 1 [m] 이상

13 고압 보안공사를 할 때 지지물로 철탑을 사용하면 그 경간은 몇 [m] 이하인가?

① 200
② 600
③ 300
④ 400

해설 | 고압 보안공사(332.10)

지지물의 종류	표준 경간
목주, A종주	100 [m] 이하
B종주	150 [m] 이하
철탑	400 [m] 이하

14 급경사지에 시설하는 전선로의 시설에 대한 설명으로 틀린 것은?

① 전선의 지지점 간 거리는 15 [m] 이하로 한다.
② 전선에 사람이 접촉할 우려가 있는 곳에 시설하는 경우에는 적당한 방호장치를 시설한다.
③ 저압과 고압 전선로를 같은 벼랑에 시설하는 경우에는 저압 전선로를 고압 전선로 위에 시설한다.
④ 전선은 케이블인 경우 이외에는 벼랑에 견고하게 붙인 금속제 완금류에 절연성·난연성 및 내수성의 애자로 지지한다.

해설 | 급경사지에 시설하는 전선로의 시설 (335.8)
- 전선의 지지점 간의 거리 : 15 [m] 이하
- 고압 전선로는 저압 전선로의 위로 시설하고 이격거리는 0.5 [m] 이상

정답 11 ① 12 ② 13 ④ 14 ③

15 내부에 고장이 생긴 경우에 자동적으로 이를 선로로부터 차단하는 장치를 설치하여야 하는 조상기 뱅크용량은 몇 [kVA] 이상인가?

① 15000
② 3000
③ 5000
④ 10000

해설 | 조상설비의 보호장치(351.5)

설비종별	뱅크용량의 구분	자동적으로 전로로부터 차단하는 장치
전력용 커패시터 분로 리액터	500 [kVA] 초과 15000 [kVA] 미만	내부 고장, 과전류가 생긴 경우 동작하는 장치
	15000 [kVA] 이상	내부 고장, 과전류 과전압이 생긴 경우 동작하는 장치
조상기	15000 [kVA] 이상	내부 고장이 생긴 경우에 동작하는 장치

16 전기철도 차량에 사용할 전기를 변전소로부터 전차선에 공급하는 전선은?

① 조가선
② 합성전차선
③ 전차선
④ 급전선

해설 | 전기철도의 용어(402)
• 조가선 : 전차선이 레일면상 일정한 높이를 유지하도록 행어이어, 드로퍼 등을 이용하여 전차선 상부에서 조가하여 주는 전선
• 전차선 : 전기철도차량의 집전장치와 접촉하여 전력을 공급하기 위한 전선
• 합성전차선 : 전기철도차량에 전력을 공급하기위하여 설치하는 전차선, 조가선(강체포함), 행어이어, 드로퍼 등으로 구성된 가공전선

17 다음의 ⓐ, ⓑ에 들어갈 내용으로 옳은 것은?

> 과전류차단기로 시설하는 퓨즈 중 고압전로에 사용하는 비포장퓨즈는 정격전류의 (ⓐ)배의 전류에 견디고 또한 2배의 전류로 (ⓑ)분 안에 용단되는 것이어야 한다.

① ⓐ 1.1, ⓑ 1
② ⓐ 1.2, ⓑ 1
③ ⓐ 1.25, ⓑ 2
④ ⓐ 1.3, ⓑ 2

정답 15 ① 16 ④ 17 ③

해설 | 고압 및 특고압 전로 중의 과전류차단기의 시설(341.10)

종류	정격전류	용단 시간
포장 퓨즈	1.3배의 전류에 견딤	120분
비포장 퓨즈	1.25배의 전류에 견딤	2분

18 발전소 등의 울타리 담 등을 시설할 때 사용전압이 154 [kV]인 경우 울타리 담 등의 높이와 울타리 담 등으로부터 충전부분까지의 거리의 합계는 몇 [m] 이상이어야 하는가?

① 5　　　　② 6
③ 8　　　　④ 10

해설 | 발전소 등의 울타리·담 등의 시설 시 충전부분까지의 이격거리(351.1)

사용전압	울타리 담 등의 높이와 울타리 담 등으로부터 충전부분까지의 거리의 합계
35 [kV] 이하	5 [m] 이상
35 [kV] 초과 160 [kV] 이하	6 [m] 이상
160 [kV] 초과	6 [m] + (초과 10 [kV]마다 0.12 [m])

19 보호도체의 전선 색으로 알맞은 것은?

① 흑색　　　　② 청색
③ 회색　　　　④ 녹/황색

해설 | 전선의 식별(121.2)

상	L1	L2	L3	N	PE
색상	갈색	흑색	회색	청색	녹색 - 노란색

20 태양전지의 모듈을 지지하는 구조물의 재질로 어울리지 않는 것은?

① 용융아연　　　　② 스테인리스 스틸
③ 강철　　　　　　④ 알루미늄 합금

해설 | 모듈을 지지하는 구조물의 재질 (522.2.3)
- 용융아연
- 스테인리스 스틸
- 알루미늄 합금

2024년 2회 전기설비기술기준 및 판단기준

01 옥내에 시설하는 저압전선에 나전선을 사용할 수 있는 경우는?

① 버스덕트 공사에 의해 시설하는 경우
② 금속덕트 공사에 의해 시설하는 경우
③ 합성수지관 공사에 의해 시설하는 경우
④ 후강전선관 공사에 의해 시설하는 경우

해설 | 나전선의 사용 가능한 경우(231.4)
- 전개된 곳의 애자공사
  - 전기로용 전선
  - 전선의 피복 절연물이 부식하는 장소에 시설하는 전선
  - 취급자 이외의 자가 출입할 수 없도록 설비한 장소에 시설하는 전선
- 버스덕트 공사 라이팅덕트 공사
- 접촉 전선을 시설하는 경우

02 철도 또는 궤도를 횡단하는 저고압 가공전선의 높이는 레일면상 몇 [m] 이상인가?

① 5.5　　② 6.5
③ 7.5　　④ 8.5

해설 | 가공전선의 높이(222.7, 332.5)

구분	도로	철도 궤도	횡단 보도교 위	이외의 경우
저·고압	6 [m] 이상	6.5 [m] 이상	3.5 [m] 이상	5 [m] 이상

03 전기 울타리의 시설에 관한 규정 중 틀린 것은?

① 전선과 수목 사이의 이격거리는 50 [cm] 이상이어야 한다.
② 전기 울타리는 사람이 쉽게 출입하지 아니하는 곳에 시설하여야 한다.
③ 전선은 인장강도 1.38 [kN] 이상의 것 또는 지름 2 [mm] 이상의 경동선이어야 한다.
④ 전기 울타리용 전원 장치에 전기를 공급하는 전로의 사용전압은 250 [V] 이하이어야 한다.

해설 | 전기울타리(241.1)
- 사용전압 : 250 [V] 이하
- 전기울타리는 사람이 쉽게 출입하지 아니하는 곳에 시설할 것
- 전선은 인장강도 1.38 [kN] 이상의 것 또는 지름 2 [mm] 이상의 경동선일 것
- 전선과 이를 지지하는 기둥 사이의 이격거리는 25 [mm] 이상일 것
- 전선과 다른 시설물(가공 전선을 제외) 또는 수목과의 이격거리는 0.3 [m] 이상일 것

정답　01 ①　02 ②　03 ①

04
사용전압이 22.9 [kV]인 특고압 가공전선이 건조물 등과 접근상태로 시설되는 경우 지지물로 A종 철근 콘크리트주를 사용하면 그 경간은 몇 [m] 이하이어야 하는가? (단, 중성선 다중접지 방식의 것으로서 전로에 지락이 생겼을 때에 2초 이내에 자동적으로 이를 전로로부터 차단하는 장치가 되어 있는 것에 한한다)

① 100
② 150
③ 250
④ 400

해설 | 25 [kV] 이하인 특고압 가공전선로의 경간제한(333.32)

지지물의 종류	표준 경간
목주, A종 철주, A종 철근 콘크리트주	100 [m] 이하
B종 철주, B종 철근 콘크리트주	150 [m] 이하
철탑	400 [m] 이하

05
지선의 안전율은 얼마 이상이어야 하는가? (단, 이상시 상정하중은 무관)

① 1.5
② 2.0
③ 2.5
④ 3.0

해설 | 가공전선로 지지물의 기초의 안전율 (331.7)

안전율	내용
1.33	이상 시 상정하중
1.5	안테나, 케이블트레이
2.0	지지물의 기초
2.2	경동선, 내열동합금선
2.5	지선, ACSR, 기타전선

06
전력보안 통신용 전화설비의 시설장소로 틀린 것은?

① 동일 수계에 속하고 보안상 긴급연락의 필요가 있는 수력발전소 상호 간
② 동일 전력계통에 속하고 보안상 긴급연락의 필요가 있는 발전소 및 개폐소 상호 간
③ 2 이상의 급전소 상호 간과 이들을 총합 운용하는 급전소 간
④ 원격감시제어가 되지 않는 발전소와 변전소 간

해설 | 전력보안통신설비의 시설 요구사항 (362.1)

- 원격 감시제어가 되지 아니하는 발전소
- 원격 감시제어가 되지 아니하는 변전소
- 2개 이상의 급전소 상호 간과 이들을 통합 운용하는 급전소 간
- 수력설비 중 필요한 곳, 수력설비의 안전상 필요한 양수소 및 강수량 관측소와 수력발전소 간
- 동일 수계에 속하고 안전상 긴급 연락의 필요가 있는 수력발전소 상호 간
- 동일 전력계통에 속하고 또한 안전상 긴급연락의 필요가 있는 발전소·변전소(이에 준하는 곳으로서 특고압의 전기를 변성하기 위한 곳을 포함한다) 및 개폐소 상호 간

정답 04 ① 05 ③ 06 ④

07 고압 옥내배선이 가스관과 교차하여 시설되는 경우에는 몇 [cm] 이상 이격시켜야 하는가?

① 15　　② 30
③ 45　　④ 60

해설 | 고압 옥내배선 등의 시설(342.1)
고압 옥내배선이 다른 고압 옥내배선·저압 옥내전선·관등회로의 배선·약전류 전선 등 또는 수관·가스관이나 이와 유사한 것과 접근하거나 교차하는 경우
- 이격거리 : 0.15 [m] 이상
- 애자사용배선에 의하여 시설하는 저압옥내전선이 나전선인 경우 : 0.3 [m] 이상
- 가스계량기 및 가스관의 이음부와 전력량계 및 개폐기와의 거리 : 0.6 [m] 이상

08 옥내에 시설하는 사용전압이 400 [V] 미만인 이동전선은 고무코드 또는 0.6/1 [kV] EP 고무절연 클로로프렌 캡타이어케이블로서 단면적은 몇 [mm²] 이상이어야 하는가?

① 0.5　　② 0.75
③ 1.0　　④ 1.5

해설 | 저압 옥내배선의 사용전압이 400 [V] 이하인 경우 사용가능전선(231.3)
- 단면적 1.5 [mm²] 이상의 연동선
- 전광표시장치 : 0.75 [mm²] 이상인 다심케이블 또는 다심 캡타이어케이블
- 진열장, 이동전선, 전구선 : 0.75 [mm²] 이상인 코드 또는 캡타이어케이블

09 저압 가공전선이 건조물의 상부 조영재 위쪽으로 접근하는 경우 저압 가공전선과 건조물의 조영재 사이의 이격거리는 몇 [m] 이상이어야 하는가? (단, 가공전선은 케이블이다)

① 1.5　　② 0.8
③ 1.0　　④ 1.2

해설 | 저압, 고압 가공전선과 건조물의 접근 (222.11, 332.11)

구분		이격거리	
상부 조영재	위쪽	2 [m]	케이블인 경우 1 [m]
	옆쪽 또는 아래쪽	1.2 [m]	접촉할 우려가 없는 경우 0.8 [m]
			케이블 경우 0.4 [m]

10 등전위본딩을 하는 이유는?

① 단락사고보호　　② 저압측 절연보호
③ 지락사고보호　　④ 기기 고장보호

해설 | 등전위본딩의 적용(143.1)
- 수도관·가스관 등 외부에서 내부로 인입되는 금속배관
- 건축물·구조물의 철근, 철골 등 금속보강재
- 일상생활에서 접촉이 가능한 금속제 난방배관 및 공조설비 등 계통외도전부

정답　07 ①　08 ②　09 ③　10 ③

11 금속덕트 공사에 의한 저압 옥내배선공사 시설에 대한 설명으로 틀린 것은?

① 덕트의 끝부분은 막을 것
② 금속덕트는 두께 1.0 [mm] 이상인 철판으로 제작하고 덕트 상호 간에 완전하게 접속한다.
③ 덕트를 조영재에 붙이는 경우 덕트 지지점 간의 거리를 3 [m] 이하로 견고하게 붙인다.
④ 금속덕트에 넣은 전선의 단면적의 합계가 덕트의 내부 단면적의 20 [%] 이하가 되도록 한다.

해설 | 금속덕트 공사(232.31)
- 경제적이며 증설, 변경이 용이하여 다수의 전선을 수용할 때 사용한다.
- 폭 4 [cm]를 넘고, 두께 1.2 [mm] 이상인 철판으로 제작
- 지지점 간 거리 : 3 [m] 이하(취급자가 출입할 수 없도록 설비한 곳에서 수직으로 붙이는 경우 : 6 [m])
- 이물질의 침입을 방지하기 위해 덕트 끝부분은 막는다.
- 내부에 전선의 접속점이 없도록 하고 접지공사를 실시한다.

12 중성선 N의 색상은??

① 흑색 ② 녹색
③ 회색 ④ 청색

해설 | 전선의 식별(121.2)

상	L1	L2	L3	N	PE
색상	갈색	흑색	회색	청색	녹색 - 노란색

13 최대사용전압이 63 [kV]인 중성점 직접접지식 전로의 절연내력 시험전압은 최대사용전압의 몇 배인가?

① 0.92 ② 1.1
③ 1.25 ④ 0.72

해설 | 전로의 절연내력 시험전압(132)

구분	최대사용전압	시험전압	최소전압
비접지	7 [kV] 이하	1.5배	500 [V]
	7 [kV] 초과	1.25배	10.5 [kV]
중성선 다중접지	7 ~ 25 [kV]	0.92배	-
중성점 접지식	60 [kV] 초과	1.1배	75 [kV]
중성점 직접접지	60 ~ 170 [kV]	0.72배	-
	170 [kV] 초과	0.64배	-

14 일반주택 및 아파트 각 호실의 현관 등은 몇 분 이내에 소등되는 타임스위치를 시설하여야 하는가?

① 1분 ② 3분
③ 5분 ④ 10분

해설 | 점멸기의 시설(234.6)
- 숙박업에 이용되는 객실의 입구등 1분 이내에 소등
- 일반주택 및 아파트 각 호실의 현관등 3분 이내에 소등

정답 11 ② 12 ④ 13 ④ 14 ②

15 목조 조영물에서 저압 인입선의 옥측 부분 공사로서 옳은 것은?

① 금속관 공사
② 버스덕트 공사
③ 합성수지관 공사
④ 가요 전선관 공사

해설 | 저압 옥측전선로의 공사방법(221.2)
- 애자공사(전개된 장소)
- 합성수지관 공사
- 금속관공사(목조 이외 조영물에 시설)
- 버스덕트 공사(목조 이외 조영물에 시설)
- 케이블공사(연피 케이블, 알루미늄피 케이블 또는 무기물절연(MI) 케이블을 사용하는 경우에는 목조 이외 조영물에 시설)

16 외부피뢰시스템 중 수뢰부 시스템에 대한 시설에 관한 설명 중 틀린 것은?

① 보호각법, 회전구체법, 메시법 중 하나 또는 조합된 방법으로 배치할 것
② 구조물의 모서리 등에 우선하여 배치할 것
③ 측뢰 보호가 필요한 경우 시설 높이는 지상으로부터 50 [m] 일 것
④ 건축물, 구조물과 분리되지 않고 지붕 마감재가 불연성 재료로 된 경우 지붕 표면에 시설할 수 있다.

해설 | 수뢰부시스템(152.1)
지상으로부터 높이 60 [m]를 초과하는 건축물·구조물에 측뢰 보호가 필요한 경우 시설(건축물의 최상으로부터 20 [%] 부분에 시설)

17 급전용변압기는 직류 전기철도의 경우 어떤 변압기의 적용을 원칙으로 하고, 급전계통에 적합하게 선정하여야 하는가?

① 3상 정류기용 변압기
② 단상 정류기용 변압기
③ 3상 스코트결선 변압기
④ 단상 스코트결선 변압기

해설 | 전기철도 변전소의 설비(421.4)
급전용변압기
- 직류 전기철도 : 3상 정류기용 변압기
- 교류 전기철도 : 3상 스코트결선 변압기

18 누설전류 간섭에 대한 방지를 위해 직류 전기철도 시스템이 매설 배관 또는 케이블과 인접할 경우 주행레일과 최소 몇 [m] 이상을 유지해야 하는가?

① 1   ② 0.8
③ 1.2 ④ 2

해설 | 누설전류 간섭에 대한 방지(461.5)
직류 전기철도 시스템이 매설 배관 또는 케이블과 인접할 경우 누설전류를 피하기 위해 최대한 이격시켜야 하며, 주행레일과 최소 1 [m] 이상의 거리를 유지한다.

19 특고압 가공전선로에 사용하는 철탑 중 각도형 철탑에서 전선로 수평각도의 최솟값은?

① 3° ② 5°
③ 7° ④ 10°

해설 | 특고압 가공전선로의 철주 · 철근 콘크리트주 또는 철탑의 종류(333.11)

구분	특징
직선형	전선로의 직선부분 사용 (수평각도 3° 이하)
각도형	전선로 중 3°를 초과하는 수평각도를 이루는 곳에 사용
인류형	전가섭선을 인류하는 곳에 사용
내장형	전선로의 지지물 양쪽의 경간의 차가 큰 곳에 사용
보강형	전선로의 직선부분에 그 보강을 위하여 사용

20 주택용 D형 배선차단기의 순시트립의 범위는?

① $3I_a$ 초과 ~ $5I_n$ 이하
② $5I_n$ 초과 ~ $10I_n$ 이하
③ $10I_n$ 초과 ~ $20I_n$ 이하
④ $20I_n$ 초과 ~ $30I_n$ 이하

해설 | 주택용 차단기의 순시트립 범위 (212.2)

형	순시트립 범위
B	$3I_n$ 초과 ~ $5I_n$ 이하
C	$5I_n$ 초과 ~ $10I_n$ 이하
D	$10I_n$ 초과 ~ $20I_n$ 이하

※ B,C,D : 순시트립전류에 따른 차단기 분류
I_n : 차단기 정격전류

정답 19 ① 20 ③

2024년 3회

01 전기철도 차량이 전차선로와 접촉한 상태에서 견인력을 끄고 보조전력을 가동한 상태로 정지해 있는 경우 차량의 역률은 최소 얼마 이상이어야 하는가? (단, 유효전력이 200 [kW] 이상이다)

① 0.9 ② 0.8
③ 0.7 ④ 0.6

해설 | 전기철도차량의 역률(441.4)
전기철도차량이 전차선로와 접촉한 상태에서 견인력을 끄고 보조전력을 가동한 상태로 정지해 있는 경우, 가공 전차선로의 유효전력이 200 kW 이상일 경우 총 역률은 0.8 보다는 작아서는 안 된다.

02 전기철도 차량에 공급된 전력을 변전소로 되돌리기 위한 귀로를 무엇이라 하는가?

① 귀선회로 ② 급전선로
③ 전차선로 ④ 수전선로

해설 | 전기철도의 용어정리(402)
• 급전선로 : 급전선 및 이를 지지하거나 수용하는 설비
• 전차선로 : 전기철도차량에 전력을 공급하기 위하여 선로를 따라 설치한 시설물로서 전차선, 급전선, 귀선과 그 지지물 및 설비
• 수전선로 : 전철변전소 또는 수전설비 간의 전선로와 이에 부속되는 설비

03 발전소의 계측요소가 아닌 것은?

① 발전기의 고정자 온도
② 저압용 변압기의 온도
③ 발전기의 전압 및 전류
④ 주요 변압기의 전류 및 전압

해설 | 발전소의 계측장치(351.6)
• 발전기·연료전지 또는 태양전지 모듈의 전압 및 전류 또는 전력
• 발전기의 베어링 및 고정자의 온도
• 정격출력이 10000 kW를 초과하는 증기터빈에 접속하는 발전기의 진동의 진폭
• 주요 변압기의 전압 및 전류 또는 전력
• 특고압용 변압기의 온도

04 유도장해의 방지를 위한 규정으로 사용전압 60 [kV] 이하인 가공 전선로의 유도전류는 전화선로의 길이 12 [km]마다 몇 [μA]를 넘지 않도록 하여야 하는가?

① 1 ② 2
③ 3 ④ 4

해설 | 특고압 가공 전선로 유도장해의 방지(333.2)
• 사용전압이 60 [kV] 이하인 경우에는 전화선로의 길이 12 [km]마다 유도전류가 2 [μA]를 넘지 아니하도록 할 것
• 사용전압이 60 [kV]를 초과하는 경우에는 전화선로의 길이 40 [km]마다 유도전류가 3 [μA]을 넘지 아니하도록 할 것

정답 01 ② 02 ① 03 ② 04 ②

05 저압 옥내간선에서 분기하여 전기사용 기계기구에 이르는 저압 옥내전로는 분기점에서 전선의 길이가 몇 [m] 이하인 곳에 개폐기 및 과전류차단기를 시설하여야 하는가?

① 2
② 3
③ 4
④ 5

해설 | 과부하 전류에 대한 보호(212.4)
분기회로의 보호장치는 분기점으로부터 3[m] 이내에 설치 가능

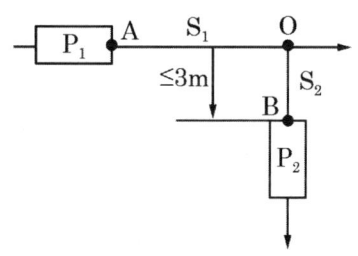

06 전차선로의 전압 중 직류 방식의 급전전압 명칭과 각 전압의 최고, 최저 전압의 평균값으로 틀린 것은?

① 최소 영구전압 900/500 [V]
② 공칭전압 1500/750 [V]
③ 최대 영구전압 1800/900 [V]
④ 장기 과전압 1950/950 [V]

해설 | 전차선로의 전압(411.2)
직류방식의 급전전압
• 장기 과전압 2538/1269 [V]
• 비지속성 최고전압 1950/950 [V]

07 판단기준 용어에서 "제2차 접근상태"란 가공전선이 다른 시설물과 접근하는 경우에 그 가공전선이 다른 시설물의 위쪽 또는 옆쪽에서 수평거리로 몇 [m] 미만인 곳에 시설되는 상태를 말하는가?

① 2
② 3
③ 4
④ 5

해설 | 용어정리 – 제2차접근상태(112)
가공 전선이 다른 시설물과 접근하는 경우에 그 가공 전선이 다른 시설물의 위쪽 또는 옆쪽에서 수평 거리로 3 [m] 미만인 곳에 시설되는 상태

08 금속덕트 공사에 의한 저압 옥내배선에서, 금속덕트에 넣은 전선의 단면적의 합계는 일반적으로 덕트 내부 단면적의 몇 % 이하이어야 하는가? (단, 전광표시 장치·출퇴표시등 기타 이와 유사한 장치 또는 제어회로 등의 배선만을 넣는 경우는 제외한다)

① 20
② 30
③ 40
④ 50

해설 | 금속덕트 내 전선 수용량(232.31)
• 전선의 단면적은 덕트 내 단면적의 20 [%] 이하
• 전광사인장치, 출퇴근 표시등, 및 제어회로 등의 배선에 사용되는 전선만을 사용하는 경우는 50 [%] 이하

정답 05 ② 06 ④ 07 ② 08 ①

09 가공전선로와 지중전선로가 접속하는 점에 반드시 설치해야 하는 것은?

① 결합 커패시터　② 과전류 차단기
③ 개폐기　　　　④ 피뢰기

해설 | 피뢰기의 시설장소(341.13)
- 발전소·변전소 또는 이에 준하는 장소의 가공전선 인입구 및 인출구
- 특고압 가공전선로에 접속하는 배전용 변압기의 고압측 및 특고압 측
- 고압 및 특고압 가공전선로로부터 공급을 받는 수용장소의 인입구
- 가공전선로와 지중전선로가 접속되는 곳

10 조상기의 내부고장이 생긴 경우 자동적으로 차단되는 장치를 설치해야 하는 전력용 커패시터의 최소 뱅크용량은 몇 [kVA]인가?

① 10000　　② 12000
③ 13000　　④ 15000

해설 | 조상설비의 보호장치(351.5)

설비종별	뱅크용량의 구분	자동적으로 전로로부터 차단하는 장치
전력용 커패시터 분로 리액터	500 [kVA] 초과 15000 [kVA] 미만	내부 고장, 과전류가 생긴 경우 동작하는 장치
	15000 [kVA] 이상	내부 고장, 과전류 과전압이 생긴 경우 동작하는 장치
조상기	15000 [kVA] 이상	내부 고장이 생긴 경우에 동작하는 장치

11 저압 옥상전선로의 시설에 대한 설명으로 틀린 것은?

① 전선은 절연전선을 사용한다.
② 전선은 지름 2.6 [mm] 이상의 경동선을 사용한다.
③ 전선과 옥상전선로를 시설하는 조영재와의 이격거리를 0.5 [m]로 한다.
④ 전선은 상시 부는 바람 등에 의하여 식물에 접촉하지 않도록 시설한다.

해설 | 저압 옥상전선로의 시설(221.3)
- 전선은 인장강도 2.30 [kN] 이상의 것 또는 지름 2.6 [mm] 이상의 경동선을 사용
- 전선은 절연전선(OW전선을 포함) 또는 이와 동등 이상의 절연성능이 있는 것
- 전선은 조영재에 견고하게 붙인 지지주 또는 지지대에 절연성·난연성 및 내수성이 있는 애자를 사용하여 지지하고 또한 그 지지점 간의 거리는 15 [m] 이하일 것
- 전선과 저압 옥상 전선로를 시설하는 조영재와의 이격거리는 2 [m](전선이 고압 절연전선, 특고압 절연전선 또는 케이블인 경우 1 [m]) 이상일 것

12 고압 가공전선로를 횡단보도교의 위에 시설하는 경우 노면상 몇 [m] 이상에 설치해야 하는가?

① 4　　　② 4.5
③ 3　　　④ 3.5

해설 | 가공전선의 높이(222.7, 332.5)

구분	도로	철도 궤도	횡단 보도교 위	이외의 경우
저·고압	6 [m] 이상	6.5 [m] 이상	3.5 [m] 이상	5 [m] 이상

정답　09 ④　10 ④　11 ③　12 ④

13 60 [kV] 특고압 가공전선로를 시가지에 경동연선으로 시설 할 경우 단면적은 몇 [mm²] 이상인가?

① 25   ② 55
③ 100   ④ 150

해설 | 시가지 등에서 170 [kV] 이하 특고압 가공전선로 전선의 단면적(333.1)

사용전압	전선의 단면적
100 [kV] 미만	인장강도 21.67 [kN] 이상의 연선 또는 단면적 55 [mm²] 이상의 경동연선
100 [kV] 이상	인장강도 58.84 [kN] 이상의 연선 또는 단면적 150 [mm²] 이상의 경동연선

14 가공전선로의 지지물에 하중이 가하여지는 경우에 그 하중을 받는 지지물의 기초 안전율은 특별한 경우를 제외하고 최소 얼마이상인가?

① 1.5   ② 2
③ 2.5   ④ 3

해설 | 가공전선로 지지물의 기초의 안전율 (331.7)

안전율	내용
1.33	이상 시 상정하중
1.5	안테나, 케이블트레이
2.0	지지물의 기초
2.2	경동선, 내열동합금선
2.5	지선, ACSR, 기타전선

15 특고압의 기계기구·모선 등을 옥외에 시설하는 변전소의 구내에 취급자 이외의 자가 들어가지 못하도록 시설하는 울타리·담 등의 높이는 몇 [m] 이상으로 하여야 하는가?

① 2   ② 2.2
③ 2.5   ④ 3

해설 | 발전소 등의 울타리·담 등의 시설 (351.1)
• 울타리·담 등의 높이 : 2 [m] 이상
• 지표면과 울타리·담 등의 하단 사이의 간격 : 0.15 [m] 이하

16 화약류 저장소의 전기설비 시설에 있어서 틀린 것은?

① 전기기계기구는 전폐형으로 시설한다.
② 케이블이 손상될 우려가 없도록 시설한다.
③ 전용 개폐기 및 과전류차단기는 화약류 저장소 안에 둔다.
④ 과전류차단기에서 저장소 입구까지의 배선에는 케이블을 사용한다.

해설 | 화약류 저장소에서 전기설비의 시설 (242.5.1)
• 대지전압 : 300 [V] 이하
• 전기기계기구는 전폐형의 것으로 한다.
• 화약류 저장소 이외의 곳에 전용 개폐기 및 과전류 차단기를 각 극에 시설
• 전로에 지락이 생겼을 때에 자동적으로 전로를 차단하거나 경보하는 장치를 시설

정답 13 ② 14 ② 15 ① 16 ③

17 제 2종 특고압 보안공사의 기준으로 틀린 것은?

① 특고압 가공전선은 연선일 것
② 지지물이 목주일 경우 그 경간은 100 [m] 이하일 것
③ 지지물이 A종 철주일 경우 그 경간은 150 [m] 이하일 것
④ 지지물로 사용하는 목주의 풍압하중에 대한 안전율은 2 이상일 것

해설 | 특고압 보안공사의 경간제한(333.22)

종류	저, 고압 보안공사	제1종 특고압 보안공사	제2종 특고압 보안공사
목주 A종	100 [m]	시설금지	100 [m]
B종	150 [m]	150 [m]	200 [m]
철탑	400 [m]	400 [m] 단주 300 [m]	400 [m] 단주 300 [m]

18 전시회 및 공연장의 전기설비 시설에 대한 내용 중 틀린 것은?

① 저압전기설비를 적용한다.
② 옥내배선, 또는 이동전선의 사용전압은 300 [V] 이하여야 한다.
③ 배선용케이블은 구리 도체로 최소 단면적은 1.5 [mm^2]이다.
④ 이동형 멀티 탭의 코드 길이는 최대 2 [m] 이내로 한다.

해설 | 전시회, 쇼 및 공연장의 전기설비(242.6)
무대·무대밑·오케스트라 박스·영사실 저압 옥내배선, 전구선 또는 이동전선은 사용전압이 400 [V] 이하이어야 한다.

19 수상전로의 시설기준으로 옳은 것은?

① 사용전압이 고압인 경우엔 클로로프렌 캡타이어케이블을 사용한다.
② 수상전로에 사용하는 부대는 쇠사슬 등으로 견고하게 연결한다.
③ 고압 수상전로에 지락이 생길 때를 대비하여 전로를 수동으로 차단하는 장치를 시설한다.
④ 수상선로의 전선을 부대의 아래에 지지하여 시설하고 또한 그 절연피복을 손상하지 아니하도록 시설한다.

해설 | 수상전선로의 시설(335.3)
• 저압 : 클로로프렌 캡타이어케이블
• 고압 : 캡타이어케이블
• 수상전선로에 사용하는 부대는 쇠사슬 등으로 견고하게 연결한 것일 것
• 고압 수상전선로에 지락이 생길 때를 대비하여 전로의 자동차단장치를 시설.

20 진열장 내의 배선으로 사용전압 400 [V] 이하에 사용하는 코드 또는 캡타이어 케이블의 최소 단면적은 몇 [mm^2]인가?

① 1.25   ② 1.0
③ 0.75   ④ 0.5

해설 | 저압 옥내배선의 사용전선(231.3.1)
옥내배선의 사용 전압이 400 [V] 이하인 경우 사용가능한 전선
• 단면적 1.5 [mm^2] 이상의 연동선
• 전광표시장치 : 0.75 [mm^2] 이상인 다심 케이블 또는 다심 캡타이어케이블
• 진열장, 이동전선, 전구선 : 0.75 [mm^2] 이상인 코드 또는 캡타이어케이블

정답 | 17 ③ 18 ② 19 ② 20 ③

2023년 1회

전기기사 필기
전기설비기술기준 및 판단기준

01 저압 또는 고압의 지중전선이 지중 약전류전선 등과 교차하는 경우 몇 [cm] 이하일 때에 내화성의 격벽을 설치하여야 하는가?

① 90
② 60
③ 30
④ 10

해설 | 내화성 격벽의 설치 시 이격거리(334.6)
• 지중전선과 지중약전류전선 사이
  - 저압, 고압 지중전선 : 0.3 [m] 이하일 때
  - 특고압 지중전선 : 0.6 [m] 이하일 때
• 특고압 지중전선과 관 사이
  - 유독성 유체를 내포하는 관 : 1 [m] 이하일 때(단, 사용전압이 25 [kV] 이하인 다중접지방식인 경우 : 0.5 [m] 이하)
  - 그 이외의 관 : 0.3 [m] 이하일 때

02 직류 750 [V]인 전차선과 건조물 간의 최소 절연이격거리(mm)는?

① 15
② 25
③ 100
④ 150

해설 | 전차선로의 충전부와 건조물 간의 최소 절연이격(431.2)

종류	공칭전압 (V)	동적(mm)		정적(mm)	
		비오염	오염	비오염	오염
직류	750	25	25	25	25
	1500	100	110	150	160
단상 교류	25000	170	220	270	320

03 "고압 또는 특별고압의 기계기구, 모선 등을 옥외에 시설하는 발전소, 변전소, 개폐소 또는 이에 준하는 곳에 시설하는 울타리, 담 등의 높이는 (㉠) [m] 이상으로 하고, 지표면과 울타리, 담 등의 하단 사이의 간격은 (㉡) [cm] 이하로 하여야 한다."에서 ㉠, ㉡에 알맞은 것은?

① ㉠ 3, ㉡ 15
② ㉠ 2, ㉡ 15
③ ㉠ 3, ㉡ 25
④ ㉠ 2, ㉡ 25

해설 | 발전소, 변전소, 개폐소 등의 전기설비 (350)
• 울타리·담 등의 높이 : 2 [m] 이상
• 지표면과 울타리·담 등의 하단 사이의 간격 : 0.15 [m] 이하

04 시가지 내에 시설하는 154 [kV] 가공 전선로에 지락 또는 단락이 생겼을 때 몇 초 안에 자동적으로 이를 전로로부터 차단하는 장치를 시설하여야 하는가?

① 1
② 3
③ 5
④ 10

해설 | 시가지 등에서 특고압 가공전선로의 시설 (333.1)
사용전압이 100 [kV]를 초과하는 특고압 가공전선에 지락 또는 단락이 생겼을 때에는 1초 이내에 자동적으로 이를 전로로부터 차단하는 장치를 시설할 것

정답 01 ③ 02 ② 03 ② 04 ①

05 저압 옥상전선로의 시설에 대한 설명으로 틀린 것은?

① 전선은 절연전선을 사용한다.
② 전선은 지름 2.6 [mm] 이상의 경동선을 사용한다.
③ 전선과 옥상전선로를 시설하는 조영재와의 이격거리를 0.5 [m]로 한다.
④ 전선은 상시 부는 바람 등에 의하여 식물에 접촉하지 않도록 시설한다.

해설 | 저압 옥상전선로의 시설(221.3)
- 전선은 인장강도 2.30 [kN] 이상의 것 또는 지름 2.6 [mm] 이상의 경동선을 사용
- 전선은 절연전선(OW전선을 포함한다) 또는 이와 동등 이상의 절연성능이 있는 것을 사용할 것
- 전선은 조영재에 견고하게 붙인 지지주 또는 지지대에 절연성·난연성 및 내수성이 있는 애자를 사용하여 지지하고 또한 그 지지점 간의 거리는 15 [m] 이하일 것
- 전선과 저압 옥상 전선로를 시설하는 조영재와의 이격거리는 2 [m](전선이 고압 절연전선, 특고압 절연전선 또는 케이블인 경우 1 [m]) 이상일 것

06 사용전압이 22.9 [kV]인 특고압 가공전선과 그 지지물·완금류·지주 또는 지선 사이의 이격거리는 몇 [cm] 이상이어야 하는가?

① 15 ② 20
③ 25 ④ 30

해설 | 특고압가공전선과 지지물 등의 이격거리 (333.5)

사용전압	이격거리(이상)
15 [kV] 미만	0.15 [m]
15 [kV] 이상 25 [kV] 미만	0.2 [m]
25 [kV] 이상 35 [kV] 미만	0.25 [m]
35 [kV] 이상 50 [kV] 미만	0.3 [m]
50 [kV] 이상 60 [kV] 미만	0.35 [m]
60 [kV] 이상 70 [kV] 미만	0.4 [m]
70 [kV] 이상 80 [kV] 미만	0.45 [m]
80 [kV] 이상130 [kV] 미만	0.65 [m]
130 [kV] 이상160 [kV] 미만	0.9 [m]
160 [kV] 이상 200 [kV] 미만	1.1 [m]
200 [kV] 이상 230 [kV] 미만	1.3 [m]
230 [kV] 이상	1.6 [m]

07 제2종 특고압 보안공사의 기준으로 틀린 것은?

① 특고압 가공전선은 연선일 것
② 지지물이 목주일 경우 그 경간은 100 [m] 이하일 것
③ 지지물이 A종 철주일 경우 그 경간은 150 [m] 이하일 것
④ 지지물로 사용하는 목주의 풍압하중에 대한 안전율은 2 이상일 것

해설 | 특고압 보안공사의 경간제한(333.22)

종류	저, 고압 보안공사	제1종 특고압 보안공사	제2종 특고압 보안공사
목주 A종	100 [m]	시설금지	100 [m]
B종	150 [m]	150 [m]	200 [m]
철탑	400 [m]	400 [m] 단주 300 [m]	400 [m] 단주 300 [m]

정답 05 ③ 06 ② 07 ③

08 풍력터빈의 피뢰설비 시설기준에 대한 설명으로 틀린 것은?

① 풍력터빈에 설치한 피뢰설비(리셉터, 인하도선 등)의 기능저하로 인해 다른 기능에 영향을 미치지 않을 것
② 풍력터빈 내부의 계측 센서용 케이블은 금속관 또는 차폐케이블 등을 사용하여 뇌유도과전압으로부터 보호할 것
③ 풍력터빈에 설치하는 인하도선은 쉽게 부식되지 않는 금속선으로서 뇌격전류를 안전하게 흘릴 수 있는 충분한 굵기여야 하며, 가능한 직선으로 시설할 것
④ 수뢰부를 풍력터빈 중앙부분에 배치하되 뇌격전류에 의한 발열에 용손(溶損)되지 않도록 재질, 크기, 두께 및 형상 등을 고려할 것

해설 | 풍력터빈의 피뢰설비(532.3.5)
- 수뢰부를 풍력터빈 선단부분 및 가장자리 부분에 배치하되 뇌격전류에 의한 발열에 용손되지 않도록 한다.
- 인하도선은 쉽게 부식되지 않는 금속선으로 가능한 직선으로 시설한다.
- 계측 센서용 케이블은 금속관 또는 차폐케이블 등을 사용하여 뇌유도과전압으로부터 보호해야 한다.
- 피뢰설비(리셉터, 인하도선 등)의 기능저하로 인해 다른 기능에 영향을 미치지 않도록 한다.

09 교류회로에서 중성선 겸용 보호도체를 나타내는 것은?

① PE
② PEN
③ PEM
④ PEL

해설 | 용어의 정리(112)
- PE : 보호도체
- PEM : 직류 회로에서 중간선 겸용 보호도체
- PEL : 직류 회로에서 선도체 겸용 보호도체

10 라이팅 덕트 공사에 의한 저압 옥내배선에서 덕트의 지지점 간의 거리는 몇 [m] 이하인가?

① 2
② 3
③ 4
④ 5

해설 | 라이팅덕트 공사(232.71)
- 조명 기구나 소형 전기기기 등의 위치를 자주 바꾸는 곳에서 사용된다.
- 지지점 간의 거리 : 2 [m]
- 건조하고 노출된 장소 또는 점검할 수 있는 은폐 장소에 시설한다.
- 덕트의 끝부분은 막는다.
- 덕트는 조영재를 관통하여 시설하지 않는다.
- 금속재를 피복한 덕트를 사용하는 경우 접지공사 실시한다.

11 가공전선로의 지지물에 하중이 가하여지는 경우에 그 하중을 받는 지지물의 기초 안전율은 얼마 이상이어야 하는가? (단, 이상 시 상정 하중은 무관)

① 1.5　　② 2.0
③ 2.5　　④ 3.0

해설 | 가공전선로 지지물 기초안전율(331.7)

안전율	내용
1.33	이상 시 상정하중
1.5	안테나, 케이블트레이
2.0	지지물의 기초
2.2	경동선, 내열동합금선
2.5	지선, ACSR, 기타전선

12 가공 전선로에 사용하는 지지물의 강도 계산에 적용하는 풍압하중 중에서 병종 풍압하중은 갑종 풍압하중에 대한 얼마의 풍압을 기초로 하여 계산한 것인가?

① 1/2　　② 1/3
③ 2/3　　④ 1/4

해설 | 풍압하중의 종별과 적용(331.6)
- 갑종, 을종, 병종 풍압하중
- 을종과 병종 풍압하중은 갑종 풍압하중 2분의 1을 기초로 하여 계산

13 다음 중 특고압의 전선로로 시설하여서는 안되는 것은?

① 터널 안 전선로　　② 지중 전선로
③ 물밑 전선로　　　④ 옥상 전선로

해설 | 고압 옥상전선로(331.14)
- 케이블을 사용
- 조영재와의 이격거리 : 1.2 [m] 이상
- 다른 시설물과의 이격거리 : 0.6 [m] 이상
- 식물과 접촉하지 않도록 시설
- 특고압 옥상전선로는 시설해서는 안 된다 (인입선의 옥상부분은 제외).

14 옥내 배선공사 중 반드시 절연전선을 사용하지 않아도 되는 공사방법은? (단, 옥외용 비닐절연전선은 제외한다)

① 금속관공사
② 버스덕트 공사
③ 합성수지관공사
④ 플로어덕트 공사

해설 | 나전선의 사용 가능(231.4)
- 전개된 곳의 애자공사
  - 전기로용 전선
  - 전선의 피복 절연물이 부식하는 장소에 시설하는 전선
  - 취급자 이외의 자가 출입할 수 없도록 설비한 장소에 시설하는 전선
- 버스덕트 공사 라이팅덕트 공사
- 접촉 전선을 시설하는 경우

정답　11 ②　12 ①　13 ④　14 ②

15 사용전압이 220 [V]인 경우 애자사용 공사에서 전선과 조영재 사이의 이격거리는 몇 [cm] 이상이어야 하는가?

① 2.5
② 4.5
③ 6.0
④ 8.0

해설 | 애자공사 시설조건(232.56.1)

구분	400 [V] 이하	400 [V] 초과
전선 상호 간 거리	6 [cm] 이상	6 [cm] 이상
전선과 조영재의 거리	2.5 [cm] 이상	4.5 [m] 이상 (건조한 곳은 2.5 [cm] 이상)

16 주택 등 저압 수용 장소에서 고정 전기설비에 TN-C-S 접지 방식으로 접지공사 시 중성선 겸용 보호도체(PEN)를 알루미늄으로 사용할 경우 단면적은 몇 [mm²] 이상이어야 하는가?

① 2.5
② 6
③ 10
④ 16

해설 | 저압수용가 접지(142.4)
중성선 겸용 보호도체의 단면적
• 구리 : 10 [mm²] 이상
• 알루미늄 : 16 [mm²] 이상

17 지중 전선로를 관로식에 의하여 시설하는 경우에는 매설 깊이를 몇 [m] 이상으로 하여야 하는가?

① 0.6
② 1.0
③ 1.2
④ 1.5

해설 | 지중전선로의 매설깊이(334)
• 차량 기타 중량물의 압력을 받을 우려가 있는 장소 : 1.0 [m] 이상
• 기타 장소 : 0.6 [m] 이상

18 다음 중 태양광 설비의 전기배선을 옥외에 시설하는 경우 사용 불가능한 공사방법은?

① 합성수지관 공사
② 금속관 공사
③ 금속제 가용전선관 공사
④ 애자사용 공사

해설 | 태양광설비의 시설(522.1)
• 접속점에 장력이 가해지지 않도록 한다.
• 배선시스템은 외부영향에 잘 견디도록 시설한다.
• 모듈의 출력배선은 극성별로 확인할 수 있도록 표시한다.
• 모듈의 배선은 스트링 양극간의 배선간격이 최소가 되도록 배치한다.
• 전선의 공칭단면적 : 2.5 [mm²] 이상의 연동선
• 공사방법 : 합성수지관배선, 금속관배선, 가요전선관배선, 케이블 배선

정답 15 ① 16 ④ 17 ② 18 ④

19 발전소, 변전소, 개폐소 이에 준하는 곳, 전기 사용장소 상호 간의 전선 및 이를 지지하거나 수용하는 시설물을 무엇이라 하는가?

① 급전소 ② 송전선로
③ 전선로 ④ 개폐소

해설 | 전선로(「전기사업법」 제2조제16호의2)
"전선로"란 발전소·변전소·개폐소 및 이에 준하는 장소와 전기를 사용하는 장소 상호 간의 전선 및 이를 지지하거나 수용하는 시설물을 말한다고 규정하고 있다.

20 다음 중 전로를 대지로부터 절연해야 하는 것은 ?

① 전기다리미 ② 전기욕기
③ 전기보일러 ④ 전해조

해설 | 전로의 절연 원칙(131)
전기욕기·전기로·전기보일러·전해조 등 대지로부터 절연이 기술상 곤란한 것은 절연하지 않아도 된다.

2023년 2회

01 교통신호등 제어장치의 2차 측 배선의 최대 사용전압은 몇 [V] 이하이어야 하는가?

① 150
② 200
③ 300
④ 400

해설 | 교통신호등(234.15)
- 2차 측 배선 최대사용전압 : 300 [V] 이하
- 전선 : 케이블 또는 공칭단면적 2.5 [mm^2] 이상의 연동선
- 인하선의 지표상 높이 : 2.5 [m] 이상
- 사용전압이 150 [V]를 넘는 경우 지락발생 시 자동 작동하는 누전차단기를 시설

02 주택의 전기저장장치의 시설에 관한 내용 중 틀린 것은?

① 주택의 옥내전로의 대지전압은 직류 600 [V] 이하이다.
② 충전부분은 노출되지 않도록 시설하여야 한다.
③ 모든 부품은 충분한 내수성을 확보하여야 한다.
④ 전기배선의 공칭단면적은 2.5 [mm^2] 이상의 연동선이어야 한다.

해설 | 전기저장장치 설비의 안전사항(511.2)
- 충전부분은 노출되지 않도록 시설
- 전기저장장치의 비상정지 스위치 등 안전하게 작동하기 위한 안전시스템
- 모든 부품은 충분한 내열성을 확보

03 급전선에 대한 설명으로 틀린 것은?

① 급전선은 비절연보호도체, 매설접지도체, 레일 등으로 구성하여 단권변압기 중성점과 공통접지에 접속한다.
② 가공식은 전차선의 높이 이상으로 전차선로 지지물에 병가하며, 나전선의 접속은 직선접속을 원칙으로 한다.
③ 선상승강장, 인도교, 과선교 또는 교량 하부 등에 설치할 때에는 최소 절연이격거리 이상을 확보하여야 한다.
④ 신설 터널 내 급전선을 가공으로 설계할 경우 지지물의 취부는 C찬넬 또는 매입전을 이용하여 고정하여야 한다.

해설 | 전차선로의 급전선로(431.4)
- 급전선은 나전선을 적용하여 가공식으로 가설
- 나전선의 접속은 직선접속을 원칙으로 한다.
- 가공식은 전차선의 높이 이상으로 전차선로 지지물에 병가
- 신설 터널 내 급전선을 가공으로 설계할 경우 지지물의 취부는 C찬넬 또는 매입전을 이용하여 고정

정답 01 ③ 02 ③ 03 ①

04 특고압 가공전선로 중 지지물로서 직선형의 철탑을 연속하여 10기 이상 사용하는 부분에는 몇 기 이하마다 내장 애자장치가 되어 있는 철탑 또는 이와 동등이상의 강도를 가지는 철탑 1기를 시설하여야 하는가?

① 3
② 5
③ 7
④ 10

해설 | 특고압 가공전선로의 철주·철근 콘크리트주 또는 철탑의 종류(333.11)

구분	특징
직선형	전선로의 직선부분 사용 (수평각도 3° 이하)
각도형	전선로중 3°를 초과하는 수평각도를 이루는 곳에 사용
인류형	전가섭선을 인류하는 곳에 사용
내장형	전선로의 지지물 양쪽의 경간의 차가 큰 곳에 사용
보강형	전선로의 직선부분에 그 보강을 위하여 사용

• 내장형 : 10기 이하마다 1기를 시설
• 보강형 : 5기 이하마다 1기를 시설

05 과전류 차단기로 시설하는 퓨즈 중 고압전로에 사용하는 퓨즈의 특성으로 틀린 것은?

① 비포장 퓨즈는 정격전류의 1.25배에 견딜 것
② 포장 퓨즈는 정격전류의 1.3배에 견딜 것
③ 포장 퓨즈는 2배의 전류로 60분 안에 용단될 것
④ 비포장 퓨즈는 2배의 전류로 2분 안에 용단될 것

해설 | 고압 및 특고압 전로 중의 과전류차단기의 시설(341.10)

종류	정격전류	용단 시간
포장 퓨즈	1.3배의 전류에 견딤	120분
비포장 퓨즈	1.25배의 전류에 견딤	2분

06 전기 울타리의 시설에 관한 규정 중 틀린 것은?

① 전선과 수목 사이의 이격거리는 50 [cm] 이상이어야 한다.
② 전기 울타리는 사람이 쉽게 출입하지 아니하는 곳에 시설하여야 한다.
③ 전선은 인장강도 1.38 [kN] 이상의 것 또는 지름 2 [mm] 이상의 경동선이어야 한다.
④ 전기 울타리용 전원 장치에 전기를 공급하는 전로의 사용전압은 250 [V] 이하이어야 한다.

해설 | 전기울타리(241.1)
• 사용전압 : 250 [V] 이하
• 전기울타리는 사람이 쉽게 출입하지 아니하는 곳에 시설할 것
• 전선은 인장강도 1.38 [kN] 이상의 것 또는 지름 2 [mm] 이상의 경동선일 것
• 전선과 이를 지지하는 기둥 사이의 이격거리는 25 [mm] 이상일 것
• 전선과 다른 시설물(가공 전선을 제외) 또는 수목과의 이격거리는 0.3 [m] 이상일 것

정답 04 ④ 05 ③ 06 ①

07 피뢰설비 중 인하도선시스템의 건축물·구조물과 분리되지 않은 피뢰시스템인 경우에 대한 설명으로 틀린 것은?

① 인하도선의 수는 1가닥 이상으로 한다.
② 벽이 불연성 재료로 된 경우에는 벽의 표면 또는 내부에 시설할 수 있다.
③ 병렬 인하도선의 최대 간격은 피뢰시스템 등급에 따라 Ⅳ 등급은 20 [m]로 한다.
④ 벽이 가연성 재료인 경우에는 0.1 [m] 이상 이격하고, 이격이 불가능 한 경우에는 도체의 단면적을 100 [mm²] 이상으로 한다.

해설 | 인하도선시스템의 배치방법(152.2)
건축물, 구조물과 분리되지 않은 경우
- 벽이 불연성 재료로 된 경우에는 벽의 표면 또는 내부에 시설할 수 있다. 다만 벽이 가연성 재료인 경우에는 0.1 [m] 이상 이격하고, 이격이 불가능한 경우에는 도체의 단면적을 100 [mm²] 이상으로 한다.
- 인하도선의 수는 2가닥 이상으로 한다.
- 보호대상 건축물·구조물의 투영에 따른 둘레에 가능한 한 균등한 간격으로 배치한다. 다만 노출된 모서리 부분에 우선하여 설치한다.
- 병렬 인하도선의 최대 간격은 피뢰시스템 등급에 따라 Ⅰ·Ⅱ 등급은 10 [m], Ⅲ 등급은 15 [m], Ⅳ 등급은 20 [m]로 한다.

08 직류 전기철도 시스템이 매설배관 또는 케이블과 인접한 경우 누설전류를 피하기 위해 주행레일과의 이격거리는 최소 몇 [m] 이상이어야 하는가?

① 0.5   ② 1
③ 1.5   ④ 2

해설 | 누설전류 간섭에 대한 방지(461.5)
직류 전기철도 시스템이 매설 배관 또는 케이블과 인접할 경우 누설전류를 피하기 위해 최대한 이격시켜야 하며, 주행레일과 최소 1 [m] 이상의 거리를 유지한다.

09 전기철도 차량이 전차선로와 접촉한 상태에서 견인력을 끄고 보조전력을 가동한 상태로 정지해 있는 경우 차량의 역률은 최소 얼마 이상이어야 하는가? (단, 유효전력이 200 [kW] 이상이다)

① 0.9   ② 0.8
③ 0.7   ④ 0.6

해설 | 전기철도차량의 역률(441.4)
전기철도차량이 전차선로와 접촉한 상태에서 견인력을 끄고 보조전력을 가동한 상태로 정지해 있는 경우, 가공 전차선로의 유효전력이 200 kW 이상일 경우 총 역률은 0.8 보다는 작아서는 안 된다.

10 발전소, 변전소, 개폐소의 시설부지 조성을 위해 산지를 전용할 경우에 전용하고자 하는 산지의 평균 경사도는 몇 도 이하이어야 하는가?

① 10 ② 15
③ 20 ④ 25

해설 | 발전소 등의 부지시설조건
(전기설비 기술기준 제21조의 2)
부지조성을 위해 산지를 전용할 경우에는 전용하고자 하는 산지의 평균 경사도가 25도 이하여야 하며, 산지전용면적 중 산지 전용으로 발생되는 절·성토 경사면의 면적이 100분의 50을 초과해서는 아니 된다.

11 전기저장장치의 옥외에 시설하는 경우 사용하지 않는 배선설비 공사방법은?

① 합성수지관 공사
② 금속관공사
③ 금속제 가요전선관 공사
④ 애자 공사

해설 | 전기저장장치의 전기배선(512.1)
• 전선 : 공칭단면적 2.5 [mm^2] 이상의 연동선
• 공사방법 : 합성수지관배선, 금속관배선, 가요전선관배선, 케이블 배선
• 단자의 체결 시 나사풀림방지 기능이 있는 것을 사용

12 교류계통에서 일반적으로 사용되는 콘센트의 정격전류가 몇 [A] 이하일 때, 누전차단기를 설치해야 하는가?

① 20 ② 30
③ 50 ④ 60

해설 | 누전차단기의 추가적 보호(211.2.3)
• 일반적으로 사용되며 일반인이 사용하는 정격전류 20 [A] 이하 콘센트
• 옥외에서 사용되는 정격전류 32 [A] 이하 이동용 전기기기

13 지중 전선로를 직접 매설식에 의하여 시설할 때, 중량물의 압력을 받을 우려가 있는 장소에 저압 또는 고압의 지중전선을 견고한 트라프 기타 방호물에 넣지 않고도 부설할 수 있는 케이블은?

① PVC 외장 케이블
② 콤바인덕트 케이블
③ 염화비닐 절연 케이블
④ 폴리에틸렌 외장 케이블

해설 | 지중전선로 – 직접매설식(334.1)
• 땅을 파서 트로프에 케이블을 직접 포설하는 방식
• 컴바인덕트 케이블은 트로프를 사용하지 않아도 된다.
• 지중 케이블의 상부에는 견고한 판 또는 경질 비닐판으로 덮어서 매설

정답 10 ④ 11 ④ 12 ① 13 ②

14 고압 보안공사를 할 때 지지물로 A종 철주를 사용하면 그 경간은 몇 [m] 이하인가?

① 100   ② 200
③ 300   ④ 400

해설 | 고압 보안공사(332.10)

지지물의 종류	표준 경간
목주, A종주	100 [m] 이하
B종주	150 [m] 이하
철탑	400 [m] 이하

15 풍력발전설비에서 피뢰 및 접지설비로 틀린 것은?

① 접지설비는 풍력발전 설비 타워기초를 이용한 공통접지공사를 할 것
② 전력기기는 금속시스케이블, 내뢰변압기 및 서지보호장치를 적용할 것
③ 제어기기는 광케이블 및 포토커플러를 적용할 것
④ 설비 사이의 전위차가 없도록 등전위 본딩을 할 것

해설 | 풍력터빈의 피뢰설비(532.3.5)
• 전력기기는 금속시스케이블, 내뢰변압기 및 서지보호장치(SPD)를 적용한다.
• 제어기기는 광케이블 및 포토커플러를 적용한다.
• 접지설비는 통합접지공사를 실시한다.

16 태양전지 발전소에 태양전지 모듈 등을 시설할 경우 사용 전선(연동선)의 공칭단면적은 몇 [mm²] 이상인가?

① 1.6   ② 2.5
③ 5   ④ 10

해설 | 태양전지 전기배선(512.1.1)
전선은 공칭단면적 2.5 [mm²] 이상의 연동선 또는 이와 동등 이상의 세기 및 굵기

17 저압 옥내 배선이 가스관과 접근하여 시설할 때 이격거리는 몇 [m]인가? (단, 나전선인 경우는 제외한다)

① 0.1   ② 0.2
③ 0.3   ④ 0.4

해설 | 저압 옥내배선 설비 시 고려사항(232.3)
배선설비와 다른 공급설비와의 접근
• 옥내배선간의 이격거리 : 0.1 [m](나전선인 경우 : 0.3 [m])
• 옥내배선과 약전류전선, 수도관, 가스관과의 이격거리 : 0.1 [m](나전선인 경우 : 0.3 [m])

18 인입용 비닐절연전선을 사용한 저압 가공전선을 횡단보도교 위에 시설하는 경우 노면상의 높이는 몇 [m] 이상으로 하여야 하는가?

① 3   ② 3.5
③ 4   ④ 4.5

해설 | 저압 가공전선의 높이(222.7)

철도 궤도	6.5 [m] 이상	
도로	6 [m] 이상	
횡단 보도	3.5 [m] 이상	
	저압절연전선, 케이블	3 [m] 이상
그 외	5 [m] 이상	
	교통에 지장이 없는 경우	4 [m] 이상

19 동일 지지물에 고압 가공전선과 저압 가공전선(다중접지된 중성선은 제외한다)을 병가할 때 저압 가공전선의 위치는?

① 동일 완금류에 평행되게 시설
② 별도의 규정이 없으므로 임의로 시설
③ 저압 가공전선을 고압 가공전선의 위에 시설
④ 저압 가공전선을 고압 가공전선의 아래에 시설

해설 | 가공전선 등의 병행설치(332.8)
- 저압 가공전선을 고압 가공전선의 아래로 하고 별개의 완금류에 시설
- 저압과 고압 가공전선 사이의 이격거리 0.5 [m] 이상
- 고압가공전선이 케이블인 경우 이격거리 0.3 [m] 이상

20 변압기 전로의 절연내력시험에서 최대 사용전압이 22.9 [kV]인 경우 시험전압은 최대 사용전압의 몇 배인가? (단, 권선은 중성점 접지식 전로 중성선을 가지는 것으로서 그 중성선에서 다중접지를 하는 것에 한한다)에 접속하였다.

① 0.92   ② 1.1
③ 1.25   ④ 1.5

해설 | 전로의 절연내력 시험전압(132)

구분	최대사용전압	시험전압	최소전압
비접지	7 [kV] 이하	1.5배	500 [V]
	7 [kV] 초과	1.25배	10.5 [kV]
중성선 다중접지	7 ~ 25 [kV]	0.92배	-
중성점 접지식	60 [kV] 초과	1.1배	75 [kV]
중성점 직접접지	60 ~ 170 [kV]	0.72배	-
	170 [kV] 초과	0.64배	-

정답 18 ① 19 ④ 20 ①

2023년 3회

01 특고압 가공전선로의 지지물로 사용하는 B종 철주, B종 철근콘크리트주 또는 철탑의 종류에서 전선로의 지지물 양쪽의 경간의 차가 큰 곳에 사용하는 것은?

① 각도형 ② 인류형
③ 내장형 ④ 보강형

해설 | 특고압 가공전선로의 철주·철근 콘크리트주 또는 철탑의 종류(333.11)

구분	특징
직선형	전선로의 직선부분 사용 (수평각도 3° 이하)
각도형	전선중 3°를 초과하는 수평각도를 이루는 곳에 사용
인류형	전가섭선을 인류하는 곳에 사용
내장형	전선로의 지지물 양쪽의 경간의 차가 큰 곳에 사용
보강형	전선로의 직선부분에 그 보강을 위하여 사용

- 내장형 : 10기 이하마다 1기를 시설
- 보강형 : 5기 이하마다 1기를 시설

02 전기욕기에 전기를 공급하는 전원장치는 전기욕기용으로 내장되어 있는 2차 측 전로의 사용전압을 몇 [V] 이하로 한정하고 있는가?

① 6   ② 10
③ 12   ④ 15

해설 | 전기욕기(241.2)
- 전원장치에 내장되는 전원 변압기의 2차 측 전로의 사용전압 : 10 [V] 이하
- 변압기의 2차 측 배선 : 단면적 2.5 [mm²] 이상의 연동선, 케이블, 단면적 1.5 [mm²] 이상의 캡타이어케이블
- 욕기 내의 전극 간의 거리 : 1 [m] 이상

03 태양광 설비의 모듈을 지지하는 구조물에 대한 설명 중 틀린 것은?

① 고정 볼트에는 스프링 와셔 또는 풀림 방지너트 등으로 체결한다.
② 지지물의 재질은 부식방지를 위한 용융아연도금을 이용한다.
③ 절단 가공 및 용접부위는 방수처리를 한다.
④ 지진과 충격에 대하여 안전한 구조여야 한다.

해설 | 모듈을 지지하는 구조물(522.2.3)
모듈 지지대와 그 연결부재의 경우 용융아연도금처리 또는 녹방지 처리를 하여야 하며, 절단가공 및 용접부위는 방식처리를 할 것

정답 01 ③ 02 ② 03 ③

04 전기울타리의 전선과 다른 수목과의 이격거리는 몇 [m] 이상이어야 하는가?

① 0.2　　② 0.3
③ 0.4　　④ 0.5

해설 | 전기울타리(241.1)
- 사용전압 : 250 [V] 이하
- 전기울타리는 사람이 쉽게 출입하지 아니하는 곳에 시설할 것
- 전선은 인장강도 1.38 [kN] 이상의 것 또는 지름 2 [mm] 이상의 경동선일 것
- 전선과 이를 지지하는 기둥 사이의 이격거리는 25 [mm] 이상일 것

05 사용전압이 22.9 [kV]인 가공전선로의 다중접지한 중성선과 첨가 통신선의 이격거리는 몇 [cm] 이상이어야 하는가? (단, 특고압 가공전선로는 중성선 다중접지식의 것으로 전로에 지락이 생긴 경우 2초 이내에 자동적으로 이를 전로로부터 차단하는 장치가 되어 있는 것으로 한다)

① 60　　② 75
③ 100　　④ 120

해설 | 가공전선과 첨가 통신선과의 이격거리 (362.2)

가공전선	일반	케이블	기타
저압	0.6 [m]	0.3 [m]	
고압	0.6 [m]	0.3 [m]	
특고압	1.2 [m]	0.3 [m]	다중접지 중성선 0.6 [m] / 25 [kV] 이하 0.75 [m]

06 전기저장장치를 전용건물에 시설하는 경우 이차전지와 벽면과의 이격거리(m)는?

① 1　　② 1.5
③ 2　　④ 2.5

해설 | 전기저장장치의 시설(515.2)
- 시설장소의 지표면 기준 높이 22 [m] 이내
- 시설장소의 출구가 있는 바닥면 기준 깊이 9 [m] 이내
- 이차전지 이격거리 벽면으로부터 1 [m] 이상

07 전력보안 통신설비의 조가선의 시설 시 조가선은 몇 조까지 시설가능한가?

① 1　　② 2
③ 3　　④ 4

해설 | 조가선의 시설기준(362.3)
- 전주와 전주 경간중에 접속하지 않는다.
- 부식되지 않는 별도의 금구를 사용하고 조가선 끝단은 날카롭지 않게 한다.
- 말단 배전주와 말단 1경간 전에 있는 배전주에 시설하는 조가선은 장력에 견디는 형태로 시설한다.
- 조가선은 2조까지만 시설한다.
- 주경간 50 [m] 기준으로 0.4 [m] 정도의 이도를 반드시 유지한다.
- 조가선 간의 이격거리 : 0.3 [m]

정답　04 ②　05 ①　06 ①　07 ②

08 피뢰기 설치기준으로 틀린 것은?

① 가공전선로와 특고압 전선로가 접속되는 곳
② 고압 및 특고압 가공전선로로부터 공급 받는 수용장소의 인입구
③ 발전소·변전소 또는 이에 준하는 장소의 가공전선의 인입구 및 인출구
④ 가공 전선로에 접속한 1차 측 전압이 35 [kV] 이하인 배전용 변압기의 고압 측 및 특고압 측

해설 | 피뢰기의 시설장소(341.13)
- 발전소·변전소 또는 이에 준하는 장소의 가공전선 인입구 및 인출구
- 특고압 가공전선로에 접속하는 배전용 변압기의 고압측 및 특고압 측
- 고압 및 특고압 가공전선로로부터 공급을 받는 수용장소의 인입구
- 가공전선로와 지중전선로가 접속되는 곳

09 가공 전선로의 지지물에 지선을 시설하려고 한다. 이 지선의 기준으로 옳은 것은?

① 소선지름 : 2.0 [mm], 안전율 : 2.5, 허용 인장하중 2.11 [kN]
② 소선지름 : 2.6 [mm], 안전율 : 2.5, 허용 인장하중 4.31 [kN]
③ 소선지름 : 1.6 [mm], 안전율 : 2.0, 허용 인장하중 4.31 [kN]
④ 소선지름 : 2.6 [mm], 안전율 : 1.5, 허용 인장하중 3.21 [kN]

해설 | 지선의 시설(331.11)
- 지선의 안전율 : 2.5
- 인장하중 : 4.31 [kN] 이상
- 지선의 소선 : 3가닥 이상의 연선이며 지름이 2.6 [mm] 이상의 금속선
- 지선로드 : 내식성을 가진 아연도금철봉으로 지표상 30 [cm] 이상
- 지선높이 : 도로 5 [m], 보도 2.5 [m]
- 철탑은 지선사용 금지

10 보호도체가 케이블의 일부가 아니고 기계적 손상에 보호가 되지 않는 경우 단면적은 몇 [mm²] 이상 이여야 하는가? (단, 보호도체의 재질은 구리인 경우이다)

① 2.5
② 16
③ 8
④ 4

해설 | 보호도체의 굵기(142.3.2)
보호도체가 케이블의 일부가 아닌 경우

구분	구리 [mm²]	알루미늄 [mm²]
기계적 손상에 보호가 되는 경우	2.5 이상	16 이상
기계적 손상에 보호가 되지 않는 경우	4 이상	16 이상

정답 08 ① 09 ② 10 ④

11 저압 옥상전선로의 시설에 대한 설명으로 틀린 것은?

① 전선은 절연전선을 사용한다.
② 전선은 지름 2.6 [mm] 이상의 경동선을 사용한다.
③ 전선과 옥상전선로를 시설하는 조영재와의 이격거리를 0.5 [m]로 한다.
④ 전선은 상시 부는 바람 등에 의하여 식물에 접촉하지 않도록 시설한다.

해설 | 저압 옥상전선로의 시설(221.3)
- 전선은 인장강도 2.30 [kN] 이상의 것 또는 지름 2.6 [mm] 이상의 경동선을 사용
- 전선은 절연전선(OW전선을 포함한다) 또는 이와 동등 이상의 절연성능이 있는 것을 사용할 것
- 전선은 조영재에 견고하게 붙인 지지주 또는 지지대에 절연성·난연성 및 내수성이 있는 애자를 사용하여 지지하고 또한 그 지지점 간의 거리는 15 [m] 이하일 것
- 전선과 저압 옥상 전선로를 시설하는 조영재와의 이격거리는 2 [m](전선이 고압 절연전선, 특고압 절연전선 또는 케이블인 경우 1 [m]) 이상일 것

12 저압 옥내배선용 전선의 굵기는 연동선을 사용할 때 몇 [mm²] 이상의 것을 사용하여야 하는가?

① 0.75   ② 2.5
③ 1.5   ④ 1

해설 | 저압 옥내배선의 사용전선의 굵기
(231.3)
- 저압 옥내배선의 전선은 단면적 2.5 [mm²] 이상의 연동선
- 옥내배선의 사용 전압이 400 [V] 이하인 경우
  - 단면적 1.5 [mm²] 이상의 연동선
  - 전광표시장치 : 0.75 [mm²] 이상인 다심케이블 또는 다심 캡타이어케이블
  - 진열장, 이동전선, 전구선 : 0.75 [mm²] 이상인 코드 또는 캡타이어케이블

13 전시회, 쇼 및 공연장 기타 이들과 유사한 장소에 시설하는 배선용 케이블은 구리 도체로 최소 단면적은 몇 [mm²]인가?

① 2   ② 0.75
③ 1   ④ 1.5

해설 | 전시회 및 공연장의 전기설비(242.6)
- 사용전압 : 400 [V] 이하
- 배선용 케이블은 구리 도체로 최소 단면적이 1.5 [mm²]
- 회로 내에 접속이 필요한 경우를 제외하고 케이블의 접속 개소는 없어야 한다.

14 최대사용전압이 3300 [V]인 고압용 전동기가 있다. 이 전동기의 절연내력 시험 전압은 몇 [V]인가?

① 3630 ② 4125
③ 4290 ④ 4950

해설 | 회전기 및 정류기 시험전압(133)

최대사용전압			시험전압 배율	시험최저 전압 [V]
회전기	발전기 전동기	7 [kV] 이하	1.5배	500
		7 [kV] 초과	1.25배	10500
	회전변류기		1배	500
정류기	60 [kV] 이하		1배	500
	60 [kV] 초과		1.1배	-

시험 전압 $3300 \times 1.5 = 4950 [V]$

15 주택용 배선차단기의 순시트립의 범위가 $10I_n$ 초과 ~ $20I_n$ 이하인 경우에 사용되는 것은? (단, I_n : 차단기 정격전류)

① A형 ② B형
③ C형 ④ D형

해설 | 주택용 차단기의 순시트립 범위 (212.2)

형	순시트립 범위
B	$3 I_n$ 초과 ~ $5 I_n$ 이하
C	$5 I_n$ 초과 ~ $10 I_n$ 이하
D	$10 I_n$ 초과 ~ $20 I_n$ 이하

※ B,C,D : 순시트립전류에 따른 차단기 분류
I_n : 차단기 정격전류

16 전선의 접속법으로 틀린 것은?

① 나전선 상호 간의 접속인 경우에는 전선의 세기를 20 [%] 이상 감소시키지 않아야 한다.
② 두개 이상의 전선을 병렬로 사용할 때 각 전선의 굵기를 35 [mm^2] 이상의 동선을 사용한다.
③ 알루미늄과 동을 사용하는 전선을 접속하는 경우에는 접속 부분에 전기적 부식이 생기지 않아야 한다.
④ 절연전선 상호 간을 접속하는 경우에는 접속부분을 절연효력이 있는 것으로 충분히 피복 하여야 한다.

해설 | 전선의 접속(123)
두 개 이상의 전선을 병렬로 사용하는 경우 전선의 굵기
• 동선 : 50 [mm^2] 이상
• 알루미늄선 : 70 [mm^2] 이상

17 옥내배선의 사용전압 400 [V] 이하인 경우 전광표시장치에 사용하는 코드 또는 캡타이어 케이블의 최소 단면적은 몇 [mm^2]인가?

① 1.25 ② 1.0
③ 0.75 ④ 0.5

해설 | 저압 옥내배선의 사용전선(231.3.1)
옥내배선의 사용 전압이 400 [V] 이하인 경우 사용가능한 전선
• 단면적 1.5 [mm^2] 이상의 연동선
• 전광표시장치 : 0.75 [mm^2] 이상인 다심 케이블 또는 다심 캡타이어케이블
• 진열장, 이동전선, 전구선 : 0.75 [mm^2] 이상인 코드 또는 캡타이어케이블

정답 14 ④ 15 ④ 16 ② 17 ③

18 154 [kV] 특고압 가공전선을 사람이 쉽게 들어갈 수 없는 산지 등에 시설하는 경우 지표상의 높이는 몇 [m] 이상으로 하여야 하는가?

① 4　　　② 5
③ 6.5　　④ 8

해설 | 특고압 가공전선의 높이(333.7)

사용전압의 구분	지표상의 높이(m 이상)				
	철도 횡단	도로 횡단	산지	횡단 보도	그 외 평지
35 [kV] 이하	6.5	6	5	4	5
35 [kV] 초과 160 [kV] 이하	6.5	6	5	5	6
160 [kV] 초과	최고 높이 + (초과 10 [kV]마다 0.12 [m])				

19 제2종 특고압 보안공사에서 지지물로 사용하는 목주의 풍압하중에 대한 안전율은 얼마 이상이어야 하는가?

① 1.2　　② 1.5
③ 2.0　　④ 2.5

해설 | 특고압 보안공사 시 목주의 안전율 (333.22)

저압	고압	특고압
1.5 이상	1.5 이상	2.0 이상

20 다음 중 특고압의 전선로로 시설하여서는 안되는 것은?

① 터널 안 전선로　② 지중 전선로
③ 물밑 전선로　　④ 옥상 전선로

해설 | 고압 옥상전선로(331.14)
• 케이블을 사용
• 조영재와의 이격거리 : 1.2 [m] 이상
• 다른 시설물과의 이격거리 : 0.6 [m] 이상
• 식물과 접촉하지 않도록 시설
• 특고압 옥상전선로는 시설해서는 안 된다 (인입선의 옥상부분은 제외).

정답　18 ②　19 ③　20 ④

2022년 1회

01 저압 가공전선이 안테나와 접근상태로 시설될 때 상호 간의 이격거리는 몇 [cm] 이상이어야 하는가? (단, 전선이 고압 절연전선, 특고압 절연전선 또는 케이블이 아닌 경우이다)

① 60
② 80
③ 100
④ 120

해설 | 저압가공전선과 다른 시설물의 접근 또는 교차(222.18)

시설물		이격거리(이상)
조영물의 상부 조영재	위쪽	2 [m]
		고압, 특고압 절연전선 또는 케이블인 경우 1 [m]
	옆쪽 또는 아래쪽	0.6 [m]
		고압, 특고압 절연전선 또는 케이블인 경우 0.3 [m]
상부 조영재 이외의 부분 또는 조영물 이외의 시설물		0.6 [m]
		고압, 특고압 절연전선 또는 케이블인 경우 0.3 [m]

02 고압 가공전선으로 사용한 경동선은 안전율이 얼마 이상인 이도로 시설하여야 하는가?

① 2.0
② 2.2
③ 2.5
④ 3.0

해설 | 가공전선의 안전율
(222.6, 332.4, 333.6)

안전율	내용
1.33	이상 시 상정하중
1.5	안테나, 케이블트레이
2.0	지지물의 기초
2.2	경동선, 내열동합금선
2.5	지선, ACSR, 기타전선

03 사용전압이 22.9 [kV]인 특고압 가공전선과 그 지지물·완금류·지주 또는 지선 사이의 이격거리는 몇 [cm] 이상이어야 하는가?

① 15
② 20
③ 25
④ 30

해설 | 특고압 가공전선과 지지물 등의 이격거리
(333.5)

사용전압	이격거리(이상)
15 [kV] 미만	0.15 [m]
15 [kV] 이상 25 [kV] 미만	0.2 [m]
25 [kV] 이상 35 [kV] 미만	0.25 [m]
35 [kV] 이상 50 [kV] 미만	0.3 [m]
50 [kV] 이상 60 [kV] 미만	0.35 [m]
60 [kV] 이상 70 [kV] 미만	0.4 [m]
70 [kV] 이상 80 [kV] 미만	0.45 [m]
80 [kV] 이상 130 [kV] 미만	0.65 [m]
130 [kV] 이상 160 [kV] 미만	0.9 [m]
160 [kV] 이상 200 [kV] 미만	1.1 [m]
200 [kV] 이상 230 [kV] 미만	1.3 [m]
230 [kV] 이상	1.6 [m]

정답 01 ① 02 ② 03 ②

04 급전선에 대한 설명으로 틀린 것은?

① 급전선은 비절연보호도체, 매설접지도체, 레일 등으로 구성하여 단권변압기 중성점과 공통접지에 접속한다.
② 가공식은 전차선의 높이 이상으로 전차선로 지지물에 병가하며, 나전선의 접속은 직선접속을 원칙으로 한다.
③ 선상승강장, 인도교, 과선교 또는 교량 하부 등에 설치할 때에는 최소 절연이격거리 이상을 확보하여야 한다.
④ 신설 터널 내 급전선을 가공으로 설계할 경우 지지물의 취부는 C찬넬 또는 매입전을 이용하여 고정하여야 한다.

해설 | 전차선로의 급전선로(431.4)
- 급전선은 나전선을 적용하여 가공식으로 가설
- 나전선의 접속은 직선접속을 원칙으로 한다.
- 가공식은 전차선의 높이 이상으로 전차선로 지지물에 병가
- 신설 터널 내 급전선을 가공으로 설계할 경우 지지물의 취부는 C찬넬 또는 매입전을 이용하여 고정

05 진열장 내의 배선으로 사용전압 400 [V] 이하에 사용하는 코드 또는 캡타이어 케이블의 최소 단면적은 몇 [mm²]인가?

① 1.25
② 1.0
③ 0.75
④ 0.5

해설 | 저압 옥내배선의 사용전선(231.3.1)
옥내배선의 사용 전압이 400 [V] 이하인 경우 사용가능한 전선
- 단면적 1.5 [mm²] 이상의 연동선
- 전광표시장치 : 0.75 [mm²] 이상인 다심 케이블 또는 다심 캡타이어케이블
- 진열장, 이동전선, 전구선 : 0.75 [mm²] 이상인 코드 또는 캡타이어케이블

06 최대사용전압이 23000 [V]인 중성점 비접지식 전로의 절연내력 시험전압은 몇 [V]인가?

① 16560
② 21160
③ 25300
④ 28750

해설 | 전로의 절연내력 시험전압(132)

구분	최대사용전압	시험전압	최소전압
비접지	7 [kV] 이하	1.5배	500 [V]
	7 [kV] 초과	1.25배	10.5 [kV]
중성선 다중접지	7~25 [kV]	0.92배	-
중성점 접지식	60 [kV] 초과	1.1배	75 [kV]
중성점 직접접지	60 ~ 170 [kV]	0.72배	-
	170 [kV] 초과	0.64배	-

$23,000 \times 1.25 = 28,750 \, [V]$

07 지중 전선로를 직접 매설식에 의하여 시설할 때, 차량 기타 중량물의 압력을 받을 우려가 있는 장소인 경우 매설깊이는 몇 [m] 이상으로 시설하여야 하는가?

① 0.6
② 1.0
③ 1.2
④ 1.5

해설 | 지중전선로의 매설깊이(334.1)
- 차량 등 중량물의 압력 받는 장소 : 1 [m] 이상
- 그 외 장소 : 0.6 [m] 이상

08 플로어덕트 공사에 의한 저압 옥내배선 공사 시 시설기준으로 틀린 것은?

① 덕트의 끝부분은 막을 것
② 옥외용 비닐절연전선을 사용할 것
③ 덕트 안에는 전선에 접속점이 없도록 할 것
④ 덕트 및 박스 기타의 부속품은 물이 고이는 부분이 없도록 시설하여야 한다.

해설 | 플로어덕트(232.32)
- 옥내의 건조한 콘크리트 바닥에 매입할 경우에 시설
- 사무실, 은행, 백화점 등의 배선이 분산된 장소에 사용
- 전선은 절연전선(OW 제외)을 사용
- 플로어덕트 안에는 전선에 접속점이 없도록 해야 한다(분기하는 경우 제외).
- 400 [V] 이하에서 주로 사용
- 덕트의 끝부분은 막고 접지공사를 한다.
- 플로어덕트 내 수용율은 32 [%] 이하가 되도록 한다.

09 중앙급전 전원과 구분되는 것으로서 전력 소비지역 부근에 분산하여 배치 가능한 신·재생에너지 발전설비 등의 전원으로 정의되는 용어는?

① 임시전력원
② 분전반전원
③ 분산형 전원
④ 계통연계전원

해설 | 용어정리 – 분산형 전원(112)
중앙급전 전원과 구분되는 것으로서 전력 소비지역 부근에 분산하여 배치 가능한 전원을 말한다. 상용전원의 정전 시에만 사용하는 비상용 예비전원은 제외하며, 신·재생에너지 발전설비, 전기저장장치 등을 포함한다.

10 애자공사에 의한 저압 옥측전선로는 사람이 쉽게 접촉될 우려가 없도록 시설하고, 전선의 지지점 간의 거리는 몇 [m] 이하이어야 하는가?

① 1
② 1.5
③ 2
④ 3

해설 | 옥측전선로의 애자공사(221.2)
전선의 지지점 간의 거리 : 2 [m] 이하

시설 장소	전선 상호 간의 간격		전선과 조영재 사이의 거리	
	400 [V] 이하	400 [V] 초과	400 [V] 이하	400 [V] 초과
비에 젖지 않는 곳	6 [cm]	6 [cm]	2.5 [cm]	2.5 [cm]
비에 젖는 곳	6 [cm]	12 [cm]	2.5 [cm]	4.5 [cm]

정답 07 ② 08 ② 09 ③ 10 ③

11 저압 가공전선로의 지지물이 목주인 경우 풍압하중의 몇 배의 하중에 견디는 강도를 가지는 것이어야 하는가?

① 1.2   ② 1.5
③ 2   ④ 3

해설 | 풍압하중에 대한 안전율(222.8)

저압	고압	특고압
1.2 이상	1.3 이상	1.5 이상

12 교류 전차선 등 충전부와 식물 사이의 이격거리는 몇 [m] 이상이어야 하는가? (단, 현장여건을 고려한 방호벽 등의 안전조치를 하지 않은 경우이다)

① 1   ② 3
③ 5   ④ 10

해설 | 전차선 등과 식물 사이의 이격거리 (431.11)
교류 전차선 등 충전부와 식물 사이의 이격거리는 5 [m] 이상이어야 한다. 다만 5 [m] 이상 확보하기 곤란한 경우에는 현장여건을 고려하여 방호벽 등 안전조치를 하여야 한다.

13 조상기에 내부 고장이 생긴 경우, 조상기의 뱅크용량이 몇 [kVA] 이상일 때 전로로부터 자동 차단하는 장치를 시설하여야 하는가?

① 5000   ② 10000
③ 15000   ④ 20000

해설 | 조상설비의 보호장치(351.5)

설비종별	뱅크용량의 구분	자동적으로 전로로부터 차단하는 장치
전력용 커패시터 분로리액터	500 [kVA] 초과 15000 [kVA] 미만	내부 고장, 과전류가 생긴 경우 동작하는 장치
	15000 [kVA] 이상	내부 고장, 과전류 과전압이 생긴 경우 동작하는 장치
조상기	15000 [kVA] 이상	내부 고장이 생긴 경우에 동작하는 장치

14 고장보호에 대한 설명으로 틀린 것은?

① 고장보호는 일반적으로 직접접촉을 방지하는 것이다.
② 고장보호는 인축의 몸을 통해 고장전류가 흐르는 것을 방지하여야 한다.
③ 고장보호는 인축의 몸에 흐르는 고장전류를 위험하지 않은 값 이하로 제한하여야 한다.
④ 고장보호는 인축의 몸에 흐르는 고장전류의 지속시간을 위험하지 않은 시간까지로 제한하여야 한다.

해설 | 감전에 대한 보호(113.2)
• 고장보호는 일반적으로 기본절연의 고장에 의한 간접접촉을 방지하는 것이다.
• 노출도전부에 인축이 접촉하여 일어날 수 있는 위험으로부터 보호되어야 한다.

정답 11 ① 12 ③ 13 ③ 14 ①

15 네온방전등의 관등회로의 전선을 애자공사에 의해 자기 또는 유리제 등의 애자로 견고하게 지지하여 조영재의 아랫면 또는 옆면에 부착한 경우 전선 상호 간의 이격거리는 몇 [mm] 이상이어야 하는가?

① 30   ② 60
③ 80   ④ 100

해설 | 네온방전등 관등회로(234.12)
- 배선은 애자공사로 시설
- 전선은 네온관용 전선을 사용
- 전선 상호 간의 이격거리 : 6 [cm] 이상
- 전선의 지지점 간의 거리 : 1 [m] 이하
- 전선과 조영재 이격거리

전압 구분	이격거리(이상)
6 [kV] 이하	20 [mm]
6 [kV] 초과 9 [kV] 이하	30 [mm]
9 [kV] 초과	40 [mm]

16 수소냉각식 발전기에서 사용하는 수소 냉각 장치에 대한 시설기준으로 틀린 것은?

① 수소를 통하는 관으로 동관을 사용할 수 있다.
② 수소를 통하는 관은 이음매가 있는 강판이어야 한다.
③ 발전기 내부의 수소의 온도를 계측하는 장치를 시설하여야 한다.
④ 발전기 내부의 수소의 순도가 85 [%] 이하로 저하한 경우에 이를 경보하는 장치를 시설하여야 한다.

해설 | 수소냉각식 발전기(351.10)
- 기밀구조로 폭발의 압력에 견디는 강도로 만든다.
- 누설된 수소 가스를 안전하게 외부에 방출할 수 있는 장치를 시설한다.
- 수소의 순도가 85 [%] 이하로 저하한 경우에 이를 경보하는 장치를 시설한다.
- 압력이 현저히 변동한 경우에 이를 경보하는 장치를 시설한다.
- 수소의 온도를 계측하는 장치를 시설한다.

17 전력보안통신설비인 무선통신용 안테나 등을 지지하는 철주의 기초 안전율은 얼마 이상이어야 하는가? (단, 무선용 안테나 등이 전선로의 주위상태를 감시할 목적으로 시설되는 것이 아닌 경우이다)

① 1.3   ② 1.5
③ 1.8   ④ 2.0

해설 | 무선용 안테나 등을 지지하는 철탑 등의 시설(364.1)
- 목주의 안전율 : 풍압하중에 대한 안전율은 1.5 이상
- 철주·철근 콘크리트주 또는 철탑의 기초 안전율 : 1.5 이상

18 특고압 가공전선로의 지지물 양측의 경간의 차가 큰 곳에 사용하는 철탑의 종류는?

① 내장형
② 보강형
③ 직선형
④ 인류형

해설 | 특고압 가공전선로의 철주·철근 콘크리트주 또는 철탑의 종류(333.11)

구분	특징
직선형	전선로의 직선부분 사용 (수평각도 3° 이하)
각도형	전선로중 3°를 초과하는 수평각도를 이루는 곳에 사용
인류형	전가섭선을 인류하는 곳에 사용
내장형	전선로의 지지물 양쪽의 경간의 차가 큰 곳에 사용
보강형	전선로의 직선부분에 그 보강을 위하여 사용

- 내장형 : 10기 이하마다 1기를 시설
- 보강형 : 5기 이하마다 1기를 시설

19 사무실 건물의 조명설비에 사용되는 백열전등 또는 방전등에 전기를 공급하는 옥내전로의 대지전압은 몇 [V] 이하인가?

① 250
② 300
③ 350
④ 400

해설 | 옥내전로의 전압제한(231.6)
- 옥내전로의 대지전압 : 300 [V] 이하
- 옥내전로의 사용전압 : 400 [V] 이하

20 전기저장장치를 전용건물에 시설하는 경우에 대한 설명이 다음 ( )에 들어갈 내용으로 옳은 것은?

전기저장장치의 시설장소는 주변 시설(도로, 건물, 가연물질 등)로부터 (㉠) [m] 이상 이격하고 다른 건물의 출입구나 피난계단 등 이와 유사한 장소로부터는 (㉡) [m] 이상 이격하여야 한다.

① ㉠ 3, ㉡ 1
② ㉠ 2, ㉡ 1.5
③ ㉠ 1, ㉡ 2
④ ㉠ 1.5, ㉡ 3

해설 | 전기저장장치 시설장소의 이격거리 (515.2)
- 주변 시설(도로, 건물, 가연물질 등)로부터 1.5 [m] 이상
- 다른 건물의 출입구나 피난계단 등 이와 유사한 장소로부터는 3 [m] 이상

정답 18 ① 19 ② 20 ④

01 풍력터빈의 피뢰설비 시설기준에 대한 설명으로 틀린 것은?

① 풍력터빈에 설치한 피뢰설비(리셉터, 인하도선 등)의 기능저하로 인해 다른 기능에 영향을 미치지 않을 것
② 풍력터빈 내부의 계측 센서용 케이블은 금속관 또는 차폐케이블 등을 사용하여 뇌유도과전압으로부터 보호할 것
③ 풍력터빈에 설치하는 인하도선은 쉽게 부식되지 않는 금속선으로서 뇌격전류를 안전하게 흘릴 수 있는 충분한 굵기여야 하며, 가능한 직선으로 시설할 것
④ 수뢰부를 풍력터빈 중앙부분에 배치하되 뇌격전류에 의한 발열에 용손(溶損)되지 않도록 재질, 크기, 두께 및 형상 등을 고려할 것

해설 | 풍력터빈의 피뢰설비(532.3.5)
- 수뢰부를 풍력터빈 선단부분 및 가장자리 부분에 배치하되 뇌격전류에 의한 발열에 용손되지 않도록 한다.
- 인하도선은 쉽게 부식되지 않는 금속선으로 가능한 직선으로 시설한다.
- 계측 센서용 케이블은 금속관 또는 차폐 케이블 등을 사용하여 뇌유도과전압으로부터 보호해야 한다.
- 피뢰설비(리셉터, 인하도선 등)의 기능저하로 인해 다른 기능에 영향을 미치지 않도록 한다.

02 샤워시설이 있는 욕실 등 인체가 물에 젖어있는 상태에서 전기를 사용하는 장소에 콘센트를 시설할 경우 인체감전보호용 누전차단기의 정격감도전류는 몇 [mA] 이하인가?

① 5
② 10
③ 15
④ 30

해설 | 콘센트의 시설(234.5)
욕실 또는 화장실 등은 누전차단기(정격감도전류 15 [mA] 이하, 동작시간 0.03초 이하의 전류동작형)가 부착된 콘센트를 시설한다.

03
강관으로 구성된 철탑의 갑종 풍압하중은 수직 투영면적 1 [m²]에 대한 풍압을 기초로 하여 계산한 값이 몇 [Pa]인가? (단, 단주는 제외한다)

① 1255
② 1412
③ 1627
④ 2157

해설 | 갑종 풍압하중(331.6)

풍압을 받는 구분		투영면적 1 [m²]에 풍압
목주		588 [Pa]
철주	원형의 것	588 [Pa]
	삼각형 또는 마름모형의 것	1412 [Pa]
	강관에 의하여 구성되는 4각형의 것	1117 [Pa]
철근콘크리트주	원형의 것	588 [Pa]
	기타의 것	882 [Pa]
철탑	강관으로 구성되는 것(단주는 제외함)	1255 [Pa]
애자장치 (특고압 전선용의 것에 한한다)		1039 [Pa]
가섭선	다도체 전선	666 [Pa]
	기타	745 [Pa]

04
한국전기설비규정에 따른 용어의 정의에서 감전에 대한 보호 등 안전을 위해 제공되는 도체를 말하는 것은?

① 접지도체
② 보호도체
③ 수평도체
④ 접지극도체

해설 | 용어정리 – 보호도체(112)
"(PE, Protective Conductor)"
감전에 대한 보호 등 안전을 위해 제공되는 도체

05
통신상의 유도 장해방지 시설에 대한 설명이다. 다음 ( )에 들어갈 내용으로 옳은 것은?

> 교류식 전기철도용 전차선로는 기설 가공약전류 전선로에 대하여 ( )에 의한 통신상의 장해가 생기지 않도록 시설하여야 한다.

① 정전작용
② 유도작용
③ 가열작용
④ 산화작용

해설 | 통신상의 유도 장해방지 시설(461.7)
교류식 전기철도용 전차선로는 기설 가공약전류 전선로에 대하여 유도작용에 의한 통신상의 장해가 생기지 않도록 시설하여야 한다.

06
주택의 전기저장장치의 축전지에 접속하는 부하 측 옥내배선을 사람이 접촉할 우려가 없도록 케이블배선에 의하여 시설하고 전선에 적당한 방호장치를 시설한 경우 주택의 옥내전로의 대지전압은 직류 몇 [V]까지 적용할 수 있는가? (단, 전로에 지락이 생겼을 때 자동적으로 전로를 차단하는 장치를 시설한 경우이다)

① 150
② 300
③ 400
④ 600

해설 | 옥내전로의 대지전압 제한(511.3)
옥내전로의 대지전압을 직류 600 [V]까지 적용이 가능한 조건
- 합성수지관배선, 금속관배선 및 케이블배선에 의하여 시설
- 지락 발생 시 자동전로 차단장치 시설

정답 03 ① 04 ② 05 ② 06 ④

07 전압의 구분에 대한 설명으로 옳은 것은?

① 직류에서의 저압은 1000 [V] 이하의 전압을 말한다.
② 교류에서의 저압은 1500 [V] 이하의 전압을 말한다.
③ 직류에서의 고압은 3500 [V]를 초과하고 7000 [V] 이하인 전압을 말한다.
④ 특고압은 7000 [V]를 초과하는 전압을 말한다.

해설 | 전압의 구분(111.1)

구분	교류	직류
저압	1 [kV] 이하	1.5 [kV] 이하
고압	저압 초과 7 [kV] 이하	
특고압	7 [kV] 초과	

08 고압 가공전선로의 가공지선으로 나경동선을 사용할 때의 최소 굵기는 지름 몇 [mm] 이상인가?

① 3.2
② 3.5
③ 4.0
④ 5.0

해설 | 가공전선로의 가공지선(332.6, 333.8)
- 고압 가공지선의 굵기 : 인장강도 5.26 [kN] 이상의 것 또는 지름 4 [mm] 이상의 나경동선 사용
- 특고압 가공지선의 굵기 : 인장강도 8.01 [kN] 이상의 나선 또는 지름 5 [mm] 이상의 나경동선, 22 [mm^2] 이상의 나경동연선, 아연도금강연선 사용

09 특고압용 변압기의 내부에 고장이 생겼을 경우에 자동차단장치 또는 경보장치를 하여야 하는 최소 뱅크용량은 몇 [kVA]인가?

① 1000
② 3000
③ 5000
④ 10000

해설 | 특고압용 변압기의 보호장치(351.4)

뱅크용량	동작조건	작동장치
5000 [kVA] 이상 10000 [kVA] 미만	변압기 내부고장	자동차단장치 또는 경보장치
10000 [kVA] 이상	변압기 내부고장	자동차단장치
타냉식 변압기	냉각장치고장 또는 변압기 온도 현저히 상승	경보장치

10 합성수지관 및 부속품의 시설에 대한 설명으로 틀린 것은?

① 관의 지지점 간의 거리는 1.5 [m] 이하로 할 것
② 합성수지제 가요전선관 상호 간은 직접 접속할 것
③ 접착제를 사용하여 관 상호 간을 삽입하는 깊이는 관의 바깥지름의 0.8배 이상으로 할 것
④ 접착제를 사용하지 않고 관 상호 간을 삽입하는 깊이는 관의 바깥지름의 1.2배 이상으로 할 것

해설 | 합성수지관 공사(232.11)
- 관 상호접속은 커플링을 이용
- 삽입하는 관의 길이 : 바깥지름의 1.2배 (접착제 사용 시 0.8배) 이상
- 합성수지제 가요전선관 상호 간은 직접 접속하지 않는다.

11 사용전압이 22.9 [kV]인 가공전선이 철도를 횡단하는 경우, 전선의 레일면상의 높이는 몇 [m] 이상인가?

① 5　　　　② 5.5
③ 6　　　　④ 6.5

해설 | 특고압 가공전선의 높이(333.7)

사용전압의 구분	지표상의 높이(m 이상)				
	철도 횡단	도로 횡단	산지	횡단보도	그 외 평지
35 [kV] 이하	6.5	6	5	4	5
35 [kV] 초과 160 [kV] 이하	6.5	6	5	5	6
160 [kV] 초과	최고 높이 + (초과 10 [kV]마다 0.12 [m])				

12 가공전선로의 지지물에 시설하는 통신선 또는 이에 직접 접속하는 가공 통신선이 철도 또는 궤도를 횡단하는 경우 그 높이는 레일면상 몇 [m] 이상으로 하여야 하는가?

① 3　　　　② 3.5
③ 5　　　　④ 6.5

해설 | 전력보안통신선의 높이(362.2)

장소		가공 통신선	첨가 통신선	
			저압,고압	특고압
도로	일반	5 [m]	6 [m]	6 [m]
	교통 지장 X	4.5 [m]	5 [m]	
철도 또는 궤도를 횡단		6.5 [m]		
횡단보도교 위에 시설		3 [m]	3.5 [m] (절연성능 3 [m])	5 [m] (광섬유 케이블 4 [m])
이외		3.5 [m]	4 [m] (광섬유 케이블 3.5 [m])	5 [m]

13 전력보안통신설비의 조가선은 단면적 몇 [mm²] 이상의 아연도강연선을 사용하여야 하는가?

① 16　　　　② 38
③ 50　　　　④ 55

해설 | 조가선의 시설기준(362.3)
조가선의 단면적 : 38 [mm²] 이상의 아연도강연선

14 가요전선관 및 부속품의 시설에 대한 내용이다. 다음 ( )에 들어갈 내용으로 옳은 것은?

> 1종 금속제 가요전선관에는 단면적 ( ) [mm²] 이상의 나연동선을 전체 길이에 걸쳐 삽입 또는 첨가하여 그 나연동선과 1종 금속제가요전선관을 양쪽 끝에서 전기적으로 완전하게 접속할 것, 다만 관의 길이가 4 [m] 이하인 것을 시설하는 경우에는 그러하지 아니하다.

① 0.75　　② 1.5
③ 2.5　　④ 4

해설 | 관등회로의 배선(234.11.4)
1종 금속제 가요전선관에는 공칭단면적 2.5 [mm²]의 나연동선을 전체의 길이에 걸쳐서 삽입 또는 첨가하여 그 나연동선과 1종 금속제 가요전선관을 양쪽 끝에서 전기적으로 완전하게 접속할 것. 다만 관의 길이가 4 [m] 이하인 것을 사람이 쉽게 접촉할 우려가 없도록 시설하는 경우에는 그러하지 아니하다.

15 사용전압이 154 [kV]인 전선로를 제1종 특고압 보안공사로 시설할 경우, 여기에 사용되는 경동연선의 단면적은 몇 [mm²] 이상이어야 하는가?

① 100　　② 125
③ 150　　④ 200

해설 | 특고압 보안공사(333.22)
제1종 특고압 보안공사 시 전선의 단면적

사용전압	인장강도	단면적
100 [kV] 미만	21.67 [kN] 이상	55 [mm²] 이상
100 [kV] 이상 300 [kV] 미만	58.84 [kN] 이상	150 [mm²] 이상
300 [kV] 이상	77.47 [kN] 이상	200 [mm²] 이상

16 사용전압이 400 [V] 이하인 저압 옥측전선로를 애자공사에 의해 시설하는 경우 전선 상호 간의 간격은 몇 [m] 이상이어야 하는가? (단, 비나 이슬에 젖지 않는 장소에 사람이 쉽게 접촉될 우려가 없도록 시설한 경우이다)

① 0.025　　② 0.045
③ 0.06　　④ 0.12

해설 | 애자사용 공사(232.56)

구분	400 [V] 이하	400 [V] 초과
전선 상호 간 거리	6 [cm] 이상	6 [cm] 이상
전선과 조영재의 거리	2.5 [cm] 이상	4.5 [m] 이상 (건조한 곳은 2.5 [cm] 이상)

정답　14 ③　15 ③　16 ③

17 지중전선로는 기설 지중약전류전선로에 대하여 통신상의 장해를 주지 않도록 기설 약전류전선로로부터 충분히 이격시키거나 기타 적당한 방법으로 시설하여야 한다. 이때 통신상의 장해가 발생하는 원인으로 옳은 것은?

① 충전전류 또는 표피작용
② 충전전류 또는 유도작용
③ 누설전류 또는 표피작용
④ 누설전류 또는 유도작용

해설 | 지중약전류전선의 유도장해 방지 (334.5)
지중전선로는 기설 지중약전류전선로에 대하여 누설전류 또는 유도작용에 의하여 통신상의 장해를 주지 않도록 기설 약전류전선로로부터 충분히 이격시키거나 기타 적당한 방법으로 시설하여야 한다.

18 최대 사용전압이 10.5 [kV]를 초과하는 교류의 회전기 절연내력을 시험하고자 한다. 이때 시험전압은 최대사용전압의 몇 배의 전압으로 하여야 하는가? (단, 회전변류기는 제외한다)

① 1 ② 1.1
③ 1.25 ④ 1.5

해설 | 회전기 및 정류기의 절연내력(133)

	최대사용전압		시험전압 배율	시험최저 전압 [V]
회전기	발전기 전동기	7 [kV] 이하	1.5배	500
		7 [kV] 초과	1.25배	10500
	회전변류기		1배	500
정류기	60 [kV] 이하		1배	500
	60 [kV] 초과		1.1배	-

정답 17 ④ 18 ③

19 폭연성 분진 또는 화약류의 분말에 전기설비가 발화원이 되어 폭발할 우려가 있는 곳에 시설하는 저압 옥내배선의 공사방법으로 옳은 것은? (단, 사용전압이 400 [V] 초과인 방전등을 제외한 경우이다)

① 금속관공사
② 애자사용공사
③ 합성수지관공사
④ 캡타이어 케이블공사

해설 | 분진위험 장소에 따른 공사방법(242.2)

장소	공사방법
폭연성 분진 위험장소	• 금속관공사 • 케이블공사 (캡타이어케이블 제외)
가연성 분진 위험장소	• 합성수지관공사 (두께 2 [mm] 이상) • 금속관공사 • 케이블공사
먼지가 많은 그 밖의 위험장소	• 애자공사 • 합성수지관공사 • 금속관공사 • 케이블공사 • 금속덕트 공사 • 버스덕트 공사 (환기형 제외)

20 과전류차단기로 저압전로에 사용하는 범용의 퓨즈(「전기용품 및 생활용품 안전관리법」에서 규정하는 것을 제외한다)의 정격전류가 16 [A]인 경우 용단전류는 정격전류의 몇 배인가? (단, 퓨즈(gG)인 경우이다)

① 1.25   ② 1.5
③ 1.6   ④ 1.9

해설 | 퓨즈의 용단특성(212.3.4)

정격전류	시간	정격전류의 배수	
		불용단 전류	용단 전류
4 [A] 이하	60분	1.5배	2.1배
4 [A] 초과 16 [A] 미만	60분	1.5배	1.9배
16 [A] 이상 63 [A] 이하	60분	1.25배	1.6배
63 [A] 초과 160 [A] 이하	120분	1.25배	1.6배
160 [A] 초과 400 [A] 이하	180분	1.25배	1.6배
400 [A] 초과	240분	1.25배	1.6배

정답 19 ① 20 ③

2022년 3회

01 특고압 가공전선로의 지지물이 철탑이고 가공전선의 단면적이 50 [mm²] 이상인 경우 특고압 가공전선의 경간은 몇 [m] 이하이어야 하는가?

① 300 ② 400
③ 600 ④ 제한없음

해설 | 특고압 가공전선로의 경간제한(333.21)

지지물	경간	단면적 50 [mm²] 이상
목주, A종주	150 [m]	300 [m]
B종주	250 [m]	500 [m]
철탑 단주 아닌 경우	600 [m]	제한 없음
철탑 단주인 경우	400 [m]	

02 전기 온상용 발열선의 온도의 최댓값은 몇 [℃]를 넘지 않아야 하는가?

① 60 ② 70
③ 80 ④ 100

해설 | 전기온상의 발열선(241.5)
- 전선은 전기온상선을 사용한다.
- 발열선은 그 온도가 80 [℃]를 넘지 않도록 시설한다.
- 전로에는 전용 개폐기 및 과전류차단기 (다선식전로의 중성극을 제외)를 각 극에 시설해야 한다.

03 가공전선과 첨가 통신선과의 시공방법으로 틀린 것은?

① 통신선은 가공전선의 아래에 시설할 것
② 통신선과 고압 가공전선 사이의 이격거리는 60 [cm] 이상일 것
③ 통신선과 특고압 가공전선로의 다중접지한 중성선 사이의 이격거리는 1.2 [m] 이상일 것
④ 통신선은 특고압 가공전선로의 지지물에 시설하는 기계기구에 부속되는 전선과 접촉할 우려가 없도록 지지물 또는 완금류에 견고하게 시설할 것

해설 | 가공전선과 첨가 통신선과의 이격거리 (362.2)

가공전선	일반	케이블	기타
저압	0.6 [m]	0.3 [m]	
고압	0.6 [m]	0.3 [m]	
특고압	1.2 [m]	0.3 [m]	다중접지 중성선 0.6 [m] 25 [kV] 이하 0.75 [m]

04 345 [kV] 송전선을 사람이 쉽게 들어가지 않는 산지에 시설할 때 전선의 지표상 높이는 몇 [m] 이상으로 하여야 하는가?

① 7.28 ② 7.56
③ 8.28 ④ 8.56

정답 01 ④ 02 ③ 03 ③ 04 ①

해설 | 특고압 가공전선의 높이(333.7)

사용전압 의 구분	지표상의 높이(m 이상)				
	철도 횡단	도로 횡단	산지	횡단 보도	그 외 평지
35 [kV] 이하	6.5	6	5	4	5
35 [kV] 초과 160 [kV] 이하	6.5	6	5	5	6
160 [kV] 초과	최고 높이 + (초과 10 [kV]마다 0.12 [m])				

$\frac{345-160}{10} = 18.5 = 19$단

- $5 + 0.12 \times 19 = 7.28\,[m]$

---

05 연료전지설비의 전기배선 공사방법으로 틀린 것은?

① 애자사용 공사　② 합성수지관 공사
③ 금속관 공사　　④ 케이블 공사

해설 | 연료전지설비의 전기배선 공사 (542.1.1)
- 합성수지관 공사
- 금속관 공사
- 가요전선관 공사
- 케이블 공사

---

06 제1종 특고압 보안공사 전선로의 지지물로 사용하지 않는 것은?

① A종 철근 콘크리트주
② B종 철근 콘크리트주
③ 철탑
④ B종 철주

해설 | 제1종 특고압 보안공사(333.22)
목주·A종 철주 또는 A종 철근 콘크리트주를 지지물로 사용할 수 없다.

---

07 백열전등 및 방전등에 전기를 공급하는 옥내전로의 대지전압 제한값은 몇 [V] 이하인가?

① 100　② 110
③ 220　④ 300

해설 | 옥내전로의 대지 전압의 제한(231.6)
백열전등 또는 방전등에 전기를 공급하는 옥내의 전로의 대지전압은 300 [V] 이하

---

08 전기욕기에 전기를 공급하는 전원장치는 전기욕기용으로 내장되어 있는 2차 측 전로의 사용전압을 몇 [V] 이하로 한정하고 있는가?

① 6　② 10
③ 12　④ 15

해설 | 전기욕기(241.2)
- 전원장치에 내장되는 전원 변압기의 2차 측 전로의 사용전압 : 10 [V] 이하
- 변압기의 2차 측 배선 : 단면적 2.5 [mm^2] 이상의 연동선, 케이블, 단면적 1.5 [mm^2] 이상의 캡타이어케이블
- 욕기 내의 전극 간의 거리 : 1 [m] 이상

09 전기철도의 전식방지 대책 중 전기철도측의 전식예방법으로 틀린 것은?

① 절연코팅
② 변전소 간 간격 축소
③ 장대레일채택
④ 레일과 침목 사이에 절연층 설치

해설 | 전기철도측의 전식예방법(461.4)
- 변전소 간 간격 축소
- 레일본드의 양호한 시공
- 장대레일채택
- 절연도상 및 레일과 침목 사이에 절연층을 설치

10 사용전압이 300 [V]인 지중전선이 지중약전류 전선과 접근 또는 교차할 때 상호 간에 내화성 격벽을 설치한다면 상호 간의 이격거리는 몇 [cm] 이하인 경우인가?

① 30   ② 50
③ 60   ④ 100

해설 | 내화성 격벽의 설치 시 이격거리(334.6)
- 지중전선과 지중약전류전선 사이
  - 저압, 고압 지중전선 : 0.3 [m] 이하일 때
  - 특고압 지중전선 : 0.6 [m] 이하일 때
- 특고압 지중전선과 관 사이
  - 유독성 유체를 내포하는 관 : 1 [m] 이하일 때(단, 사용전압이 25 [kV] 이하인 다중접지방식인 경우 : 0.5 [m] 이하)
  - 그 이외의 관 : 0.3 [m] 이하일 때

11 소세력회로의 최대 사용전압이 30 [V]라면, 절연변압기의 2차 단락전류는 몇 [A] 이하이어야 하는가?

① 1   ② 3
③ 5   ④ 8

해설 | 소세력회로(241.14)
절연변압기의 2차 단락전류

소세력 회로의 최대 사용전압	2차 단락전류
15 [V] 이하	8 [A] 이하
15 [V] 초과 30 [V] 이하	5 [A] 이하
30 [V] 초과 60 [V] 이하	3 [A] 이하

12 상시 상정하중의 수직하중의 내용으로 옳은 것은?

① 전선로에 아래 수평 방향으로 가하여지는 경우의 하중
② 전선로의 옆 직각 방향으로 가하여지는 경우의 하중
③ 전선로의 방향으로 가하여지는 경우의 하중
④ 가섭선·애자장치·지지물 부재 등의 중량에 의한 하중

해설 | 상시 상정하중 – 수직하중(333.13)
- 전선로에 아래 직각 방향으로 가하여지는 경우의 하중
- 가섭선·애자장치·지지물 부재(철근 콘크리트주에 대하여는 완금류를 포함한다) 등의 중량에 의한 하중
- 지선의 장력에 의하여 생기는 수직분력에 의한 하중을 가산
- 가섭선의 피빙(두께 6 [mm], 비중 0.9)의 중량에 의한 하중을 가산

13 점검할 수 없는 은폐된 장소로 400 [V] 미만의 건조한 장소의 옥내배선 공사로 알맞은 것은?

① 금속 덕트 공사
② 플로어 덕트 공사
③ 라이팅 덕트 공사
④ 버스 덕트 공사

해설 | 플로어덕트(232.32)
- 옥내의 건조한 콘크리트 바닥에 매입할 경우에 시설
- 사무실, 은행, 백화점 등의 배선이 분산된 장소에 사용
- 전선은 절연전선(OW 제외)을 사용
- 플로어덕트 안에는 전선에 접속점이 없도록 해야 한다(분기하는 경우 제외).
- 400 [V] 이하에서 주로 사용
- 덕트의 끝부분은 막고 접지공사를 한다.
- 플로어덕트 내 수용율은 32 [%] 이하가 되도록 한다.

14 교통신호등 회로의 시설에 대한 설명으로 옳은 것은?

① 인하선은 지표상 2 [m] 이상이어야 한다.
② 2차 측 배선의 사용전압은 300 [V]를 넘지 않아야 한다.
③ 전선은 나전선을 사용한다.
④ 누전차단기를 설치는 생략해도 된다.

해설 | 교통신호등(234.15)
- 2차 측 배선 최대사용전압 : 300 [V] 이하
- 전선 : 케이블 또는 공칭단면적 2.5 [mm^2] 이상의 연동선
- 인하선의 지표상 높이 : 2.5 [m] 이상
- 사용전압이 150 [V]를 넘는 경우 지락발생 시 자동 작동하는 누전차단기를 시설

15 변압기 전로의 절연내력시험에서 최대 사용전압이 22.9 [kV]인 경우 시험전압은 최대 사용전압의 몇 배인가? (단, 권선은 중성점 접지식 전로 중성선을 가지는 것으로서 그 중성선에서 다중접지를 하는 것에 한한다)

① 0.92　　② 1.1
③ 1.25　　④ 1.5

해설 | 전로의 절연내력 시험전압(132)

구분	최대사용전압	시험전압	최소전압
비접지	7 [kV] 이하	1.5배	500 [V]
	7 [kV] 초과	1.25배	10.5 [kV]
중성선 다중접지	7~25 [kV]	0.92배	-
중성점 접지식	60 [kV] 초과	1.1배	75 [kV]
중성점 직접접지	60 ~ 170 [kV]	0.72배	-
	170 [kV] 초과	0.64배	-

16 인하도선 시스템의 설명으로 틀린 것은?

① 경로는 최단거리로 시설한다.
② 처마의 홈통 내부에는 시설할 수 없다.
③ 철근을 인하도선으로 사용하기 위한 전기저항값은 0.2 [Ω] 이하이다.
④ 보호각법, 회전구체법, 메시법 중 하나 또는 조합된 방법으로 배치한다.

해설 | 인하도선시스템의 시설(152.2)
- 경로는 가능한 한 루프 형성이 되지 않도록 하고, 최단거리로 곧게 수직으로 시설
- 처마 또는 수직으로 설치 된 홈통 내부에 시설불가
- 철근을 인하도선으로 사용하기 위한 조건 : 전기저항 값은 0.2 [Ω] 이하
- 접속방법 : 용접, 압착, 봉합, 나사조임, 볼트조임

17 특고압 전선로에 사용되는 애자장치에 대한 갑종 풍압하중은 그 구성재의 수직투영면적 1 [m²]에 대한 풍압하중을 몇 [Pa]를 기초하여 계산한 것인가?

① 592   ② 668
③ 946   ④ 1039

해설 | 갑종 풍압하중(331.6)

풍압을 받는 구분		투영면적 1 [m²]에 풍압
목주		588 [Pa]
철주	원형의 것	588 [Pa]
	삼각형 또는 마름모형의 것	1412 [Pa]
	강관에 의하여 구성되는 4각형의 것	1117 [Pa]
철근콘크리트주	원형의 것	588 [Pa]
	기타의 것	882 [Pa]
철탑	강관으로 구성되는 것(단주는 제외함)	1255 [Pa]
애자장치(특고압 전선용의 것에 한한다)		1039 [Pa]
가섭선	다도체 전선	666 [Pa]
	기타	745 [Pa]

정답 16 ④ 17 ④

18 고압 가공전선과 건조물의 상부 조영재와의 옆쪽 이격거리는 몇 [m] 이상인가? (단, 전선에 사람이 쉽게 접촉할 우려가 있고 케이블이 아닌 경우이다)

① 1.0
② 1.2
③ 1.5
④ 2.0

해설 | 저압, 고압 가공전선과 건조물의 접근 (222.11, 332.11)

구분		이격거리	
상부 조영재	위쪽	2 [m]	케이블인 경우 1 [m]
	옆쪽 또는 아래쪽	1.2 [m]	접촉할 우려가 없는 경우 0.8 [m]
			케이블 경우 0.4 [m]

19 가공 전선로의 지지물에 지선을 시설하려고 한다. 이 지선의 기준으로 옳은 것은?

① 소선지름 : 2.0 [mm], 안전율 : 2.5, 허용 인장하중 2.11 [kN]
② 소선지름 : 2.6 [mm], 안전율 : 2.5, 허용 인장하중 4.31 [kN]
③ 소선지름 : 1.6 [mm], 안전율 : 2.0, 허용 인장하중 4.31 [kN]
④ 소선지름 : 2.6 [mm], 안전율 : 1.5, 허용 인장하중 3.21 [kN]

해설 | 지선의 시설(331.11)
- 지선의 안전율 : 2.5
- 인장하중 : 4.31 [kN] 이상
- 지선의 소선 : 3가닥 이상의 연선이며 지름이 2.6 [mm] 이상의 금속선
- 지선로드 : 내식성을 가진 아연도금철봉으로 지표상 30 [cm] 이상
- 지선높이 : 도로 5 [m], 보도 2.5 [m]
- 철탑은 지선사용 금지

20 판단기준 용어에서 "제2차 접근상태"란 가공전선이 다른 시설물과 접근하는 경우에 그 가공전선이 다른 시설물의 위쪽 또는 옆쪽에서 수평거리로 몇 [m] 미만인 곳에 시설되는 상태를 말하는가?

① 2
② 3
③ 4
④ 5

해설 | 용어정리 – 제2차접근상태(112)
가공 전선이 다른 시설물과 접근하는 경우에 그 가공 전선이 다른 시설물의 위쪽 또는 옆쪽에서 수평 거리로 3 [m] 미만인 곳에 시설되는 상태

2021년 1회

01 사용전압이 22.9 [kV]인 가공전선로의 다중접지한 중성선과 첨가 통신선의 이격거리는 몇 [cm] 이상이어야 하는가? (단, 특고압 가공전선로는 중성선 다중접지식의 것으로 전로에 지락이 생긴 경우 2초 이내에 자동적으로 이를 전로로부터 차단하는 장치가 되어 있는 것으로 한다)

① 60 ② 75
③ 100 ④ 120

해설 | 가공전선과 첨가 통신선과의 이격거리 (362.2)

가공전선	일반	케이블	기타
저압	0.6 [m]	0.3 [m]	
고압	0.6 [m]	0.3 [m]	
특고압	1.2 [m]	0.3 [m]	다중접지 중성선 0.6 [m] 25 [kV] 이하 0.75 [m]

02 다음 ( )에 들어갈 내용으로 옳은 것은?

> 지중전선로는 기설 지중약전류전선로에 대하여 (ⓐ) 또는 (ⓑ)에 의하여 통신상의 장해를 주지 않도록 기설 약전류전선로로부터 충분히 이격시키거나 기타 적당한 방법으로 시설하여야 한다.

① ⓐ 누설전류, ⓑ 유도작용
② ⓐ 단락전류, ⓑ 유도작용
③ ⓐ 단락전류, ⓑ 정전작용
④ ⓐ 누설전류, ⓑ 정전작용

해설 | 지중약전류전선의 유도장해 방지 (334.5)
지중전선로는 기설 지중약전류전선로에 대하여 누설전류 또는 유도작용에 의하여 통신상의 장해를 주지 않도록 기설 약전류전선로로부터 충분히 이격시키거나 기타 적당한 방법으로 시설하여야 한다.

03 전격살충기의 전격격자는 지표 또는 바닥에서 몇 [m] 이상의 높은 곳에 시설하여야 하는가?

① 1.5 ② 2
③ 2.8 ④ 3.5

해설 | 전격살충기(241.7)
- 전격살충기의 전격격자는 지표 또는 바닥에서 3.5 [m] 이상의 높은 곳에 시설
- 전격살충기의 전격격자와 다른 시설물(가공전선은 제외한다) 또는 식물과의 이격거리는 0.3 [m] 이상일 것

정답 01 ① 02 ① 03 ④

04 사용전압이 154 [kV]인 모선에 접속되는 전력용 커패시터에 울타리를 시설하는 경우 울타리의 높이와 울타리로부터 충전부분까지 거리의 합계는 몇 [m] 이상 되어야 하는가?

① 2
② 3
③ 5
④ 6

해설 | 특고압용 기계기구의 시설(341.4)

사용전압의 구분	울타리의 높이와 울타리로부터 충전부분까지의 거리 합계
35 [kV] 이하	5 [m]
35 [kV] 초과 160 [kV] 이하	6 [m]
160 [kV] 초과	6 [m] + (초과 10 [kV]마다 0.12 [m])

05 사용전압이 22.9 [kV]인 가공전선이 삭도와 제1차 접근상태로 시설되는 경우, 가공전선과 삭도 또는 삭도용 지주 사이의 이격거리는 몇 [m] 이상으로 하여야 하는가? (단, 전선으로는 특고압 절연전선을 사용한다)

① 0.5
② 1
③ 2
④ 2.12

해설 | 특고압 가공전선과 삭도의 접근 또는 교차(333.25)

사용전압	이격거리	
35 [kV] 이하	2 [m] 이상	
	특고압 절연전선	1 [m] 이상
	케이블	0.5 [m] 이상
35 [kV] 초과 60 [kV] 이하	2 [m] 이상	
60 [kV] 초과	2 [m] + (초과 10 [kV]마다 0.12 [m])	

06 사용전압이 22.9 [kV]인 가공전선로를 시가지에 시설하는 경우 전선의 지표상 높이는 몇 [m] 이상인가? (단, 전선은 특고압 절연전선을 사용한다)

① 6
② 7
③ 8
④ 10

해설 | 시가지 등에서 170 [kV] 이하 특고압 가공전선로 높이(333.1)

사용전압	높이	
35 [kV] 이하	10 [m] 이상	
	특고압 절연전선	8 [m] 이상
35 [kV] 초과	10 [m] + (초과 10 [kV]마다 0.12 [m])	

정답 04 ④ 05 ② 06 ③

07 저압 옥내배선에 사용하는 연동선의 최소 굵기는 몇 [mm²]인가?

① 1.5
② 2.5
③ 4.0
④ 6.0

해설 | 저압 옥내배선의 사용전선의 굵기(231.3)
- 저압 옥내배선의 전선은 단면적 2.5 [mm²] 이상의 연동선
- 옥내배선의 사용 전압이 400 [V] 이하인 경우
  - 단면적 1.5 [mm²] 이상의 연동선
  - 전광표시장치 : 0.75 [mm²] 이상인 다심케이블 또는 다심 캡타이어케이블
  - 진열장, 이동전선, 전구선 : 0.75 [mm²] 이상인 코드 또는 캡타이어케이블

08 "리플프리(Ripple-free)직류"란 교류를 직류로 변환할 때 리플성분의 실효값이 몇 [%] 이하로 포함된 직류를 말하는가?

① 3
② 5
③ 10
④ 15

해설 | 용어정리 - 리플프리직류(112)
교류를 직류로 변환 시 리플성분의 실효값이 10 [%] 이하로 포함된 직류

09 저압 전로에서 정전이 어려운 경우 등 절연저항 측정이 곤란한 경우 저항성분의 누설전류가 몇 [mA] 이하이면 그 전로의 절연성능은 적합한 것으로 보는가?

① 1
② 2
③ 3
④ 4

해설 | 저압전로의 절연저항(132)
저압 전로에서 정전이 어려운 경우 등 절연저항 측정이 곤란한 경우 저항성분의 누설전류가 1 [mA] 이하이면 그 전로의 절연성능은 적합한 것으로 본다.

10 수소냉각식 발전기 및 이에 부속하는 수소 냉각장치에 대한 시설기준으로 틀린 것은?

① 발전기 내부의 수소의 온도를 계측하는 장치를 시설할 것
② 발전기 내부의 수소의 순도가 70 [%] 이하로 저하한 경우에 경보를 하는 장치를 시설할 것
③ 발전기는 기밀구조의 것이고 또한 수소가 대기압에서 폭발하는 경우에 생기는 압력에 견디는 강도를 가지는 것일 것
④ 발전기 내부의 수소의 압력을 계측하는 장치 및 그 압력이 현저히 변동한 경우에 이를 경보하는 장치를 시설할 것

정답 07 ② 08 ③ 09 ① 10 ②

해설 | 수소냉각식 발전기 등의 시설(351.10)
- 발전기축의 밀봉부에는 질소 가스를 봉입할 수 있는 장치 또는 발전기 축의 밀봉부로부터 누설된 수소 가스를 안전하게 외부에 방출할 수 있는 장치를 시설할 것
- 발전기 내부 또는 조상기 내부의 수소의 순도가 85 [%] 이하로 저하한 경우에 이를 경보하는 장치를 시설할 것
- 발전기 내부 또는 조상기 내부의 수소의 압력을 계측하는 장치 및 그 압력이 현저히 변동한 경우에 이를 경보하는 장치를 시설할 것
- 발전기 내부 또는 조상기 내부의 수소의 온도를 계측하는 장치를 시설할 것

11 저압 절연전선으로 전기용품 및 생활용품 안전관리법의 적용을 받는 것 이외에 KS에 적합한 것으로서 사용할 수 없는 것은?

① 450/750 [V] 고무절연전선
② 450/750 [V] 비닐절연전선
③ 450/750 [V] 알루미늄절연전선
④ 450/750 [V] 저독성 난연 폴리올레핀 절연전선

해설 | 절연전선의 종류(122)
- 450/750 [V] 비닐 절연전선
- 450/750 [V] 저독 난연 - 폴리올레핀 절연전선
- 450/750 [V] 저독성 난연 가교폴리올레핀절연전선
- 450/750 [V] 고무 절연전선

12 전기철도차량에 전력을 공급하는 전차선의 가선방식에 포함되지 않는 것은?

① 가공방식 ② 강체방식
③ 제3레일방식 ④ 지중조가선방식

해설 | 전차선 가선방식(431.1)
- 가공방식
- 강체방식
- 제3레일방식

13 금속제 가요전선관 공사에 의한 저압 옥내배선의 시설기준으로 틀린 것은?

① 가요전선관 안에는 전선에 접속점이 없도록 한다.
② 옥외용 비닐절연전선을 제외한 절연전선을 사용한다.
③ 점검할 수 없는 은폐된 장소에는 1종 가요전선관을 사용할 수 있다.
④ 2종 금속제 가요전선관을 사용하는 겨울에 습기 많은 장소에 시설하는 때에는 비닐피복 2종 가요전선관으로 한다.

해설 | 금속제 가요전선관공사(232.13)
- 전선은 절연전선을 사용
  (옥외용 비닐절연전선을 제외)
- 전선은 절연전선(단선) 사용
  - 구리선 : 단면적 10 [mm^2] 이하
  - 알루미늄선 : 단면적 16 [mm^2] 이하
    (그 이상은 연선을 사용)
- 가요전선관 안에는 전선에 접속점이 없도록 할 것

정답 11 ③ 12 ④ 13 ③

14 터널 안의 전선로의 저압전선이 그 터널 안의 다른 저압전선(관등회로의 배선은 제외한다)·약전류전선 등 또는 수관·가스관이나 이와 유사한 것과 접근하거나 교차하는 경우, 저압전선을 애자공사에 의하여 시설하는 때에는 이격거리가 몇 [cm] 이상이어야 하는가? (단, 전선이 나전선이 아닌 경우이다)

① 10 ② 15
③ 20 ④ 25

해설 | 터널 안 전선로의 전선과 약전류전선 등 또는 관 사이의 이격거리(335.2)
- 저압 : 0.1 [m] 이상(나전선인 경우 0.3 [m])
- 고압, 특고압 : 0.15 [m] 이상

15 전기철도의 설비를 보호하기 위해 시설하는 피뢰기의 시설기준으로 틀린 것은?

① 피뢰기는 변전소 인입 측 및 급전선 인출 측에 설치하여야 한다.
② 피뢰기는 가능한 한 보호하는 기기와 가깝게 시설하되 누설전류 측정이 용이하도록 지지대와 절연하여 설치한다.
③ 피뢰기는 개방형을 사용하고 유효 보호거리를 증가시키기 위하여 방전개시전압 및 제한전압이 낮은 것을 사용한다.
④ 피뢰기는 가공전선과 직접 접속하는 지중케이블에서 낙뢰에 의해 절연파괴의 우려가 있는 케이블 단말에 설치하여야 한다.

해설 | 피뢰기의 설치 장소(451.3)
- 변전소 인입 측 및 급전선 인출 측
- 가공전선과 직접 접속하는 지중케이블에서 낙뢰에 의해 절연파괴의 우려가 있는 케이블 단말
- 보호하는 기기와 가까운 곳에 시설
- 누설전류 측정이 용이하도록 지지대와 절연하여 설치

16 전선의 단면적이 38 [mm²]인 경동연선을 사용하고 지지물로는 B종 철주 또는 B종 철근 콘크리트주를 사용하는 특고압 가공전선로를 제3종 특고압 보안공사에 의하여 시설하는 경우 경간은 몇 [m] 이하이어야 하는가?

① 100 ② 150
③ 200 ④ 250

해설 | 제3종 특고압 보안공사 시 경간 제한 (333.22)

지지물	경간
목주 A종	100 [m]
	단면적이 38 [mm²] 이상인 경동연선을 사용하는 경우 150 [m]
B종	200 [m]
	단면적이 55 [mm²] 이상인 경동연선을 사용하는 경우 250 [m]
철탑	400 [m]
	단면적이 55 [mm²] 이상인 경동연선을 사용하는 경우 600 [m]

17 태양광설비에 시설하여야 하는 계측기의 계측대상에 해당하는 것은?

① 전압과 전류
② 전력과 역률
③ 전류와 역률
④ 역률과 주파수

해설 | 태양광설비의 계측(522.3)
태양광설비에는 전압과 전류 또는 전압과 전력을 계측하는 장치를 시설하여야 한다.

18 교통신호등 회로의 사용전압이 몇 [V]를 넘는 경우는 전로에 지락이 생겼을 경우 자동적으로 전로를 차단하는 누전차단기를 시설하는가?

① 60
② 150
③ 300
④ 450

해설 | 교통신호등(234.15)
- 2차 측 배선 최대사용전압 : 300 [V] 이하
- 전선 : 케이블 또는 공칭단면적 2.5 [mm²] 이상의 연동선
- 인하선의 지표상 높이 : 2.5 [m] 이상
- 사용전압이 150 [V]를 넘는 경우 지락발생 시 자동 작동하는 누전차단기를 시설

19 가공전선로의 지지물에 시설하는 지선으로 연선을 사용할 경우, 소선(素線)은 몇 가닥 이상이어야 하는가?

① 2
② 3
③ 5
④ 9

해설 | 지선의 시설(331.11)
- 지선의 안전율 : 2.5
- 인장하중 : 4.31 [kN] 이상
- 지선의 소선 : 3가닥 이상의 연선이며 지름이 2.6 [mm] 이상의 금속선
- 지선로드 : 내식성을 가진 아연도금철봉으로 지표상 30 [cm] 이상
- 지선높이 : 도로 5 [m], 보도 2.5 [m]
- 철탑은 지선사용 금지

20 저압전로의 보호도체 및 중선선의 접속방식에 따른 접지계통의 분류가 아닌 것은?

① IT 계통
② TN 계통
③ TT 계통
④ TC 계통

해설 | 저압전로의 접지계통의 분류(203.1)
- TN 계통
- TT 계통
- IT 계통

정답 17 ① 18 ② 19 ② 20 ④

2021년 2회

전기기사 필기
전기설비기술기준 및 판단기준

01 플로어덕트 공사에 의한 저압 옥내배선에서 연선을 사용하지 않아도 되는 전선(동선)의 단면적은 최대 몇 [mm²]인가?

① 2
② 4
③ 6
④ 10

해설 | 플로어덕트 공사(232.32)
전선은 절연전선(OW 제외)을 사용
- 단선
  - 구리선 : 10 [mm²]
  - 알루미늄선 : 16 [mm²]
- 그 상은 연선을 사용

02 전기설비기술기준에서 정하는 안전원칙에 대한 내용으로 틀린 것은?

① 전기설비는 감전, 화재 그 밖에 사람에게 위해를 주거나 물건에 손상을 줄 우려가 없도록 시설하여야 한다.
② 전기설비는 다른 전기설비, 그 밖의 물건의 기능에 전기적 또는 자기적인 장해를 주지 않도록 시설하여야 한다.
③ 전기설비는 경쟁과 새로운 기술 및 사업의 도입을 촉진함으로써 전기사업의 건전한 발전을 도모하도록 시설하여야 한다.
④ 전기설비는 사용목적에 적절하고 안전하게 작동하여야 하며, 그 손상으로 인하여 전기공급에 지장을 주지 않도록 시설하여야 한다.

해설 | 전기사업법
- 전기설비는 경쟁과 새로운 기술 및 사업의 도입을 촉진함으로써 전기사업의 건전한 발전을 도모하도록 시설하여야 한다.

위 내용은 안전원칙에 대한 내용이 아니라 전기사업에 관한 기본제도이다.

03 아파트 세대 욕실에 "비데용 콘센트"를 시설하고자 한다. 다음의 시설방법 중 적합하지 않은 것은?

① 콘센트는 접지극이 없는 것을 사용한다.
② 습기가 많은 장소에 시설하는 콘센트는 방습장치를 하여야 한다.
③ 콘센트를 시설하는 경우에는 절연변압기(정격용량 3 [kVA] 이하인 것에 한한다)로 보호된 전로에 접속하여야 한다.
④ 콘센트를 시설하는 경우에는 인체감전보호용 누전차단기(정격감도전류 15 [mA] 이하, 동작시간 0.03초 이하의 전류동작형의 것에 한한다)로 보호된 전로에 접속하여야 한다.

해설 | 콘센트의 시설(234.5)
습기가 많은 장소 또는 수분이 있는 장소에 시설하는 콘센트 및 기계기구용 콘센트는 접지용 단자가 있는 것을 사용

정답 01 ④ 02 ③ 03 ①

04 특고압용 타냉식 변압기의 냉각장치에 고장이 생긴 경우를 대비하여 어떤 보호장치를 하여야 하는가?

① 경보장치
② 속도조정장치
③ 온도시험장치
④ 냉매흐름장치

해설 | 특고압용 변압기의 보호장치(351.4)

뱅크용량	동작조건	작동장치
5000 [kVA] 이상 10000 [kVA] 미만	변압기 내부고장	자동차단장치 또는 경보장치
10000 [kVA] 이상	변압기 내부고장	자동차단장치
타냉식 변압기	냉각장치고장 또는 변압기 온도 현저히 상승	경보장치

05 하나 또는 복합하여 시설하여야 하는 접지극의 방법으로 틀린 것은?

① 지중 금속구조물
② 토양에 매설된 기초 접지극
③ 케이블의 금속외장 및 그 밖에 금속피복
④ 대지에 매설된 강화콘크리트의 용접된 금속 보강재

해설 | 접지극의 시설방법(142.2.2)
- 콘크리트에 내입된 기초 접지극
- 토양에 매설된 기초 접지극
- 토양에 수직 또는 수평으로 직접 매설된 금속전극(봉, 전선, 테이프, 배관, 판 등)
- 케이블의 금속외장 및 그 밖에 금속피복
- 지중 금속구조물(배관 등)
- 대지에 매설된 철근콘크리트의 용접된 금속 보강재(강화콘크리트 제외)

06 옥내 배선공사 중 반드시 절연전선을 사용하지 않아도 되는 공사방법은? (단, 옥외용 비닐절연전선은 제외한다)

① 금속관공사
② 버스덕트 공사
③ 합성수지관공사
④ 플로어덕트 공사

해설 | 버스덕트 공사(232.61)
버스덕트 공사는 나전선 사용이 가능하다.

07 지중 전선로를 직접 매설식에 의하여 차량 기타 중량물의 압력을 받을 우려가 있는 장소에 시설하는 경우 매설 깊이는 몇 [m] 이상으로 하여야 하는가?

① 0.6
② 1
③ 1.5
④ 2

해설 | 지중전선로의 매설깊이(334)
- 차량 기타 중량물의 압력을 받을 우려가 있는 장소 : 1.0 [m] 이상
- 기타 장소 : 0.6 [m] 이상

08 돌침, 수평도체, 메시도체의 요소 중에 한 가지 또는 이를 조합한 형식으로 시설하는 것은?

① 접지극시스템
② 수뢰부시스템
③ 내부피뢰시스템
④ 인하도선시스템

해설 | 수뢰부시스템의 선정(152.1)
돌침, 수평도체, 메시도체 중에 한 가지 또는 조합한 형식으로 시설

09 변전소의 주요 변압기에 계측장치를 시설하여 측정하여야 하는 것이 아닌 것은?

① 역률   ② 전압
③ 전력   ④ 전류

해설 | 계측장치(351.6)
변전소에서 계측해야 할 내용
• 주요변압기의 전압 및 전류 또는 전력
• 특고압용 변압기의 온도

10 풍력터빈에 설비의 손상을 방지하기 위하여 시설하는 운전상태를 계측하는 계측장치로 틀린 것은?

① 조도계   ② 압력계
③ 온도계   ④ 풍속계

해설 | 풍력터빈 계측장치의 시설(532.3.7)
• 회전속도계
• 나셀(Nacelle) 내의 진동을 감시하기 위한 진동계
• 풍속계
• 압력계
• 온도계

11 일반 주택의 저압 옥내배선을 점검하였더니 다음과 같이 시설되어 있었을 경우 시설기준에 적합하지 않은 것은?

① 합성수지관의 지지점 간의 거리를 2[m]로 하였다.
② 합성수지관 안에서 전선의 접속점이 없도록 하였다.
③ 금속관공사에 옥외용 비닐절연전선을 제외한 절연전선을 사용하였다.
④ 인입구에 가까운 곳으로서 쉽게 개폐할 수 있는 곳에 개폐기를 각 극에 시설하였다.

해설 | 합성수지관공사(232.10)
• 절연전선 사용(OW 제외)
• 관내에 전선의 접속점을 만들지 않을 것
• 관의 지지점 간 거리 : 1.5 [m] 이하
• 이중천장 내에는 시설 금지

12 사용전압이 170 [kV] 이하의 변압기를 시설하는 변전소로서 기술원이 상주하여 감시하지는 않으나 수시로 순회하는 경우, 기술원이 상주하는 장소에 경보장치를 시설하지 않아도 되는 경우는?

① 옥내변전소에 화재가 발생한 경우
② 제어회로의 전압이 현저히 저하한 경우
③ 운전조작에 필요한 차단기가 자동적으로 차단한 후 재폐로한 경우
④ 수소냉각식 조상기는 그 조상기 안의 수소의 순도가 90 [%] 이하로 저하한 경우

해설 | 상주감시를 하지 아니하는 변전소의 시설 (351.9)
변전제어소 또는 기술원이 상주하는 장소에 경보장치를 시설하는 경우
- 운전조작에 필요한 차단기가 자동적으로 차단한 경우(차단기가 재폐로한 경우를 제외한다)
- 주요 변압기의 전원측 전로가 무전압으로 된 경우
- 제어 회로의 전압이 현저히 저하한 경우
- 옥내변전소에 화재가 발생한 경우
- 출력 3000 [kVA]를 초과하는 특고압용 변압기는 그 온도가 현저히 상승한 경우
- 특고압용 타냉식변압기는 그 냉각장치가 고장난 경우
- 조상기는 내부에 고장이 생긴 경우
- 수소냉각식조상기는 그 조상기 안의 수소의 순도가 90 [%] 이하로 저하한 경우, 수소의 압력이 현저히 변동한 경우 또는 수소의 온도가 현저히 상승한 경우
- 가스절연기기(압력의 저하에 의하여 절연파괴 등이 생길 우려가 없는 경우를 제외한다)의 절연가스의 압력이 현저히 저하한 경우

13 특고압 가공전선로의 지지물로 사용하는 B종 철주, B종 철근콘크리트주 또는 철탑의 종류에서 전선로의 지지물 양쪽의 경간의 차가 큰 곳에 사용하는 것은?

① 각도형   ② 인류형
③ 내장형   ④ 보강형

해설 | 특고압 가공전선로의 철주·철근 콘크리트주 또는 철탑의 종류(333.11)

구분	특징
직선형	전선로의 직선부분 사용 (수평각도 3° 이하)
각도형	전선로중 3°를 초과하는 수평각도를 이루는 곳에 사용
인류형	전가섭선을 인류하는 곳에 사용
내장형	전선로의 지지물 양쪽의 경간의 차가 큰 곳에 사용
보강형	전선로의 직선부분에 그 보강을 위하여 사용

- 내장형 : 10기 이하마다 1기를 시설
- 보강형 : 5기 이하마다 1기를 시설

14 전식방지대책에서 매설금속체측의 누설전류에 의한 전식의 피해가 예상되는 곳에 고려하여야 하는 방법으로 틀린 것은?

① 절연코팅
② 배류장치 설치
③ 변전소 간 간격 축소
④ 저준위 금속체를 접속

정답 12 ③ 13 ③ 14 ③

해설 | 전식방지대책(461.4)
- 전기철도측의 전식예방법
  - 변전소 간 간격 축소
  - 레일본드의 양호한 시공
  - 장대레일채택
  - 절연도상 및 레일과 침목 사이에 절연층의 설치
- 매설금속제측의 전식예방법
  - 배류장치 설치
  - 절연코팅
  - 매설금속체 접속부 절연
  - 저준위 금속체를 접속
  - 궤도와의 이격거리 증대
  - 금속판 등의 도체로 차폐

15 시가지에 시설하는 사용전압 170 [kV] 이하인 특고압 가공전선로의 지지물이 철탑이고 전선이 수평으로 2 이상 있는 경우에 전선 상호 간의 간격이 4 [m] 미만인 때에는 특고압 가공전선로의 경간은 몇 [m] 이하이어야 하는가?

① 100　　② 150
③ 200　　④ 250

해설 | 시가지 등에서 170 [kV] 이하 특고압 가공전선로의 경간 제한(333.1)

지지물의 종류		표준 경간
A종 철주, A종 철근 콘크리트주		75 [m] 이하
B종 철주, B종 철근 콘크리트주		150 [m] 이하
철탑	단주가 아닌 경우	400 [m] 이하
	단주인 경우	300 [m] 이하
	전선상호 간의 거리가 4 [m] 미만	250 [m] 이하

16 전압의 종별에서 교류 600 [V]는 무엇으로 분류하는가?

① 저압　　② 고압
③ 특고압　　④ 초고압

해설 | 전압의 구분(111.1)

구분	교류	직류
저압	1 [kV] 이하	1.5 [kV] 이하
고압	저압 초과 7 [kV] 이하	
특고압	7 [kV] 초과	

17 다음 (　)에 들어갈 내용으로 옳은 것은?

> 동일 지지물에 저압 가공전선(다중접지된 중성선은 제외한다)과 고압 가공전선을 시설하는 경우 고압 가공전선을 저압 가공전선의(㉠)로 하고, 별개의 완금류에 시설해야 하며, 고압 가공전선과 저압 가공전선 사이의 이격거리는(㉡) [m] 이상으로 한다.

① ㉠ 아래, ㉡ 0.5
② ㉠ 아래, ㉡ 1
③ ㉠ 위, ㉡ 0.5
④ ㉠ 위, ㉡ 1

해설 | 가공전선 등의 병행설치(332.8)
- 저압 가공전선을 고압 가공전선의 아래로 하고 별개의 완금류에 시설할 것
- 저압과 고압 가공전선 사이의 이격거리 0.5 [m] 이상
- 고압가공전선이 케이블인 경우 이격거리 0.3 [m] 이상

정답　15 ④　16 ①　17 ③

18 사용전압이 154 [kV]인 전선로를 제1종 특고압 보안공사로 시설할 때 경동연선의 굵기는 몇 [mm²] 이상이어야 하는가?

① 55
② 100
③ 150
④ 200

해설 | 특고압 보안공사(333.22)
제1종 특고압 보안공사 시 전선의 단면적

사용전압	인장강도	단면적
100 [kV] 미만	21.67 [kN] 이상	55 [mm²] 이상
100 [kV] 이상 300 [kV] 미만	58.84 [kN] 이상	150 [mm²] 이상
300 [kV] 이상	77.47 [kN] 이상	200 [mm²] 이상

19 지중 전선로에 사용하는 지중함의 시설기준으로 틀린 것은?

① 조명 및 세척이 가능한 장치를 하도록 할 것
② 견고하고 차량 기타 중량물의 압력에 견디는 구조일 것
③ 그 안의 고인 물을 제거할 수 있는 구조로 되어 있을 것
④ 뚜껑은 시설자 이외의 자가 쉽게 열 수 없도록 시설할 것

해설 | 지중함의 시설(334.2)
• 지중함은 견고하고 압력에 충분히 견디는 구조
• 지중함 안에 고인 물을 제거 가능
• 지중함의 크기는 1 [m³] 이상이어야 하고 통풍장치를 시설
• 지중함의 뚜껑은 시설자 외 쉽게 열 수 없도록 할 것

20 고압 가공전선로의 가공지선에 나경동선을 사용하려면 지름 몇 [mm] 이상의 것을 사용하여야 하는가?

① 2.0
② 3.0
③ 4.0
④ 5.0

해설 | 가공전선로의 가공지선(332.6, 333.8)
• 고압 가공지선의 굵기 : 인장강도 5.26 [kN] 이상의 것 또는 지름 4 [mm] 이상의 나경동선 사용
• 특고압 가공지선의 굵기 : 인장강도 8.01 [kN] 이상의 나선 또는 지름 5 [mm] 이상의 나경동선, 22 [mm²] 이상의 나경동연선, 아연도금강연선 사용

01 저압 옥상전선로의 시설기준으로 틀린 것은?

① 전개된 장소에 위험의 우려가 없도록 시설할 것
② 전선은 지름 2.6 [mm] 이상의 경동선을 사용할 것
③ 전선은 절연전선(옥외용 비닐절연전선은 제외)을 사용할 것
④ 전선은 상시 부는 바람 등에 의하여 식물에 접촉하지 아니하도록 시설하여야 한다.

해설 | 저압 옥상전선로의 시설(221.3)
- 전선은 인장강도 2.30 [kN] 이상의 것 또는 지름 2.6 [mm] 이상의 경동선 사용
- 전선은 절연전선(OW전선을 포함한다) 또는 이와 동등 이상의 절연성능이 있는 것을 사용
- 전선은 조영재에 견고하게 붙인 지지주 또는 지지대에 절연성·난연성 및 내수성이 있는 애자를 사용하여 지지하고 또한 그 지지점 간의 거리는 15 [m] 이하
- 전선과 그 저압 옥상 전선로를 시설하는 조영재와의 이격거리는 2 [m](전선이 고압 절연전선, 특고압 절연전선 또는 케이블인 경우에는 1 [m]) 이상

02 이동형의 용접 전극을 사용하는 아크용접 장치의 시설기준으로 틀린 것은?

① 용접변압기는 절연변압기일 것
② 용접변압기의 1차 측 전로의 대지전압은 300 [V] 이하일 것
③ 용접변압기의 2차 측 전로에는 용접변압기에 가까운 곳에 쉽게 개폐할 수 있는 개폐기를 시설할 것
④ 용접변압기의 2차 측 전로 중 용접변압기로부터 용접전극에 이르는 부분의 전로는 용접 시 흐르는 전류를 안전하게 통할 수 있는 것일 것

해설 | 아크 용접기(241.10)
- 용접변압기는 절연변압기일 것
- 용접변압기의 1차 측 전로의 대지전압은 300 [V] 이하일 것
- 용접변압기의 1차 측 전로에는 용접 변압기에 가까운 곳에 쉽게 개폐할 수 있는 개폐기를 시설할 것

정답 01 ③ 02 ③

03
사용전압이 15 [kV] 초과 25 [kV] 이하인 특고압 가공전선로가 상호 간 접근 또는 교차하는 경우 사용전선이 양쪽 모두 나전선이라면 이격거리는 몇 [m] 이상이어야 하는가? (단, 중성선 다중접지 방식의 것으로서 전로에 지락이 생겼을 때에 2초 이내에 자동적으로 이를 전로로부터 차단하는 장치가 되어 있다)

① 1.0
② 1.2
③ 1.5
④ 1.75

해설 | 15 [kV] 초과 25 [kV] 이하 특고압 가공전선로 상호 간 이격거리(333.32)

전선의 종류	이격거리
나전선	1.5 [m] 이상
특고압 절연전선	1.0 [m] 이상
케이블	0.5 [m] 이상

04
최대사용전압이 1차 22000 [V], 2차 6600 [V]의 권선으로서 중성점 비접지식 전로에 접속하는 변압기의 특고압 측 절연내력 시험전압은?

① 24000 [V]
② 27500 [V]
③ 33000 [V]
④ 44000 [V]

해설 | 변압기 전로의 시험전압(135)

구분	최대사용전압	시험전압	최저시험전압
비접지식	7 [kV] 이하	1.5배	500 [V]
	7 [kV] 초과	1.25배	10.5 [kV]
중성선 다중접지	7 [kV] 초과 25 [kV] 이하	0.92배	-
중성점 접지식 (성형결선, 스콧결선)	60 [kV] 초과	1.1배	75 [kV]
중성점 직접접지식	60 [kV] 초과 170 [kV] 이하	0.72배	-
	170 [kV] 초과	0.64배	-

$22000 \times 1.25 = 27500 [V]$

05
가공전선로의 지지물로 볼 수 없는 것은?

① 철주
② 지선
③ 철탑
④ 철근 콘크리트주

해설 | 가공전선로 지지물의 종류 (222.8, 332.7)
- 목주
- 철주
- 철근 콘크리트주
- 철탑

06 점멸기의 시설에서 센서등(타임스위치 포함)을 시설하여야 하는 곳은?

① 공장　　② 상점
③ 사무실　④ 아파트 현관

해설 | 점멸기의 시설(234.6)
- 숙박업에 이용되는 객실의 입구등 1분 이내에 소등
- 일반주택 및 아파트 각 호실의 현관등 3분 이내에 소등

07 순시조건(t≤0.5초)에서 교류 전기철도 급전시스템에서의 레일 전위의 최대 허용접촉전압(실횻값)으로 옳은 것은?

① 60 [V]　　② 65 [V]
③ 440 [V]　④ 670 [V]

해설 | 레일 전위의 위험에 대한 보호(461.2)
전기철도 급전시스템의 최대허용접촉전압

시간 조건	교류 [V]	직류 [V]
순시 조건 (t ≤ 0.5초)	670 이하	535 이하
일시적 조건 (0.5초 < t ≤ 300초)	65 이하	150 이하
영구적 조건 (t > 300초)	60 이하	120 이하

08 전기저장장치의 이차전지에 자동으로 전로로부터 차단하는 장치를 시설하여야 하는 경우로 틀린 것은?

① 과저항이 발생한 경우
② 과전압이 발생한 경우
③ 제어장치에 이상이 발생한 경우
④ 이차전지 모듈의 내부 온도가 급격히 상승할 경우

해설 | 전기저장장치에서 자동차단장치의 작동 (512.2.2)
- 과전압 또는 과전류가 발생한 경우
- 제어장치에 이상이 발생한 경우
- 이차전지 모듈의 내부 온도가 급격하게 상승할 경우

09 뱅크용량이 몇 [kVA] 이상인 조상기에는 그 내부에 고장이 생긴 경우에 자동적으로 이를 전로로부터 차단하는 보호장치를 하여야 하는가?

① 10000　　② 15000
③ 20000　　④ 25000

정답　06 ④　07 ④　08 ①　09 ②

해설 | 조상설비의 보호장치(351.5)

설비종별	뱅크용량의 구분	자동적으로 전로로부터 차단하는 장치
전력용 커패시터 분로 리액터	500 [kVA] 초과 15000 [kVA] 미만	내부 고장, 과전류가 생긴 경우 동작하는 장치
	15000 [kVA] 이상	내부 고장, 과전류 과전압이 생긴 경우 동작하는 장치
조상기	15000 [kVA] 이상	내부 고장이 생긴 경우에 동작하는 장치

10 전주외등의 시설 시 사용하는 공사방법으로 틀린 것은?

① 애자공사 ② 케이블공사
③ 금속관공사 ④ 합성수지관공사

해설 | 전주외등의 배선공사(234.10)
- 단면적 2.5 [mm²] 이상의 절연전선 사용
- 합성수지관공사, 금속관공사, 케이블공사 방법으로 시설
- 1.5 [m] 이내마다 새들 또는 밴드로 지지

11 농사용 저압 가공전선로의 지지점 간 거리는 몇 [m] 이하이어야 하는가?

① 30 ② 50
③ 60 ④ 100

해설 | 농사용 저압 가공전선로의 시설(222.22)
- 사용전압 : 저압
- 전선 : 인장강도 1.38 [kN] 이상의 것 또는 지름 2 [mm] 이상의 경동선
- 시설 높이 : 3.5 [m] 이상(다만 사람이 쉽게 출입하지 못하는 곳에 시설하는 경우에는 3 [m] 이상)
- 목주의 굵기 : 말구 지름이 9 [cm] 이상
- 전선로의 지지점 간 거리 : 30 [m] 이하
- 접속점 가까이에 전용개폐기 및 과전류차단기(중성극 제외)를 각 극에 설치

12 특고압 가공전선로에서 발생하는 극저주파전계는 지표상 1 [m]에서 몇 [kV/m] 이하이어야 하는가?

① 2.0 ② 2.5
③ 3.0 ④ 3.5

해설 | 특고압 가공전선과 건조물의 접근 (333.23)
교류 특고압 가공전선로에서 발생하는 극저주파 전자계
- 전계 : 3.5 [kV/m] 이하
- 자계 : 83.3 [μT] 이하

13 단면적 55 [mm²]인 경동연선을 사용하는 특고압가공전선로의 지지물로 장력에 견디는 형태의 B종 철근 콘크리트주를 사용하는 경우, 허용 최대 경간은 몇 [m]인가?

① 150　　② 250
③ 300　　④ 500

해설 | 특고압 보안공사(333.22)

지지물	경간
목주 A종	100 [m]
	단면적이 38 [mm²] 이상인 경동연선을 사용하는 경우 150 [m]
B종	200 [m]
	단면적이 55 [mm²] 이상인 경동연선을 사용하는 경우 250 [m]
철탑	400 [m]
	단면적이 55 [mm²] 이상인 경동연선을 사용하는 경우 600 [m]

14 저압 옥측전선로에서 목조의 조영물에 시설할 수 있는 공사방법은?

① 금속관공사
② 버스덕트 공사
③ 합성수지관공사
④ 케이블공사(무기물절연(MI) 케이블을 사용하는 경우)

해설 | 저압 옥측전선로의 공사방법(221.2)
- 애자공사(전개된 장소)
- 합성수지관 공사
- 금속관공사(목조 이외 조영물에 시설)
- 버스덕트 공사(목조 이외 조영물에 시설)
- 케이블공사(연피 케이블, 알루미늄피 케이블 또는 무기물절연(MI) 케이블을 사용하는 경우에는 목조 이외 조영물에 시설)

15 시가지에 시설하는 154 [kV] 가공전선로를 도로와 제1차 접근상태로 시설하는 경우, 전선과 도로와의 이격거리는 몇 [m] 이상이어야 하는가?

① 4.4　　② 4.8
③ 5.2　　④ 5.6

해설 | 특고압 가공전선과 도로 등의 접근 또는 교차 시 이격거리(333.24)

사용전압	이격거리
35 [kV] 이하	3 [m] 이상
35 [kV] 초과	3 [m] + (초과 10 [kV]마다 0.15 [m])

$\dfrac{154-35}{10} = 11.9 = 12$단

$3 + (12 \times 0.15) = 4.8 [m]$

16 귀선로에 대한 설명으로 틀린 것은?

① 나전선을 적용하여 가공식으로 가설을 원칙으로 한다.
② 사고 및 지락 시에도 충분한 허용전류 용량을 갖도록 하여야 한다.
③ 비절연보호도체, 매설접지도체, 레일 등으로 구성하여 단권변압기 중성점과 공통접지에 접속한다.
④ 비절연보호도체의 위치는 통신유도장해 및 레일전위의 상승의 경감을 고려하여 결정하여야 한다.

해설 | 귀선로 특징(431.5)
- 비절연보호도체, 매설접지도체, 레일 등으로 구성
- 사고 및 지락 시에도 충분한 허용전류용량을 갖도록 하여야 한다.
- 단권변압기 중성점과 공통접지에 접속
- 비절연보호도체의 위치는 통신유도장해 및 레일전위의 상승의 경감을 고려하여 결정

17 변전소에 울타리·담 등을 시설할 때, 사용전압이 345 [kV]이면 울타리·담 등의 높이와 울타리·담 등으로부터 충전부분까지의 거리의 합계는 몇 [m] 이상으로 하여야 하는가?

① 8.16　　② 8.28
③ 8.40　　④ 9.72

해설 | 발전소 등의 울타리·담 등의 시설 시 충전부분까지의 이격거리(351.1)

사용전압	울타리의 높이와 울타리로부터 충전부분까지의 거리 합계
35 [kV] 이하	5 [m] 이상
35 [kV] 초과 160 [kV] 이하	6 [m] 이상
160 [kV] 초과	6 [m] + (초과 10 [kV]마다 0.12 [m])

$\dfrac{345-160}{10} = 18.5$

(소수점 첫째자리에서 절상하면 19)
$6 + (19 \times 0.12) = 8.28 [m]$

18 큰 고장전류가 구리 소재의 접지도체를 통하여 흐르지 않을 경우 접지도체의 최소단면적은 몇 [mm²] 이상이어야 하는가? (단, 접지도체에 피뢰시스템이 접속되지 않는 경우이다)

① 0.75　　② 2.5
③ 6　　④ 16

해설 | 접지도체(142.3.1)

구분	큰 고장전류 흐르지 않는 경우	접지도체에 피뢰시스템이 접속
구리	6 [mm²] 이상	16 [mm²] 이상
철제	50 [mm²] 이상	

정답 17 ② 18 ③

19 전력보안 가공통신선을 횡단보도교 위에 시설하는 경우 그 노면상 높이는 몇 [m] 이상인가? (단, 가공전선로의 지지물에 시설하는 통신선 또는 이에 직접 접속하는 가공통신선은 제외한다)

① 3   ② 4
③ 5   ④ 6

해설 | 전력보안통신선의 시설 높이(362.2)

장소		가공 통신선	첨가 통신선	
			저압,고압	특고압
도로	일반	5 [m]	6 [m]	6 [m]
	교통 지장 X	4.5 [m]	5 [m]	
철도 또는 궤도를 횡단		6.5 [m]		
횡단보도교 위에 시설		3 [m]	3.5 [m] (절연성능 3 [m])	5 [m] (광섬유 케이블 4 [m])
이외		3.5 [m]	4 [m] (광섬유 케이블 3.5 [m])	5 [m]

20 케이블트레이 공사에 사용할 수 없는 케이블은?

① 연피 케이블
② 난연성 케이블
③ 캡타이어 케이블
④ 알루미늄피 케이블

해설 | 케이블트레이 공사의 사용전선(232.41)
• 연피 케이블
• 알루미늄피 케이블
• 난연성 케이블
• 금속관 혹은 합성수지관 등에 넣은 절연전선

2021년 4회

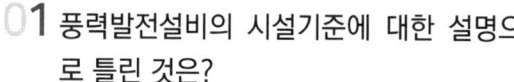

01 풍력발전설비의 시설기준에 대한 설명으로 틀린 것은?

① 간선의 시설 시 단자의 접속은 기계적, 전기적 안전성을 확보하도록 하여야 한다.
② 나셀 등 풍력발전기 상부시설에 접근하기 위한 안전한 시설물을 강구하여야 한다.
③ 100 [kW] 이상의 풍력터빈은 나셀 내부의 화재 발생 시, 이를 자동으로 소화할 수 있는 화재방호설비를 시설하여야 한다.
④ 풍력발전기에서 출력배선에 쓰이는 전선은 CV선 또는 TFR-CV선을 사용하거나 동등 이상의 성능을 가진 제품을 사용하여야 한다.

해설 | 풍력설비의 요구사항(531.3)
500 [kW] 이상의 풍력터빈은 나셀 내부의 화재 발생 시, 이를 자동으로 소화할 수 있는 화재방호설비를 시설해야 한다.

02 의료장소의 안전을 위한 비단락보증 절연변압기에 대한 설명으로 옳은 것은?

① 정격출력은 5 [kVA] 이하이다.
② 정격출력은 10 [kVA] 이하이다.
③ 2차 측 정격전압은 직류 250 [V] 이하이다.
④ 2차 측 정격전압은 교류 300 [V] 이하이다.

해설 | 의료장소의 안전을 위한 보호 설비 (242.10.3)
• 전원 측에 이중 또는 강화절연을 한 비단락보증 절연변압기를 설치하고 그 2차 측 전로는 접지하지 말 것
• 비단락보증 절연변압기의 2차 측 정격전압은 교류 250 [V] 이하로 하며 공급방식은 단상 2선식, 정격출력은 10 [kVA] 이하로 할 것
• 절연감시장치를 설치하고 절연저항이 50 $k\Omega$까지 감소하면 표시설비 및 음향설비로 경보를 발하도록 할 것
• 의료 IT 계통의 분전반은 의료장소의 내부 혹은 가까운 외부에 설치할 것

03 동기조상기를 시설하는 경우 계측하는 장치를 시설하여 계측하는 대상으로 틀린 것은?

① 동기조상기의 전압
② 동기조상기의 전력
③ 동기조상기의 회전자의 온도
④ 동기조상기의 베어링의 온도

해설 | 동기조상기의 계측대상(351.6)
• 전압 및 전류 또는 전력
• 베어링 및 고정자의 온도

정답 01 ③ 02 ② 03 ③

04 변전소에서 사용전압 154 [kV] 변압기를 옥외에 시설할 때 취급자 이외의 사람이 들어가지 않도록 시설하는 울타리는 울타리의 높이와 울타리에서 충전부분까지의 거리의 합계를 몇 [m] 이상으로 하여야 하는가?

① 5　　　　② 5.5
③ 6　　　　④ 6.5

해설 | 발전소 등의 울타리·담 등의 시설 시 충전부분까지의 이격거리(351.1)

사용전압	울타리의 높이와 울타리로부터 충전부분까지의 거리 합계
35 [kV] 이하	5 [m] 이상
35 [kV] 초과 160 [kV] 이하	6 [m] 이상
160 [kV] 초과	6 [m] + (초과 10 [kV]마다 0.12 [m])

05 케이블트레이 공사에 사용하는 케이블트레이에 적합하지 않은 것은?

① 케이블트레이의 안전율은 1.5 이상이어야 한다.
② 금속재의 것은 내식성 재료의 것으로 하지 않아도 된다.
③ 전선의 피복 등을 손상시킬 돌기 등이 없이 매끈하여야 한다.
④ 지지대는 트레이 자체 하중과 포설된 케이블 하중을 충분히 견딜 수 있는 강도를 가져야 한다.

해설 | 케이블트레이의 선정(232.41.2)
• 안전율 : 1.5 이상
• 금속재의 경우 내식성 필요
• 비금속재의 경우 난연성 재료
• 금속제 트레이는 접지공사를 실시

06 교통신호등 제어장치의 2차 측 배선의 최대사용전압은 몇 [V] 이하이어야 하는가?

① 150　　　② 250
③ 300　　　④ 400

해설 | 교통신호등(234.15)
• 2차 측 배선 최대사용전압 : 300 [V] 이하
• 전선 : 케이블 또는 공칭단면적 2.5 [mm^2] 이상의 연동선
• 인하선의 지표상 높이 : 2.5 [m] 이상
• 사용전압이 150 [V]를 넘는 경우 지락발생 시 자동 작동하는 누전차단기를 시설

07 피뢰설비 중 인하도선시스템의 건축물·구조물과 분리되지 않은 피뢰시스템인 경우에 대한 설명으로 틀린 것은?

① 인하도선의 수는 1가닥 이상으로 한다.
② 벽이 불연성 재료로 된 경우에는 벽의 표면 또는 내부에 시설할 수 있다.
③ 병렬 인하도선의 최대 간격은 피뢰시스템 등급에 따라 IV 등급은 20 [m]로 한다.
④ 벽이 가연성 재료인 경우에는 0.1 [m] 이상 이격하고, 이격이 불가능 한 경우에는 도체의 단면적을 100 [mm^2] 이상으로 한다.

정답　04 ③　05 ②　06 ③　07 ①

해설 | 인하도선시스템의 배치방법(152.2)
건축물, 구조물과 분리되지 않은 경우
- 벽이 불연성 재료로 된 경우에는 벽의 표면 또는 내부에 시설할 수 있다. 다만 벽이 가연성 재료인 경우에는 0.1 [m] 이상 이격하고, 이격이 불가능 한 경우에는 도체의 단면적을 100 [mm^2] 이상으로 한다.
- 인하도선의 수는 2가닥 이상으로 한다.
- 보호대상 건축물·구조물의 투영에 따른 둘레에 가능한 한 균등한 간격으로 배치한다. 다만 노출된 모서리 부분에 우선하여 설치한다.
- 병렬 인하도선의 최대 간격은 피뢰시스템 등급에 따라 Ⅰ·Ⅱ 등급은 10 [m], Ⅲ 등급은 15 [m], Ⅳ 등급은 20 [m] 로 한다.

08 급전용변압기는 교류 전기철도의 경우 어떤 변압기의 적용을 원칙으로 하고, 급전계통에 적합하게 선정하여야 하는가?

① 3상 정류기용 변압기
② 단상 정류기용 변압기
③ 3상 스코트결선 변압기
④ 단상 스코트결선 변압기

해설 | 전기철도 변전소의 설비(421.4)
급전용변압기
- 직류 전기철도 : 3상 정류기용 변압기
- 교류 전기철도 : 3상 스코트결선 변압기

09 저압 가공전선이 도로·횡단보도교·철도 또는 궤도와 접근 상태로 시설되는 경우, 저압 가공전선과 도로·횡단보도교·철도 또는 궤도 사이의 이격거리는 몇 [m] 이상이어야 하는가? (단, 저압 가공전선과 도로·횡단보도교·철도 또는 궤도와의 수평이격거리가 0.8 [m]인 경우이다)

① 3　　② 3.5
③ 4　　④ 4.5

해설 | 저압가공전선과 도로 등의 이격거리 (222.12)

도로 등의 구분	이격거리(이상)	
도로, 횡단보도, 철도, 궤도	3 [m]	
삭도, 저압 전차선	0.6 [m]	
	고압, 특고압 절연전선, 케이블인 경우	0.3 [m]
저압 전차선의 지지물	0.3 [m]	

10 내부피뢰시스템 중 금속제 설비의 등전위 본딩에 대한 설명이다. 다음 ( )에 들어갈 내용으로 옳은 것은?

건축물, 구조물에는 지하 (ⓐ) [m]와 높이 (ⓑ) [m]마다 환상도체를 설치한다. 다만 철근콘크리트, 철골 구조물의 구조체에 인하도선을 등전위본딩하는 경우 환상도체는 설치하지 않아도 된다.

① ⓐ 0.5, ⓑ 15　② ⓐ 0.5, ⓑ 20
③ ⓐ 1.0, ⓑ 15　④ ⓐ 1.0, ⓑ 20

정답　08 ③　09 ①　10 ②

해설 | 금속제 설비의 등전위본딩(153.2.2)
건축물·구조물에는 지하 0.5 [m]와 높이 20 [m]마다 환상도체를 설치한다. 다만 철근콘크리트, 철골구조물의 구조체에 인하도선을 등전위본딩하는 경우 환상도체는 설치하지 않아도 된다.

11 주택의 전기저장장치의 축전지에 접속하는 부하 측 옥내 전로에 지락이 생겼을 때 자동적으로 전로를 차단하는 장치를 시설한 경우에 주택의 옥내전로의 대지전압은 직류 몇 [V]까지 적용할 수 있는가?

① 150　　② 300
③ 400　　④ 600

해설 | 옥내전로의 대지전압 제한(511.3)
옥내전로의 대지전압을 직류 600 [V]까지 적용이 가능한 조건
 • 합성수지관배선, 금속관배선 및 케이블배선에 의하여 시설
 • 지락 발생 시 자동전로 차단장치 시설

12 인입용 비닐절연전선을 사용한 저압 가공전선을 횡단보도교 위에 시설하는 경우 노면상의 높이는 몇 [m] 이상으로 하여야 하는가?

① 3　　② 3.5
③ 4　　④ 4.5

해설 | 저압 가공전선의 높이(222.7)

철도 궤도	6.5 [m] 이상	
도로	6 [m] 이상	
횡단 보도	3.5 [m] 이상	
	저압절연전선, 케이블	3 [m] 이상
그 외	5 [m] 이상	
	교통에 지장이 없는 경우	4 [m] 이상

13 사용전압이 22.9 [kV]인 특고압 가공전선이 건조물 등과 접근상태로 시설되는 경우 지지물로 A종 철근 콘크리트주를 사용하면 그 경간은 몇 [m] 이하이어야 하는가? (단, 중성선 다중접지 방식의 것으로서 전로에 지락이 생겼을 때에 2초 이내에 자동적으로 이를 전로로부터 차단하는 장치가 되어 있는 것에 한한다)

① 100　　② 150
③ 250　　④ 400

해설 | 25 [kV] 이하인 특고압 가공전선로의 경간제한(333.32)

지지물의 종류	표준 경간
목주, A종 철주, A종 철근 콘크리트주	100 [m] 이하
B종 철주, B종 철근 콘크리트주	150 [m] 이하
철탑	400 [m] 이하

정답　11 ④　12 ①　13 ①

14 사용전압이 22.9 [kV]인 특고압 가공전선로에서 1 [km]마다 중성선과 대지 사이의 합성전기저항값은 몇 [Ω] 이하이어야 하는가? (단, 중성선 다중접지 방식의 것으로서 전로에 지락이 생겼을 때에 2초 이내에 자동적으로 이를 전로로부터 차단하는 장치가 되어 있는 것에 한한다)

① 5
② 10
③ 15
④ 30

해설 | 25 [kV] 이하인 특고압 가공전선로의 전기저항 값(333.32)

사용전압의 구분	각 접지점의 대지저항 값	1 [km]마다 합성 저항값
15 [kV] 이하	300 [Ω] 이하	30 [Ω] 이하
15 [kV] 초과 25 [kV] 이하	300 [Ω] 이하	15 [Ω] 이하

15 직류회로에서 선도체 겸용 보호도체를 말하는 것은?

① PEM
② PEL
③ PEN
④ PET

해설 | 용어정리(112)
- PEN 도체
  교류회로에서 중성선 겸용 보호도체
- PEM 도체
  직류회로에서 중간선 겸용 보호도체
- PEL 도체
  직류회로에서 선도체 겸용 보호도체

16 지중 전선로에 있어서 폭발성 가스가 침입할 우려가 있는 장소에 시설하는 지중함은 크기가 몇 [m³] 이상일 때 가스를 방산시키기 위한 장치를 시설하여야 하는가?

① 0.25
② 0.5
③ 0.75
④ 1.0

해설 | 지중함의 시설(334.2)
- 지중함은 견고하고 압력에 충분히 견디는 구조
- 지중함 안에 고인 물을 제거 가능
- 지중함의 크기는 1 [m³] 이상이어야 하고 통풍장치를 시설
- 지중함의 뚜껑은 시설자 외 쉽게 열 수 없도록 할 것

17 특고압으로 시설할 수 없는 전선로는?

① 옥상전선로
② 지중전선로
③ 가공전선로
④ 수중전선로

해설 | 고압 옥상전선로(331.14)
- 케이블을 사용
- 조영재와의 이격거리 : 1.2 [m] 이상
- 다른 시설물과의 이격거리 : 0.6 [m] 이상
- 식물과 접촉하지 않도록 시설
- 특고압 옥상전선로는 시설해서는 안 된다 (인입선의 옥상부분은 제외).

정답 14 ③ 15 ② 16 ④ 17 ①

18 사용전압이 60 [kV] 이하인 경우 전화선로의 길이 12 [km]마다 유도전류는 몇 [μA]를 넘지 않도록 하여야 하는가?

① 1   ② 2
③ 3   ④ 5

해설 | 특고압 전선로 유도장해의 방지(333.2)
- 사용전압이 60 [kV] 이하인 경우에는 전화선로의 길이 12 [km]마다 유도전류가 2 [μA]를 넘지 않아야 한다.
- 사용전압이 60 [kV]를 초과하는 경우에는 전화선로의 길이 40 [km]마다 유도전류가 3 [μA]를 넘지 않아야 한다.

19 발전기의 내부에 고장이 생긴 경우, 발전기를 자동적으로 전로로부터 차단하는 장치를 설치하여야 하는 발전기의 최소용량 [kVA]은?

① 1000   ② 1500
③ 10000 ④ 15000

해설 | 발전기의 자동차단장치 시설(351.3)
- 발전기에 과전류나 과전압이 생긴 경우
- 용량이 100 [kVA] 이상의 발전기를 구동하는 풍차
- 용량이 500 [kVA] 이상의 발전기를 구동하는 수차
- 용량이 2000 [kVA] 이상인 수차 발전기
- 용량이 10000 [kVA] 이상인 발전기의 내부에 고장이 생긴 경우
- 정격출력이 10000 kW를 초과하는 증기 터빈

20 소세력회로의 최대 사용전압이 15 [V]라면, 절연변압기의 2차 단락전류는 몇 [A] 이하이어야 하는가?

① 1   ② 3
③ 5   ④ 8

해설 | 소세력회로(241.14)
절연변압기의 2차 단락전류

소세력 회로의 최대 사용전압	2차 단락전류
15 [V] 이하	8 [A] 이하
15 [V] 초과 30 [V] 이하	5 [A] 이하
30 [V] 초과 60 [V] 이하	3 [A] 이하

정답 18 ② 19 ③ 20 ④

2020년 1, 2회

01 백열전등 또는 방전등에 전기를 공급하는 옥내전로의 대지전압은 몇 [V] 이하이어야 하는가? (단, 백열전등 또는 방전등 및 이에 부속하는 전선은 사람이 접촉할 우려가 없도록 시설한 경우이다)

① 60
② 110
③ 220
④ 300

해설 | 옥내전로의 대지 전압의 제한(231.6)
백열전등 또는 방전등에 전기를 공급하는 옥내의 전로의 대지전압은 300 [V] 이하

02 연료전지 및 태양전지 모듈의 절연내력시험을 하는 경우 충전부분과 대지 사이에 인가하는 시험전압은 얼마인가? (단, 연속하여 10분간 가하여 견디는 것이어야 한다)

① 최대사용전압의 1.25배의 직류전압 또는 1배의 교류전압(500 [V] 미만으로 되는 경우에는 500 [V])
② 최대사용전압의 1.25배의 직류전압 또는 1.25배의 교류 전압(500 [V] 미만으로 되는 경우에는 500 [V])
③ 최대사용전압의 1.5배의 직류전압 또는 1배의 교류전압(500 [V] 미만으로 되는 경우에는 500 [V])
④ 최대사용전압의 1.5배의 직류전압 또는 1.25배의 교류 전압(500 [V] 미만으로 되는 경우에는 500 [V])

해설 | 연료전지 및 태양전지 모듈의 절연내력 (134)

시험전압	최저시험전압	시험 방법
1.5배 직류전압 1배 교류전압	500 [V]	충전부분과 대지 사이 연속 10분

03 저압 수상전선로에 사용되는 전선은?

① 옥외 비닐 케이블
② 600 [V] 비닐절연전선
③ 600 [V] 고무절연전선
④ 클로로프렌 캡타이어 케이블

해설 | 수상전선로의 시설(335.3)
- 저압 : 클로로프렌 캡타이어 케이블
- 고압 : 캡타이어 케이블

정답 01 ④ 02 ③ 03 ④

04 수소 냉각식 발전기 등의 시설기준으로 틀린 것은?

① 발전기안 또는 조상기안의 수소의 온도를 계측하는 장치를 시설할 것
② 발전기축의 밀봉부로부터 수소가 누설될 때 누설된 수소를 외부로 방출하지 않을 것
③ 발전기안 또는 조상기안의 수소의 순도가 85 [%] 이하로 저하한 경우에 이를 경보하는 장치를 시설할 것
④ 발전기 또는 조상기는 수소가 대기압에서 폭발하는 경우에 생기는 압력에 견디는 강도를 가지는 것일 것

해설 | 수소냉각식 발전기 등의 시설(351.10)
- 발전기축의 밀봉부에는 질소 가스를 봉입할 수 있는 장치 또는 발전기 축의 밀봉부로부터 누설된 수소 가스를 안전하게 외부에 방출할 수 있는 장치를 시설할 것
- 발전기 내부 또는 조상기 내부의 수소의 순도가 85 [%] 이하로 저하한 경우에 이를 경보하는 장치를 시설할 것
- 발전기 내부 또는 조상기 내부의 수소의 압력을 계측하는 장치 및 그 압력이 현저히 변동한 경우에 이를 경보하는 장치를 시설할 것
- 발전기 내부 또는 조상기 내부의 수소의 온도를 계측하는 장치를 시설할 것

05 전개된 장소에서 저압 옥상전선로의 시설기준으로 적합하지 않은 것은?

① 전선은 절연전선을 사용하였다.
② 전선 지지점 간의 거리를 20 [m]로 하였다.
③ 전선은 지름 2.6 [mm]의 경동선을 사용하였다.
④ 저압 절연전선과 그 저압 옥상 전선로를 시설하는 조영재와의 이격거리를 2 [m]로 하였다.

해설 | 저압 옥상전선로의 시설(221.3)
- 전선은 인장강도 2.30 [kN] 이상의 것 또는 지름 2.6 [mm] 이상의 경동선 사용
- 전선은 절연전선(OW전선을 포함한다) 또는 이와 동등 이상의 절연성능이 있는 것을 사용할 것
- 전선은 조영재에 견고하게 붙인 지지주 또는 지지대에 절연성·난연성 및 내수성이 있는 애자를 사용하여 지지하고 또한 그 지지점 간의 거리는 15 [m] 이하일 것
- 전선과 그 저압 옥상 전선로를 시설하는 조영재와의 이격거리는 2 [m](전선이 고압 절연전선, 특고압 절연전선 또는 케이블인 경우에는 1 [m]) 이상일 것

06 케이블트레이 공사에 사용하는 케이블트레이에 적합하지 않은 것은?

① 비금속제 케이블트레이는 난연성 재료가 아니어도 된다.
② 금속재의 것은 적절한 방식처리를 한 것이거나 내식성 재료의 것이어야 한다.
③ 금속제 케이블트레이 계통은 기계적 및 전기적으로 완전 하게 접속하여야 한다.
④ 케이블트레이가 방화구획의 벽 등을 관통하는 경우에 관통부는 불연성의 물질로 충전하여야 한다.

해설 | 케이블트레이의 선정(232.41.2)
- 안전율 : 1.5 이상
- 금속재의 경우 내식성을 갖추어야 한다.
- 비금속재의 경우 난연성 재료이어야 한다.
- 금속재 트레이는 접지공사를 실시한다.

07 가공전선로의 지지물의 강도계산에 적용하는 풍압하중은 빙설이 많은 지방 이외의 지방에서 저온계절에는 어떤 풍압하중을 적용하는가? (단, 인가가 연접되어 있지 않다고 한다)

① 갑종 풍압하중
② 을종 풍압하중
③ 병종 풍압하중
④ 을종과 병종 풍압하중을 혼용

해설 | 풍압하중의 종별과 적용(331.6)

구분		고온계절	저온계절
빙설이 많은 지방 이외의 지방		갑종	병종
빙설이 많은 지방	일반		을종
	해안지방		갑종과 을종 중 큰 것
인가가 많이 연접되어 있는 장소		병종	

08 가공전선로의 지지물에 시설하는 지선으로 연선을 사용할 경우 소선은 최소 몇 가닥 이상이어야 하는가?

① 3
② 5
③ 7
④ 9

해설 | 지선의 시설(331.11)
- 지선의 안전율 : 2.5
- 인장하중 : 4.31 [kN] 이상
- 지선의 소선 : 3가닥 이상의 연선이며 지름이 2.6 [mm] 이상의 금속선
- 지선로드 : 내식성을 가진 아연도금철봉으로 지표상 30 [cm] 이상
- 지선높이 : 도로 5 [m], 보도 2.5 [m]
- 철탑은 지선사용 금지

09
440 [V] 옥내 배선에 연결된 전동기 회로의 절연저항 최솟값은 몇 [MΩ]인가?

① 0.2
② 0.5
③ 1.0
④ 2.0

해설 | 전로의 절연저항(기술기준 52조)

전로의 사용전압 [V]	DC 시험전압	절연저항 [MΩ]
SELV 및 PELV	250	0.5
FELV, 500 [V] 이하	500	1.0
500 [V] 초과	1000	1.0

10
태양전지 발전소에 시설하는 태양전지 모듈, 전선 및 개폐기 기타 기구의 시설기준에 대한 내용으로 틀린 것은?

① 충전부분은 노출되지 아니하도록 시설할 것
② 옥내에 시설하는 경우에는 전선을 케이블 공사로 시설할 수 있다.
③ 태양전지 모듈의 프레임은 지지물과 전기적으로 완전하게 접속하여야 한다.
④ 태양전지 모듈을 병렬로 접속하는 전로에는 과전류차단기를 시설하지 않아도 된다.

해설 | 제어 및 보호장치 등(522.3)
모듈을 병렬로 접속하는 전로에는 그 전로에 단락전류가 발생할 경우에 전로를 보호하는 과전류차단기 또는 기타 기구를 시설하여야 한다. 단, 그 전로가 단락전류에 견딜 수 있는 경우에는 그러하지 아니하다.

11
지중 전선로를 직접 매설식에 의하여 시설할 때, 중량물의 압력을 받을 우려가 있는 장소에 저압 또는 고압의 지중전선을 견고한 트라프 기타 방호물에 넣지 않고도 부설할 수 있는 케이블은?

① PVC 외장 케이블
② 콤바인덕트 케이블
③ 염화비닐 절연 케이블
④ 폴리에틸렌 외장 케이블

해설 | 지중전선로 – 직접매설식(334.1)
- 땅을 파서 트로프에 케이블을 직접 포설하는 방식
- 컴바인덕트 케이블은 트로프를 사용하지 않아도 된다
- 지중 케이블의 상부에는 견고한 판 또는 경질 비닐판으로 덮어서 매설

12
중성점 직접 접지식 전로에 접속되는 최대 사용전압 161 [kV]인 3상 변압기 권선(성형결선)의 절연내력시험을 할 때 접지시켜서는 안 되는 것은?

① 철심 및 외함
② 시험되는 변압기의 부싱
③ 시험되는 권선의 중성점 단자
④ 시험되지 않는 각 권선(다른 권선이 2개 이상 있는 경우에는 각 권선의 임의의 1단자)

해설 | 변압기 전로의 시험전압(135)
시험되는 권선의 중성점 단자, 다른 권선(다른 권선이 2개 이상 있는 경우에는 각 권선)의 임의의 1단자, 철심 및 외함을 접지하고 시험되는 권선의 중성점 단자 이외의 임의의 1단자와 대지 사이에 시험전압을 연속하여 10분간 가한다.

13 저압 가공전선로 또는 고압 가공전선로의 기설 가공 약전류 전선로가 병행하는 경우에는 유도작용에 의한 통신상의 장해가 생기지 아니하도록 전선과 기설 약전류 전선 간의 이격거리는 몇 [m] 이상이어야 하는가? (단, 전기철도용 급전선로는 제외한다)

① 2
② 4
③ 6
④ 8

해설 | 가공약전류전선로의 유도장해 방지 (332.1)
저, 고압 가공전선로와 기설 가공약전류전선로가 병행하는 경우 이격거리 : 2 [m] 이상

14 특고압 가공전선로의 지지물에 첨가하는 통신선 보안장치에 사용되는 피뢰기의 동작전압은 교류 몇 [V] 이하인가?

① 300
② 600
③ 1000
④ 1500

해설 | 보안장치의 표
교류 1 [kV] 이하에서 동작하는 피뢰기

15 어느 유원지의 어린이 놀이기구인 유희용 전차에 전기를 공급하는 전로의 사용전압은 교류인 경우 몇 [V] 이하이어야 하는가?

① 20
② 40
③ 60
④ 100

해설 | 유희용 전차(241.8)
- 변압기의 1차 전압은 400 [V] 이하
- 승압하려는 경우 절연변압기의 2차 전압은 150 [V] 이하
- 전로와 대지 절연저항은 사용전압에 대한 누설전류 규정 전류의 5000분의 1을 넘지 않을 것
- 전원장치의 2차 측 단자의 최대사용전압은 직류의 경우 60 [V] 이하, 교류의 경우 40 [V] 이하일 것

정답 13 ① 14 ③ 15 ②

2020년 3회

전기기사 필기
전기설비기술기준 및 판단기준

01 345 [kV] 송전선을 사람이 쉽게 들어가지 않는 산지에 시설할 때 전선의 지표상 높이는 몇 [m] 이상으로 하여야 하는가?

① 7.28
② 7.56
③ 8.28
④ 8.56

해설 | 특고압 가공전선의 높이(333.7)

사용전압의 구분	지표상의 높이(m 이상)				
	철도 횡단	도로 횡단	산지	횡단 보도	그 외 평지
35 [kV] 이하	6.5	6	5	4	5
35 [kV] 초과 160 [kV] 이하	6.5	6	5	5	6
160 [kV] 초과	최고 높이 + (초과 10 [kV]마다 0.12 [m])				

$\dfrac{345-160}{10} = 18.5 = 19$단

- $5 + 0.12 \times 19 = 7.28\,[m]$

02 변전소에서 오접속을 방지하기 위하여 특고압 전로의 보기 쉬운 곳에 반드시 표시해야 하는 것은?

① 상별표시
② 위험표시
③ 최대전류
④ 정격전압

해설 | 특고압전로의 상 및 접속 상태의 표시 (351.2)

발전소·변전소 또는 이에 준하는 곳의 특고압전로에는 그의 보기 쉬운 곳에 상별표시를 하여야 한다.

03 전력 보안 가공통신선의 시설 높이에 대한 기준으로 옳은 것은?

① 철도의 궤도를 횡단하는 경우에는 레일면상 5 [m] 이상
② 횡단보도교 위에 시설하는 경우에는 그 노면상 3 [m] 이상
③ 도로(차도와 도로의 구별이 있는 도로는 차도) 위에 시설하는 경우에는 지표상 2 [m] 이상
④ 교통에 지장을 줄 우려가 없도록 도로(차도와 도로의 구별이 있는 도로는 차도) 위에 시설하는 경우에는 지표상 2 [m]까지로 감할 수 있다.

정답 01 ① 02 ① 03 ②

해설 | 선력보안통신선의 시설 높이(362.2)

장소		가공 통신선	첨가 통신선	
			저압,고압	특고압
도로	일반	5 [m]	6 [m]	6 [m]
	교통 지장 X	4.5 [m]	5 [m]	
철도 또는 궤도를 횡단		6.5 [m]		
횡단보도교 위에 시설		3 [m]	3.5 [m] (절연성능 3 [m])	5 [m] (광섬유 케이블 4 [m])
이외		3.5 [m]	4 [m] (광섬유 케이블 3.5 [m])	5 [m]

04 가반형의 용접전극을 사용하는 아크 용접장치의 용접변압기의 1차 측 전로의 대지전압은 몇 [V] 이하이어야 하는가?

① 60   ② 150
③ 300 ④ 400

해설 | 아크용접기(241.10)
- 용접변압기의 1차 측 전로의 대지전압은 300 [V] 이하일 것
- 1차 측 전로에는 용접 변압기에 가까운 곳에 쉽게 개폐할 수 있는 개폐기를 시설
- 용접기 외함 및 피용접재 등의 금속체는 접지공사를 실시

05 전기온상용 발열선은 그 온도가 몇 [℃]를 넘지 않도록 시설하여야 하는가?

① 50   ② 60
③ 80   ④ 100

해설 | 발열선의 시설(241.5.2)
발열선의 최대온도 : 80 [℃]

06 사용전압이 154 [kV]인 가공전선로를 제1종 특고압 보안공사로 시설할 때 사용되는 경동연선의 단면적은 몇 [mm²] 이상이어야 하는가?

① 52   ② 100
③ 150 ④ 200

해설 | 특고압 보안공사(333.22)
제1종 특고압 보안공사 시 전선의 단면적

사용전압	인장강도	단면적
100 [kV] 미만	21.67 [kN] 이상	55 [mm²] 이상
100 [kV] 이상 300 [kV] 미만	58.84 [kN] 이상	150 [mm²] 이상
300 [kV] 이상	77.47 [kN] 이상	200 [mm²] 이상

정답 04 ③ 05 ③ 06 ③

07 고압용 기계기구를 시가지에 시설할 때 지표상 몇 [m] 이상의 높이에 시설하고, 또한 사람이 쉽게 접촉할 우려가 없도록 하여야 하는가?

① 4.0
② 4.5
③ 5.0
④ 5.5

해설 | 고압용 기계기구의 시설높이(341.8)
- 고압용 : 4.5 [m] 이상(시가지 외 4 [m] 이상)
- 특고압용 : 5 [m] 이상

08 발전기, 전동기, 조상기, 기타 회전기(회전변류기 제외)의 절연내력 시험전압은 어느 곳에 가하는가?

① 권선과 대지 사이
② 외함과 권선 사이
③ 외함과 대지 사이
④ 회전자와 고정자 사이

해설 | 회전기 및 정류기 시험전압(133)
시험전압을 전로와 대지 사이에 연속하여 10분간 가하여 시험하였을 때 이에 견뎌야 한다

09 특고압 지중전선이 지중 약전류전선 등과 접근하거나 교차하는 경우에 상호 간의 이격거리가 몇 [cm] 이하인 때에만 두 전선이 직접 접촉하지 아니하도록 하여야 하는가?

① 15
② 20
③ 30
④ 60

해설 | 내화성 격벽의 설치 시 이격거리(334.6)
- 지중전선과 지중약전류전선 사이
  - 저압, 고압 지중전선 : 0.3 [m] 이하일 때
  - 특고압 지중전선 : 0.6 [m] 이하일 때
- 특고압 지중전선과 관 사이
  - 유독성 유체를 내포하는 관 : 1 [m] 이하일 때(단, 사용전압이 25 [kV] 이하인 다중접지방식인 경우 : 0.5 [m] 이하)
  - 그 이외의 관 : 0.3 [m] 이하일 때

10 고압 옥내배선의 공사방법으로 틀린 것은?

① 케이블공사
② 합성수지관공사
③ 케이블트레이 공사
④ 애자사용공사(건조한 장소로서 전개된 장소에 한한다)

해설 | 고압 옥내배선 등의 시설방법(342.1)
- 애자사용배선(건조한 장소로서 전개된 장소)
- 케이블배선
- 케이블트레이배선

11 조상설비 내부고장, 과전류 또는 과전압이 생긴 경우 자동적으로 차단되는 장치를 해야 하는 전력용 커패시터의 최소 뱅크용량은 몇 [kVA]인가?

① 10000
② 12000
③ 13000
④ 15000

해설 | 조상설비의 보호장치(351.5)

설비종별	뱅크용량의 구분	자동적으로 전로로부터 차단하는 장치
전력용 커패시터 분로 리액터	500 [kVA] 초과 15000 [kVA] 미만	내부 고장, 과전류가 생긴 경우 동작하는 장치
	15000 [kVA] 이상	내부 고장, 과전류 과전압이 생긴 경우 동작하는 장치
조상기	15000 [kVA] 이상	내부 고장이 생긴 경우에 동작하는 장치

12 사용전압이 440 [V]인 이동기중기용 접촉전선을 애자사용 공사에 의하여 옥내의 전개된 장소에 시설하는 경우 사용하는 전선으로 옳은 것은?

① 인장강도가 3.44 [kN] 이상인 것 또는 지름 2.6 [mm]의 경동선으로 단면적이 8 [mm^2] 이상인 것
② 인장강도가 3.44 [kN] 이상인 것 또는 지름 3.2 [mm]의 경동선으로 단면적이 18 [mm^2] 이상인 것
③ 인장강도가 11.2 [kN] 이상인 것 또는 지름 6 [mm]의 경동선으로 단면적이 28 [mm^2] 이상인 것
④ 인장강도가 11.2 [kN] 이상인 것 또는 지름 8 [mm]의 경동선으로 단면적이 18 [mm^2] 이상인 것

해설 | 옥내에 시설하는 저압 접촉전선 배선 (232.81)

400 [V] 초과	400 [V] 이하
인장강도 11.2 [kN] 이상 또는 지름 6 [mm] 이상의 경동선으로 단면적이 28 [mm^2] 이상	인장강도 3.44 [kN] 이상 또는 지름 3.2 [mm] 이상의 경동선으로 단면적이 8 [mm^2] 이상

13 옥내에 시설하는 사용 전압이 400 [V] 이상 1000 [V] 이하인 전개된 장소로서 건조한 장소가 아닌 기타의 장소의 관등회로 배선공사로서 적합한 것은?

① 애자사용공사
② 금속몰드공사
③ 금속덕트 공사
④ 합성수지몰드공사

해설 | 1 [kV] 이하 방전등의 공사방법(234.11)

시설장소		공사방법
전개된 장소	건조한 장소	애자공사·합성수지몰드공사 또는 금속몰드공사
	기타	애자공사
점검할 수 있는 은폐된 장소	건조한 장소	금속몰드공사

정답 12 ③ 13 ①

14 저압 가공전선으로 사용할 수 없는 것은?

① 케이블 ② 절연전선
③ 다심형 전선 ④ 나동복 강선

해설 | 저압 가공전선의 종류(222.5)
- 나전선(중성선 또는 다중접지된 접지측 전선으로 사용하는 경우)
- 절연전선
- 다심형 전선
- 케이블

15 가공전선로의 지지물에 시설하는 지선의 시설기준으로 틀린 것은?

① 지선의 안전율을 2.5 이상으로 할 것
② 소선은 최소 5가닥 이상의 강심 알루미늄연선을 사용할 것
③ 도로를 횡단하여 시설하는 지선의 높이는 지표상 5 [m] 이상으로 할 것
④ 지중부분 및 지표상 30 [cm]까지의 부분에는 내식성이 있는 것을 사용할 것

해설 | 지선의 시설(331.11)
- 지선의 안전율 : 2.5
- 인장하중 : 4.31 [kN] 이상
- 지선의 소선 : 3가닥 이상의 연선이며 지름이 2.6 [mm] 이상의 금속선
- 지선로드 : 내식성을 가진 아연도금철봉으로 지표상 30 [cm] 이상
- 지선높이 : 도로 5 [m], 보도 2.5 [m]
- 철탑은 지선사용 금지

16 특고압 가공전선로 중 지지물로서 직선형의 철탑을 연속하여 10기 이상 사용하는 부분에는 몇 기 이하마다 내장 애자장치가 되어 있는 철탑 또는 이와 동등이상의 강도를 가지는 철탑 1기를 시설하여야 하는가?

① 3 ② 5
③ 7 ④ 10

해설 | 특고압 가공전선로의 철주·철근 콘크리트주 또는 철탑의 종류(333.11)

구분	특징
직선형	전선로의 직선부분 사용 (수평각도 3° 이하)
각도형	전선로중 3°를 초과하는 수평각도를 이루는 곳에 사용
인류형	전가섭선을 인류하는 곳에 사용
내장형	전선로의 지지물 양쪽의 경간의 차가 큰 곳에 사용
보강형	전선로의 직선부분에 그 보강을 위하여 사용

- 내장형 : 10기 이하마다 1기를 시설
- 보강형 : 5기 이하마다 1기를 시설

정답 14 ④ 15 ② 16 ④

17 접지공사에 사용하는 접지선을 사람이 접촉할 우려가 있는 곳에 시설하는 경우, 「전기용품 및 생활용품 안전관리법」을 적용받는 합성수지관(두께 2 [mm] 미만의 합성수지제 전선관 및 난연성이 없는 콤바인덕트관을 제외한다)으로 덮어야 하는 범위로 옳은 것은?

① 접지선의 지하 30 [cm]로부터 지표상 1 [m]까지의 부분
② 접지선의 지하 50 [cm]로부터 지표상 1.2 [m]까지의 부분
③ 접지선의 지하 60 [cm]로부터 지표상 1.8 [m]까지의 부분
④ 접지선의 지하 75 [cm]로부터 지표상 2 [m]까지의 부분

해설 | 접지극의 매설 방법(142.2.3)

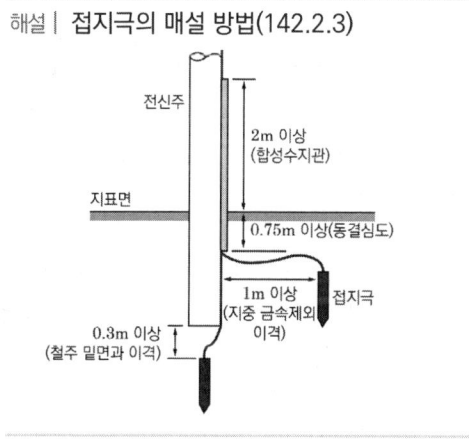

18 사용전압이 400 [V] 미만인 저압 가공전선은 케이블인 경우를 제외하고는 지름이 몇 [mm] 이상이어야 하는가? (단, 절연전선은 제외한다)

① 3.2 ② 3.6
③ 4.0 ④ 5.0

해설 | 저압 가공전선의 굵기 및 종류(222.5)

400 [V] 이하	케이블 제외		인장강도 3.42 [kN] 이상 지름 3.2 [mm] 이상
	절연전선		인장강도 2.30 [kN] 이상 지름 2.6 [mm] 이상
400 [V] 초과	케이블 제외 (DV전선 사용불가)	시가지	인장강도 8.01 [kN] 이상 지름 5 [mm] 이상
		시가지 외	인장강도 5.26 [kN] 이상 지름 4 [mm] 이상

19 수용장소의 인입구 부근에 대지 사이의 전기저항 값이 3 [Ω] 이하인 값을 유지하는 건물의 철골을 접지극으로 사용하여 접지공사를 한 저압전로의 접지 측 전선에 추가 접지 시 사용하는 접지선을 사람이 접촉할 우려가 있는 곳에 시설할 때는 어떤 공사방법으로 시설하는가?

① 금속관공사 ② 케이블공사
③ 금속몰드공사 ④ 합성수지관공사

해설 | 접지극의 시설 및 접지저항(142.3)
특고압·고압 전기설비 및 변압기 중성점 접지시스템의 경우 접지도체가 사람이 접촉할 우려가 있는 곳에 시설되는 고정설비인 경우에는 절연전선(옥외용 비닐절연전선은 제외) 또는 케이블(통신용 케이블은 제외)을 사용하여야 한다.

2020년 4회

01 다음 ( )에 들어갈 내용으로 옳은 것은?

> 전차선로는 무선설비의 기능에 계속적이고 또한 중대한 장해를 주는 ( )가 생길 우려가 있는 경우에는 이를 방지하도록 시설하여야 한다.

① 전파 ② 혼촉
③ 단락 ④ 정전기

해설 | 전파장해의 방지(331.1)
가공전선로는 무선설비의 기능에 계속적이고 또한 중대한 장해를 주는 전파를 발생할 우려가 있는 경우에는 이를 방지하도록 시설하여야 한다.

02 옥내에 시설하는 저압전선에 나전선을 사용할 수 있는 경우는?

① 버스덕트 공사에 의하여 시설하는 경우
② 금속덕트 공사에 의하여 시설하는 경우
③ 합성수지관 공사에 의하여 시설하는 경우
④ 후강전선관 공사에 의하여 시설하는 경우

해설 | 나전선의 사용 가능한 경우(231.4)
- 전개된 곳의 애자공사
  - 전기로용 전선
  - 전선의 피복 절연물이 부식하는 장소에 시설하는 전선
  - 취급자 이외의 자가 출입할 수 없도록 설비한 장소에 시설하는 전선
- 버스덕트 공사 라이팅덕트 공사
- 접촉 전선을 시설하는 경우

03 사람이 상시 통행하는 터널 안의 배선(전기기계기구 안의 배선, 관등회로의 배선, 소세력 회로의 전선 및 출퇴 표시등 회로의 전선은 제외)의 시설기준에 적합하지 않은 것은? (단, 사용전압이 저압의 것에 한한다)

① 합성수지관 공사로 시설하였다.
② 공칭단면적 2.5 [mm^2]의 연동선을 사용하였다.
③ 애자사용공사 시 전선의 높이는 노면상 2 [m]로 시설하였다.
④ 전로에는 터널의 입구 가까운 곳에 전용 개폐기를 시설하였다.

해설 | 사람이 상시 통행하는 터널안의 배선의 시설(242.7.1)
- 공칭단면적 2.5 [mm^2]의 연동선 및 절연전선(OW, DV 제외)
- 노면상 2.5 [m] 이상의 높이로 시설
- 터널의 입구에서 가까운 곳에 전용개폐기를 시설

정답 01 ① 02 ① 03 ③

04 그림은 전력선 반송통신용 결합장치의 보안장치이다. 여기에서 CC는 어떤 커패시터인가?

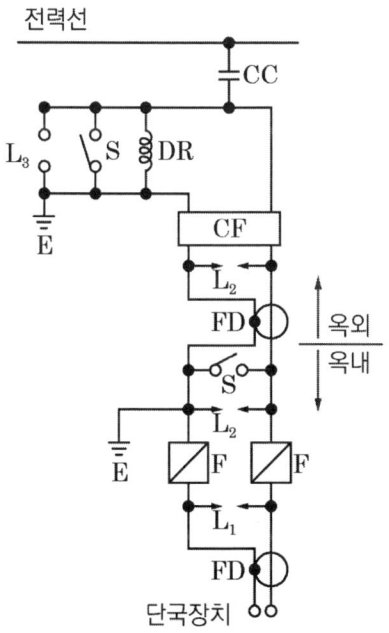

① 결합 커패시터   ② 전력용 커패시터
③ 정류용 커패시터 ④ 축전용 커패시터

해설 | 전력선 반송 통신용 결합장치의 보안장치 (362.11)
- FD : 동축케이블
- F : 정격전류 10 [A] 이하의 포장 퓨즈
- DR : 전류 용량 2 [A] 이상의 배류 선륜
- L_1 : 교류 300 [V] 이하에서 동작하는 피뢰기
- L_2 : 동작 전압이 교류 1.3 [kV]를 초과하고 1.6 [kV] 이하로 조정된 방전갭
- L_3 : 동작 전압이 교류 2 [kV]를 초과하고 3 [kV] 이하로 조정된 구상 방전갭
- S : 접지용 개폐기
- CF : 결합 필타
- CC : 결합 커패시터(결합 안테나를 포함한다)
- E : 접지

05 케이블트레이 공사에 사용하는 케이블트레이에 대한 기준으로 틀린 것은?

① 안전율은 1.5 이상으로 하여야 한다.
② 비금속제 케이블트레이는 수밀성 재료의 것이어야 한다.
③ 금속제 케이블트레이 계통은 기계적 및 전기적으로 완전하게 접속하여야 한다.
④ 전선의 피복 등을 손상시킬 돌기 등이 없이 매끈해야 한다.

해설 | 케이블트레이의 선정(232.41.2)
- 안전율 : 1.5 이상
- 금속재의 경우 내식성을 갖추어야 한다.
- 비금속재의 경우 난연성 재료이어야 한다.
- 금속재 트레이는 접지공사를 실시한다.

06 지중전선로에 사용하는 지중함의 시설기준으로 틀린 것은?

① 지중함은 견고하고 차량 기타 중량물의 압력에 견디는 구조일 것
② 지중함은 그 안의 고인물을 제거할 수 있는 구조로 되어있을 것
③ 지중함의 뚜껑은 시설자 이외의 자가 쉽게 열 수 없도록 시설할 것
④ 폭발성의 가스가 침입할 우려가 있는 것에 시설하는 지중함으로서 그 크기가 0.5 [m^3] 이상인 것에는 통풍장치 기타 가스를 방산시키기 위한 적당한 장치를 시설할 것

해설 | 지중함의 시설(334.2)
- 견고하고 압력에 충분히 견디는 구조
- 지중함 안에 고인 물을 제거 가능
- 크기는 1 [m³] 이상이고 통풍장치를 시설
- 뚜껑은 시설자 외 쉽게 열 수 없도록 할 것

07 교량의 윗면에 시설하는 고압 전선로는 전선의 높이를 교량의 노면상 몇 [m] 이상으로 하여야 하는가?

① 3 ② 4
③ 5 ④ 6

해설 | 교량에 시설하는 전선로(335.6)

구분	높이 (이상)	조영재와의 거리(이상)	
		케이블	이 외
저압	5 [m]	0.15 [m]	0.3 [m]
고압	5 [m]	0.3 [m]	0.6 [m]

08 목장에서 가축의 탈출을 방지하기 위하여 전기울타리를 시설하는 경우 전선은 인장강도가 몇 [kN] 이상의 것이어야 하는가?

① 1.38 ② 2.78
③ 4.43 ④ 5.93

해설 | 전기울타리(241.1)
- 사용전압 : 250 [V] 이하
- 전기울타리는 사람이 쉽게 출입하지 아니하는 곳에 시설할 것
- 전선은 인장강도 1.38 [kN] 이상의 것 또는 지름 2 [mm] 이상의 경동선일 것
- 전선과 이를 지지하는 기둥 사이의 이격거리는 25 [mm] 이상일 것

09 저압의 전선로 중 절연부분의 전선과 대지 간의 절연저항은 사용전압에 대한 누설전류가 최대 공급전류의 얼마를 넘지 않도록 유지하여야 하는가?

① 1/1000 ② 1/2000
③ 1/3000 ④ 1/4000

해설 | 저압전로의 절연저항

누설전류 ≤ 최대 공급전류 × $\frac{1}{2000}$

10 가공전선로의 지지물에 하중이 가하여지는 경우에 그 하중을 받는 지지물의 기초 안전율은 얼마 이상이어야 하는가? (단, 이상 시 상정 하중은 무관)

① 1.5 ② 2.0
③ 2.5 ④ 3.0

해설 | 가공전선로 지지물 기초안전율(331.7)

안전율	내용
1.33	이상 시 상정하중
1.5	안테나, 케이블트레이
2.0	지지물의 기초
2.2	경동선, 내열동합금선
2.5	지선, ACSR, 기타전선

11 제2종 특고압 보안공사 시 지지물로 사용하는 철탑의 경간을 400 [m] 초과로 하려면 몇 [mm²] 이상의 경동연선을 사용하여야 하는가?

① 38
② 55
③ 82
④ 95

해설 | 보안공사 경간 제한(333.22)
제2종 특고압보안공사 시 전선에 인장강도 38.05 [kN] 이상의 연선 또는 단면적이 95 [mm²] 이상인 경동연선을 사용하는 경우 400 [m]를 초과할 수 있다.

12 금속제 외함을 가진 저압의 기계기구로서 사람이 쉽게 접촉될 우려가 있는 곳에 시설하는 경우 전기를 공급받는 전로에 지락이 생겼을 때 자동적으로 전로를 차단하는 장치를 설치하여야 하는 기계기구의 사용전압이 몇 [V]를 초과하는 경우인가?

① 30
② 50
③ 100
④ 150

해설 | 누전차단기를 시설대상(211.2.4)
- 금속제 외함을 가지고 사용전압이 50 [V] 초과하는 전로
- 대지전압 150 [V] 이하인 기계기구를 물기가 있는 곳에 설치할 때(물기가 없는 곳은 150 [V] 초과)
- 누전차단기를 요구하는 주택의 인입구
- 사용전압 400 [V] 초과의 저압전로

13 사용전압이 35000 [V] 이하인 특고압 가공전선과 가공약 전류 전선을 동일 지지물에 시설하는 경우, 특고압 가공전선로의 보안공사로 적합한 것은?

① 고압 보안공사
② 제1종 특고압 보안공사
③ 제2종 특고압 보안공사
④ 제3종 특고압 보안공사

해설 | 특고압 보안공사의 분류(333.22)
- 제1종 특고압 보안공사 : 2차 접근상태에서 사용전압이 35 [kV] 초과인 경우
- 제2종 특고압 보안공사 : 2차 접근상태에서 사용전압이 35 [kV] 이하인 경우
- 제3종 특고압 보안공사 : 1차 접근상태인 경우

14 과전류차단기로 시설하는 퓨즈 중 고압전로에 사용하는 비포장 퓨즈는 정격전류 2배 전류 시 몇 분 안에 용단되어야 하는가?

① 1분
② 2분
③ 5분
④ 10분

해설 | 고압 및 특고압 전로 중의 과전류차단기의 시설(341.10)

종류	정격전류	용단 시간
포장 퓨즈	1.3배의 전류에 견딤	120분
비포장 퓨즈	1.25배의 전류에 견딤	2분

정답 11 ④ 12 ② 13 ③ 14 ②

15 버스 덕트 공사에 의한 저압 옥내배선 시설공사에 대한 설명으로 틀린 것은?

① 덕트(환기형의 것을 제외)의 끝부분은 막지 말 것
② 버스덕트 공사는 전선이 절연전선이 아니어도된다
③ 덕트(환기형의 것을 제외)의 내부에 먼지가 침입하지 아니하도록 할 것
④ 덕트를 조영재에 붙이는 경우에는 덕트의 지지점 간의 거리를 3 [m] 이하로 하고 또한 견고하게 붙일 것

해설 | 버스덕트 공사(232.61)
덕트(환기형의 것을 제외)의 끝부분은 내부에 먼지의 침입을 방지하기 위해 막을 것

16 발전소에서 계측하는 장치를 시설하여야 하는 사항에 해당하지 않는 것은?

① 특고압용 변압기의 온도
② 발전기의 회전수 및 주파수
③ 발전기의 전압 및 전류 또는 전력
④ 발전기의 베어링(수중 메탈을 제외한다) 및 고정자의 온도

해설 | 계측장치(351.6)
발전소에서는 다음의 사항을 계측하는 장치를 시설하여야 한다.
- 발전기·연료전지 또는 태양전지 모듈의 전압 및 전류 또는 전력
- 발전기의 베어링 및 고정자의 온도
- 정격출력이 10000 kW를 초과하는 증기터빈에 접속하는 발전기 진동의 진폭
- 주요 변압기의 전압 및 전류 또는 전력
- 특고압용 변압기의 온도

17 최대사용전압이 7 [kV]를 초과하는 회전기의 절연내력 시험은 최대사용전압의 몇 배의 전압(10500 [V] 미만으로 되는 경우에는 10500 [V])에서 10분간 견디어야 하는가?

① 0.92
② 1
③ 1.1
④ 1.25

해설 | 회전기 및 정류기 시험전압(133)

최대사용전압		시험전압 배율	시험최저 전압 [V]
회전기	발전기 전동기 7 [kV] 이하	1.5배	500
	발전기 전동기 7 [kV] 초과	1.25배	10500
	회전변류기	1배	500
정류기	60 [kV] 이하	1배	500
	60 [kV] 초과	1.1배	-

정답 15 ① 16 ② 17 ④

18. 수소냉각식 발전기 및 이에 부속하는 수소냉각장치의 시설에 대한 설명으로 틀린 것은?

① 발전기 안의 수소의 밀도를 계측하는 장치를 시설할 것
② 발전기 안의 수소의 순도가 85 [%] 이하로 저하한 경우에 이를 경보하는 장치를 시설할 것
③ 발전기 안의 수소의 압력을 계측하는 장치 및 그 압력이 현저히 변동한 경우에 이를 경보하는 장치를 시설할 것
④ 발전기는 기밀구조의 것이고 또한 수소가 대기압에서 폭발하는 경우에 생기는 압력에 견디는 강도를 가지는 것일 것

해설 | 수소냉각식 발전기 등의 시설(351.10)
- 발전기축의 밀봉부에는 질소 가스를 봉입할 수 있는 장치 또는 발전기 축의 밀봉부로부터 누설된 수소 가스를 안전하게 외부에 방출할 수 있는 장치를 시설할 것
- 발전기 내부 또는 조상기 내부의 수소의 순도가 85 [%] 이하로 저하한 경우에 이를 경보하는 장치를 시설할 것
- 발전기 내부 또는 조상기 내부의 수소의 압력을 계측하는 장치 및 그 압력이 현저히 변동한 경우에 이를 경보하는 장치를 시설할 것
- 발전기 내부 또는 조상기 내부의 수소의 온도를 계측하는 장치를 시설할 것

19. 고압 가공전선로에 사용하는 가공지선은 지름 몇 [mm] 이상의 나경동선을 사용하여야 하는가?

① 2.6　② 3.0
③ 4.0　④ 5.0

해설 | 가공전선로의 가공지선(332.6, 333.8)
- 고압 가공지선의 굵기 : 인장강도 5.26 [kN] 이상의 것 또는 지름 4 [mm] 이상의 나경동선 사용
- 특고압 가공지선의 굵기 : 인장강도 8.01 [kN] 이상의 나선 또는 지름 5 [mm] 이상의 나경동선, 22 [mm^2] 이상의 나경동연선, 아연도금강연선 사용

2019년 1회

전기기사 필기
전기설비기술기준 및 판단기준

01 지중 전선로의 매설방법이 아닌 것은?

① 관로식　　② 인입식
③ 암거식　　④ 직접 매설식

해설 | 지중전선로 시설방식(334.1)
- 직접매설식
- 관로식
- 암거식

02 특고압용 변압기로서 그 내부에 고장이 생긴 경우에 반드시 자동 차단되어야 하는 변압기의 뱅크용량은 몇 [kVA] 이상인가?

① 5000　　② 10000
③ 50000　　④ 100000

해설 | 특고압용 변압기의 보호장치(351.4)

뱅크용량	동작조건	작동장치
5000 [kVA] 이상 10000 [kVA] 미만	변압기 내부고장	자동차단장치 또는 경보장치
10000 [kVA] 이상	변압기 내부고장	자동차단장치
타냉식 변압기	냉각장치고장 또는 변압기 온도 현저히 상승	경보장치

03 전력보안 가공통신선(광섬유 케이블은 제외)을 조가할 경우 조가용선은?

① 금속으로 된 단선
② 강심 알루미늄 연선
③ 금속선으로 된 연선
④ 알루미늄으로 된 단선

해설 | 전력보안 가공통신선의 조가선 시설기준(362.3)
조가선은 단면적 38 [mm^2] 이상의 아연도 강연선을 사용

04 저고압 가공전선과 가공약전류 전선 등을 동일 지지물에 시설하는 기준으로 틀린 것은?

① 가공전선을 가공약전류전선 등의 위로 하고 별개의 완금류에 시설할 것
② 전선로의 지지물로서 사용하는 목주의 풍압하중에 대한 안전율은 1.5 이상일 것
③ 가공전선과 가공약전류전선 등 사이의 이격거리는 저압과 고압 모두 75 [cm] 이상일 것
④ 가공전선이 가공약전류전선에 대하여 유도작용에 의한 통신상의 장해를 줄 우려가 있는 경우에는 가공전선을 적당한 거리에서 연가할 것

정답　01 ②　02 ②　03 ③　04 ③

해설 | 고압 가공전선과 가공약전류전선 등의 공용설치(332.21)

구분	이격거리	
저압 가공전선	0.75 [m] 이상	
	절연전선, 케이블인 경우	0.3 [m] 이상
고압 가공전선	1.5 [m] 이상	
	케이블인 경우	0.5 [m] 이상

05 풀용 수중조명등에 사용되는 절연 변압기의 2차 측 전로의 사용전압이 몇 [V]를 초과하는 경우에는 그 전로에 지락이 생겼을 때에 자동적으로 전로를 차단하는 장치를 하여야 하는가?

① 30
② 60
③ 150
④ 300

해설 | 수중조명등(234.14)
- 절연변압기의 1차 측 전로의 사용전압은 400 [V] 이하일 것
- 절연변압기의 2차 측 전로의 사용전압은 150 [V] 이하일 것
- 절연변압기의 2차 측 전로는 접지하지 말 것
- 수중조명등의 절연변압기의 2차 측 전로의 사용전압이 30 [V]를 초과하는 경우에는 그 전로에 지락이 생겼을 때에 자동적으로 전로를 차단하는 정격감도전류 30 [mA] 이하의 누전차단기를 시설하여야 한다.

06 석유류를 저장하는 장소의 전등배선에 사용하지 않는 공사방법은?

① 케이블 공사
② 금속관 공사
③ 애자사용 공사
④ 합성수지관 공사

해설 | 위험물 등이 존재하는 장소의 공사방법 (242.4)
- 합성수지관공사(두께 2 [mm] 이상)
- 금속관 공사
- 케이블 공사

07 사용전압이 154 [kV]인 가공 송전선의 시설에서 전선과 식물과의 이격거리는 일반적인 경우에 몇 [m] 이상으로 하여야 하는가?

① 2.8
② 3.2
③ 3.6
④ 4.2

해설 | 특고압 가공전선과 식물의 이격거리 (333.30)

사용전압	이격거리
60 [kV] 이하	2 [m] 이상
60 [kV] 초과	2 [m] + (초과 10 [kV]마다 0.12 [m])

$\frac{154-60}{10} = 9.4 = 10$단

∴ $2 + 0.12 \times 10 = 3.2 [m]$

※ 특고압가공전선과 저고압 가공전선의 이격거리와 동일(333.26)

정답 05 ① 06 ③ 07 ②

08 농사용 저압 가공전선로의 시설 기준으로 틀린 것은?

① 사용전압이 저압일 것
② 전선로의 경간은 40 [m] 이하일 것
③ 저압 가공전선의 인장강도는 1.38 [kN] 이상일 것
④ 저압 가공전선의 지표상 높이는 3.5 [m] 이상일 것

해설 | 농사용 저압 가공전선로의 시설 (222.22)
- 사용전압 : 저압
- 전선 : 인장강도 1.38 [kN] 이상의 것 또는 지름 [mm] 이상의 경동선
- 시설 높이 : 3.5 [m] 이상(단, 사람이 쉽게 출입하지 못하는 곳 : 3 [m])
- 목주의 굵기 : 지름 9 [cm] 이상
- 전선로의 지지점 간 거리 : 30 [m] 이하
- 접속점 가까이에 전용개폐기 및 과전류차단기(중성극 제외)를 각 극에 설치

09 고압 옥측전선로에 사용할 수 있는 전선은?

① 케이블   ② 나경동선
③ 절연전선 ④ 다심형 전선

해설 | 고압 옥측전선로의 시설(331.13.1)
- 전선 : 케이블(관 또는 트라프에 넣어서 시설)
- 케이블의 지지점 간의 거리

옆면 또는 아랫면에 따라 붙일 경우	수직으로 붙일 경우
2 [m]	6 [m]

- 케이블을 넣는 장치의 금속제 부분은 접지공사를 실시(대지와의 전기저항 값이 10 [Ω] 이하인 부분은 제외)
- 수관, 가스관과의 이격거리 : 0.15 [m] 이상(그 외 0.3 [m] 이상)

10 발전기를 전로로부터 자동적으로 차단하는 장치를 시설하여야 하는 경우에 해당되지 않는 것은?

① 발전기에 과전류가 생긴 경우
② 용량이 5000 [kVA] 이상인 발전기의 내부에 고장이 생긴 경우
③ 용량이 500 [kVA] 이상의 발전기를 구동하는 수차의 압유장치의 유압이 현저히 저하한 경우
④ 용량이 100 [kVA] 이상의 발전기를 구동하는 풍차의 압유장치의 유압, 압축공기장치의 공기압이 현저히 저하한 경우

해설 | 발전기 등의 자동차단장치의 시설(351.3)
- 발전기에 과전류나 과전압이 생긴 경우
- 용량이 100 [kVA] 이상의 발전기를 구동하는 풍차
- 용량이 500 [kVA] 이상의 발전기를 구동하는 수차
- 용량이 2000 [kVA] 이상인 수차 발전기
- 용량이 10000 [kVA] 이상인 발전기의 내부에 고장이 생긴 경우
- 정격출력이 10000 kW를 초과하는 증기터빈

정답 08 ② 09 ① 10 ②

11 고압 옥내배선이 수관과 접근하여 시설되는 경우에는 몇 [cm] 이상 이격시켜야 하는가?

① 15　　② 30
③ 45　　④ 60

해설 | 고압 옥내배선 등의 시설(342.1)
고압 옥내배선이 다른 고압 옥내배선·저압 옥내전선·관등회로의 배선·약전류 전선 등 또는 수관·가스관이나 이와 유사한 것과 접근하거나 교차하는 경우
- 이격거리 : 0.15 [m] 이상
- 애자사용배선에 의하여 시설하는 저압옥내전선이 나전선인 경우 : 0.3 [m] 이상
- 가스계량기 및 가스관의 이음부와 전력량계 및 개폐기와의 거리 : 0.6 [m] 이상

12 최대사용전압이 22900 [V]인 3상 4선식 중성선 다중접지식 전로와 대지 사이의 절연내력 시험전압은 몇 [V]인가?

① 32510　　② 28752
③ 25229　　④ 21068

해설 | 전로의 절연내력 시험전압(132)

구분	최대사용전압	시험전압	최소전압
비접지	7 [kV] 이하	1.5배	500 [V]
	7 [kV] 초과	1.25배	10.5 [kV]
중성선 다중접지	7~25 [kV]	0.92배	-
중성점 접지식	60 [kV] 초과	1.1배	75 [kV]
중성점 직접접지	60~170 [kV]	0.72배	-
	170 [kV] 초과	0.64배	-

$22,900 \times 0.92 = 21,068 [V]$

13 라이팅 덕트 공사에 의한 저압 옥내배선 공사시설 기준으로 틀린 것은?

① 덕트의 끝부분은 막을 것
② 덕트는 조영재에 견고하게 붙일 것
③ 덕트는 조영재를 관통하여 시설할 것
④ 덕트의 지지점 간의 거리는 2 [m] 이하로 할 것

해설 | 라이팅덕트 공사(232.71)
- 조명 기구나 소형 전기기기 등의 위치를 자주 바꾸는 곳에서 사용된다.
- 지지점 간의 거리 : 2 [m]
- 건조하고 노출된 장소 또는 점검할 수 있는 은폐 장소에 시설한다.
- 덕트의 끝부분은 막는다.
- 덕트는 조영재를 관통하여 시설하지 않는다.
- 금속재를 피복한 덕트를 사용하는 경우 접지공사 실시한다.

14 금속덕트 공사에 의한 저압 옥내배선에서, 금속덕트에 넣은 전선의 단면적의 합계는 일반적으로 덕트 내부 단면적의 몇 % 이하이어야 하는가? (단, 전광표시 장치·출퇴표시등 기타 이와 유사한 장치 또는 제어회로 등의 배선만을 넣는 경우에는 50 [%])

① 20
② 30
③ 40
④ 50

해설 | 금속덕트 내 전선 수용량(232.31)
- 전선의 단면적은 덕트 내 단면적의 20 [%] 이하
- 전광사인장치, 출퇴근 표시등, 및 제어회로 등의 배선에 사용되는 전선만을 사용하는 경우는 50 [%] 이하

15 지중 전선로에 사용하는 지중함의 시설기준으로 틀린 것은?

① 조명 및 세척이 가능한 적당한 장치를 시설할 것
② 견고하고 차량 기타 중량물의 압력에 견디는 구조일 것
③ 그 안의 고인 물을 제거할 수 있는 구조로 되어 있는 것
④ 뚜껑은 시설자 이외의 자가 쉽게 열 수 없도록 시설할 것

해설 | 지중함의 시설(334.2)
- 지중함은 견고하고 압력에 충분히 견디는 구조
- 지중함 안에 고인 물을 제거 가능
- 지중함의 크기는 1 [m^3] 이상이어야 하고 통풍장치를 시설
- 지중함의 뚜껑은 시설자 외 쉽게 열 수 없도록 할 것

16 철탑의 강도계산에 사용하는 이상 시 상정하중을 계산하는 데 사용되는 것은?

① 미진에 의한 요동과 철구조물의 인장하중
② 뇌가 철탑에 가하여졌을 경우의 충격하중
③ 이상전압이 전선로에 내습하였을 때 생기는 충격하중
④ 풍압이 전선로에 직각방향으로 가하여지는 경우의 하중

해설 | 이상 시 상정하중(333.14)
- 수직하중
- 수평 횡하중
- 수평 종하중

정답 14 ① 15 ① 16 ④

2019년 2회

01 저압 옥상전선로의 시설에 대한 설명으로 틀린 것은?

① 전선은 절연전선을 사용한다.
② 전선은 지름 2.6 [mm] 이상의 경동선을 사용한다.
③ 전선은 상시 부는 바람 등에 의하여 식물에 접촉하지 않도록 시설한다.
④ 전선과 옥상 전선로를 시설하는 조영재와의 이격거리를 0.5 [m]로 한다.

해설 | 저압 옥상전선로의 이격거리(221.3)
- 저압 절연전선과 조영재 : 2 [m]
- 고압, 특고압 절연전선 케이블과 조영재 : 1 [m]
- 옥상전선로의 전선이 다른 유사한 전선들과 접근하거나 교차하는 경우 : 1 [m]
- 방호구에 넣어진 전선과 접근하거나 교차하는 경우 : 0.3 [m]
- 옥상전선로의 전선이 다른 시설물과 접근하거나 교차하는 경우 : 0.6 [m]

02 사용전압 66 [kV]의 가공전선로를 시가지에 시설할 경우 전선의 지표상 최소 높이는 몇 [m]인가?

① 6.48 ② 8.36
③ 10.48 ④ 12.36

해설 | 시가지 등에서 170 [kV] 이하 특고압 가공전선로 높이(333.1)

사용전압	높이	
35 [kV] 이하	10 [m] 이상	
	특고압 절연전선	8 [m] 이상
35 [kV] 초과	10 [m] + (초과 10 [kV]마다 0.12 [m])	

$\dfrac{66-35}{10} = 3.1 = 4$단

∴ $10 + 0.12 \times 4 = 10.48\,[m]$

03 가공전선로의 지지물에 시설하는 지선의 시설 기준으로 옳은 것은?

① 지선의 안전율은 2.2 이상이어야 한다.
② 연선을 사용할 경우에는 소선(素線) 3가닥 이상이어야 한다.
③ 도로를 횡단하여 시설하는 지선의 높이는 지표상 4 [m] 이상으로 하여야 한다.
④ 지중부분 및 지표상 20 [cm]까지의 부분에는 내식성이 있는 것 또는 아연도금을 한다.

해설 | 지선의 시설(331.11)
- 지선의 안전율 : 2.5
- 인장하중 : 4.31 [kN] 이상
- 지선의 소선 : 3가닥 이상의 연선이며 지름이 2.6 [mm] 이상의 금속선
- 지선로드 : 내식성을 가진 아연도금철봉으로 지표상 30 [cm] 이상
- 지선높이 : 도로 5 [m], 보도 2.5 [m]
- 철탑은 지선사용 금지

정답 01 ④ 02 ③ 03 ②

04 무선용 안테나 등을 지지하는 철탑의 기초 안전율은 얼마 이상이어야 하는가?

① 1.0 　　② 1.5
③ 2.0 　　④ 2.5

해설 | 무선용 안테나 등을 지지하는 철탑 등의 시설(364.1)

안전율	내용
1.33	이상 시 상정하중
1.5	안테나, 케이블트레이
2.0	지지물의 기초
2.2	경동선, 내열동합금선
2.5	지선, ACSR, 기타전선

05 가공전선로의 지지물에 취급자가 오르고 내리는 데 사용하는 발판 볼트 등은 지표상 몇 [m] 미만에 시설하여서는 아니 되는가?

① 1.2 　　② 1.8
③ 2.2 　　④ 2.5

해설 | 가공전선로 지지물의 철탑오름 및 전주오름 방지(331.4)
가공전선로의 지지물에 취급자가 오르고 내리는 데 사용하는 발판볼트 등을 지표상 1.8 [m] 미만에 시설하여서는 아니 된다.

06 특고압 가공전선로의 지지물로 사용하는 B종 철주에서 각도형은 전선로 중 몇 도를 넘는 수평 각도를 이루는 곳에 사용되는가?

① 1 　　② 2
③ 3 　　④ 5

해설 | 특고압 가공전선로의 철주·철근 콘크리트주 또는 철탑의 종류(333.11)

구분	특징
직선형	전선로의 직선부분 사용 (수평각도 3° 이하)
각도형	전선로중 3°를 초과하는 수평각도를 이루는 곳에 사용
인류형	전가섭선을 인류하는 곳에 사용
내장형	전선로의 지지물 양쪽의 경간의 차가 큰 곳에 사용
보강형	전선로의 직선부분에 그 보강을 위하여 사용

07 빙설의 정도에 따라 풍압하중을 적용하도록 규정하고 있는 내용 중 옳은 것은? (단, 빙설이 많은 지방 중 해안지방 기타 저온계절에 최대풍압이 생기는 지방은 제외한다)

① 빙설이 많은 지방에서는 고온계절에는 갑종 풍압하중, 저온계절에는 을종 풍압하중을 적용한다.
② 빙설이 많은 지방에서는 고온계절에는 을종 풍압하중, 저온계절에는 갑종 풍압하중을 적용한다.
③ 빙설이 적은 지방에서는 고온계절에는 갑종 풍압하중, 저온계절에는 을종 풍압하중을 적용한다.
④ 빙설이 적은 지방에서는 고온계절에는 을종 풍압하중, 저온계절에는 갑종 풍압하중을 적용한다.

정답　04 ②　05 ②　06 ③　07 ①

해설 | 풍압하중의 종별과 적용(331.6)

구분		고온계절	저온계절
빙설이 많은 지방 이외의 지방		갑종	병종
빙설이 많은 지방	일반		을종
	해안지방		갑종과 을종 중 큰 것
인가가 많이 연접되어 있는 장소			병종

08 조상설비의 조상기(調相機) 내부에 고장이 생긴 경우에 자동적으로 전로로부터 차단하는 장치를 시설해야 하는 뱅크용량 [kVA]으로 옳은 것은?

① 1000
② 1500
③ 10000
④ 15000

해설 | 조상설비의 보호장치(351.5)

설비종별	뱅크용량의 구분	자동적으로 전로부터 차단하는 장치
전력용 커패시터 분로 리액터	500 [kVA] 초과 15000 [kVA] 미만	내부 고장, 과전류가 생긴 경우 동작하는 장치
	15000 [kVA] 이상	내부 고장, 과전류 과전압이 생긴 경우 동작하는 장치
조상기	15000 [kVA] 이상	내부 고장이 생긴 경우에 동작하는 장치

09 고압 가공전선로에 사용하는 가공지선으로 나경동선을 사용할 때의 최소 굵기 [mm]는?

① 3.2
② 3.5
③ 4.0
④ 5.0

해설 | 가공전선로의 가공지선(332.6, 333.8)
- 고압 가공지선의 굵기 : 인장강도 5.26 [kN] 이상의 것 또는 지름 4 [mm] 이상의 나경동선 사용
- 특고압 가공지선의 굵기 : 인장강도 8.01 [kN] 이상의 나선 또는 지름 5 [mm] 이상의 나경동선, 22 [mm^2] 이상의 나경동연선, 아연도금강연선 사용

10 차량 기타 중량물의 압력을 받을 우려가 있는 장소에 지중 전선로를 직접 매설식으로 시설하는 경우 매설깊이는 몇 [m] 이상이어야 하는가?

① 0.8
② 1.0
③ 1.2
④ 1.5

해설 | 지중전선로의 매설깊이(334)
- 차량 기타 중량물의 압력을 받을 우려가 있는 장소 : 1.0 [m] 이상
- 기타 장소 : 0.6 [m] 이상

11 고압용 기계기구를 시설하여서는 안 되는 경우는?

① 시가지 외로서 지표상 3 [m]인 경우
② 발전소, 변전소, 개폐소 또는 이에 준하는 곳에 시설하는 경우
③ 옥내에 설치한 기계기구를 취급자 이외의 사람이 출입할 수 없도록 설치한 곳에 시설하는 경우
④ 공장 등의 구내에서 기계기구의 주위에 사람이 쉽게 접촉할 우려가 없도록 적당한 울타리를 설치하는 경우

해설 | 고압용 기계기구의 시설높이(341.8)
• 고압용 : 4.5 [m] 이상(시가지 외 4 [m] 이상)
• 특고압용 : 5 [m] 이상

12 특고압용 변압기의 보호장치인 냉각장치에 고장이 생긴 경우 변압기의 온도가 현저하게 상승한 경우에 이를 경보하는 장치를 반드시 하지 않아도 되는 경우는?

① 유입 풍냉식   ② 유입 자냉식
③ 송유 풍냉식   ④ 송유 수냉식

해설 | 특고압용 변압기의 보호장치(351.4)
타냉식 변압기는 냉각장치에 고장이 생긴 경우 또는 변압기의 온도가 현저히 상승한 경우 경보장치를 발생시킨다.
• 타냉식 변압기 : 수냉식, 송유 풍냉식, 송유 자냉식

13 옥내에 시설하는 전동기가 소손되는 것을 방지하기 위한 과부하 보호 장치를 하지 않아도 되는 것은?

① 정격 출력이 7.5 [kW] 이상인 경우
② 정격 출력이 0.2 [kW] 이하인 경우
③ 정격 출력이 2.5 [kW]이며, 과전류 차단기가 없는 경우
④ 전동기 출력이 4 [kW]이며, 취급자가 감시할 수 없는 경우

해설 | 과부하 보호장치의 설치예외(212.6.3)
• 정격출력이 0.2 [kW] 이하인 옥내에 시설하는 전동기
• 정격전류가 16 [A] 이하인 단상전동기
• 정격전류가 20 [A] 이하인 배선차단기

14 어떤 공장에서 케이블을 사용하는 사용전압이 22 [kV]인 가공전선을 건물 옆쪽에서 1차 접근상태로 시설하는 경우, 케이블과 건물의 조영재 이격거리는 몇 [cm] 이상 이어야 하는가?

① 50   ② 80
③ 100 ④ 120

해설 | 특고압 가공전선과 건조물 조영재와의 이격거리(333.23)

사용전압의 구분		이격거리	
		위쪽	옆, 아래쪽
35 [kV] 이하	특고압 절연전선	2.5 [m] 이상	1.5 [m] 이상
	케이블	1.2 [m] 이상	0.5 [m] 이상
	기타전선	3 [m] 이상	
35 [kV] 초과	모든전선	각 제한값 + (초과 10 [kV]마다 0.15 [m]) 이상	

정답 11 ① 12 ② 13 ② 14 ①

2019년 3회

전기기사 필기
전기설비기술기준 및 판단기준

01 고압 가공전선로의 지지물로 철탑을 사용한 경우 최대경간은 몇 [m] 이하이어야 하는가?

① 300　② 400
③ 500　④ 600

해설 | 고압 가공전선로 경간 제한(332.9)

지지물의 종류	표준 경간	전선단면적 22 [mm²] 이상인 경우
목주, A종주	150 [m] 이하	300 [m] 이하
B종주	250 [m] 이하	500 [m] 이하
철탑	600 [m] 이하	

02 폭발성 또는 연소설의 가스가 침입할 우려가 있는 것에 시설하는 지중함으로서 그 크기가 몇 [m³] 이상의 것은 통풍장치 기타 가스를 방산시키기 위한 적당한 장치를 시설하여야 하는가?

① 0.9　② 1.0
③ 1.5　④ 2.0

해설 | 지중함의 시설(334.2)
- 지중함은 견고하고 압력에 충분히 견디는 구조
- 지중함 안에 고인 물을 제거 가능
- 지중함의 크기는 1 [m³] 이상이어야 하고 통풍장치를 시설
- 지중함의 뚜껑은 시설자 외 쉽게 열 수 없도록 할 것

03 사용전압 35000 [V]인 기계기구를 옥외에 시설하는 개폐소의 구내에 취급자 이외의 자가 들어가지 않도록 울타리를 설치할 때 울타리와 특고압의 충전부분이 접근하는 경우에는 울타리의 높이와 울타리로부터 충전부분까지의 거리의 합은 최소 몇 [m] 이상이어야 하는가?

① 4　② 5
③ 6　④ 7

해설 | 특고압용 기계기구의 거리(341.4)

사용전압	울타리의 높이와 울타리로부터 충전부분까지의 거리 합계 또는 지표상의 높이
35 [kV] 이하	5 [m] 이상
35 [kV] 초과 160 [kV] 이하	6 [m] 이상
160 [kV] 초과	6 [m] + (초과 10 [kV]마다 0.12 [m])

정답　01 ④　02 ②　03 ②

04 다음의 ⓐ, ⓑ에 들어갈 내용으로 옳은 것은?

> 과전류차단기로 시설하는 퓨즈 중 고압전로에 사용하는 비포장퓨즈는 정격전류의 (ⓐ)배의 전류에 견디고 또한 2배의 전류로 (ⓑ)분 안에 용단되는 것이어야 한다.

① ⓐ 1.1, ⓑ 1
② ⓐ 1.2, ⓑ 1
③ ⓐ 1.25, ⓑ 2
④ ⓐ 1.3, ⓑ 2

해설 | 고압 및 특고압 전로 중의 과전류차단기의 시설(341.10)

종류	정격전류	용단 시간
포장 퓨즈	1.3배의 전류에 견딤	120분
비포장 퓨즈	1.25배의 전류에 견딤	2분

05 지중 전선로를 직접 매설식에 의하여 시설하는 경우에는 매설 깊이를 차량 기타 중량물의 압력을 받을 우려가 있는 장소에서는 몇 [cm] 이상으로 하면 되는가?

① 40
② 60
③ 80
④ 100

해설 | 지중전선로의 매설깊이(334)
- 차량 기타 중량물의 압력을 받을 우려가 있는 장소 : 1.0 [m] 이상
- 기타 장소 : 0.6 [m] 이상

06 저압 가공전선이 건조물의 상부 조영재 옆쪽으로 접근하는 경우 저압 가공전선과 건조물의 조영재 사이의 이격거리는 몇 [m] 이상이어야 하는가? (단, 전선에 사람이 쉽게 접촉할 우려가 없도록 시설한 경우와 전선이 고압 절연전선, 특고압 절연전선 또는 케이블인 경우는 제외한다)

① 0.6
② 0.8
③ 1.2
④ 2.0

해설 | 저압, 고압 가공전선과 건조물의 접근 (222.11, 332.11)

구분			이격거리
상부 조영재	위쪽	2 [m]	케이블인 경우 1 [m]
	옆쪽 또는 아래쪽	1.2 [m]	접촉할 우려가 없는 경우 0.8 [m]
			케이블인 경우 0.4 [m]

07 변압기의 고압 측 전로와의 혼촉에 의하여 저압 측 전로의 대지전압이 150 [V]를 넘는 경우에 2초 이내에 고압전로를 자동 차단하는 장치가 되어 있는 6600/220 [V] 배전선로에 있어서 1선 지락 전류가 2 [A]이면 접지저항 값의 최대는 몇 [Ω]인가?

① 50
② 75
③ 150
④ 300

해설 | 변압기 중성점 접지저항(142.5)

구분	중성점 접지저항 값
일반적 저항 값	$R = \dfrac{150}{I_g}$
1초 초과 2초 이내, 자동차단장치 설치	$R = \dfrac{300}{I_g}$
1초 이내, 자동차단장치	$R = \dfrac{600}{I_g}$

$R = \dfrac{300}{2} = 150\,[\Omega]$

08 폭연성 분진 또는 화약류의 분말이 존재하는 곳의 저압 옥내배선은 어느 공사에 의하는가?

① 금속관 공사
② 애자사용 공사
③ 합성수지관 공사
④ 캡타이어 케이블 공사

해설 | 분진 위험장소의 공사방법(242.2)

장소	공사방법
폭연성 분진	• 금속관공사 • 케이블공사 (캡타이어케이블 사용제외)
가연성 분진	• 합성수지관공사 (두께 2 [mm] 이상) • 금속관공사 • 케이블공사
먼지가 많은 그 밖의 위험 장소	• 애자공사 • 합성수지관공사 • 금속관공사 • 케이블공사 • 금속덕트 공사 • 버스덕트 공사(환기형 제외)

09 저압 옥내전로의 인입구에 가까운 곳으로서 쉽게 개폐할 수 있는 곳에 개폐기를 시설하여야 한다. 그러나 사용전압이 400 [V] 미만인 옥내전로로서 다른 옥내전로에 접속하는 길이가 몇 [m] 이하인 경우는 개폐기를 생략할 수 있는가? (단, 정격전류가 16 [A] 이하인 과전류 차단기 또는 정격전류가 16 [A]를 초과하고 20 [A] 이하인 배선용 차단기로 보호되고 있는 것에 한한다)

① 15
② 20
③ 25
④ 30

해설 | 저압 옥내전로 인입구에서의 개폐기의 시설의 생략(212.6.2)

• 사용전압이 400 [V] 이하인 옥내전로로서 다른 옥내전로(정격전류가 16 [A] 이하인 과전류 차단기 또는 정격전류가 16 [A]를 초과하고 20 [A] 이하인 배선차단기로 보호되고 있는 것에 한한다)에 접속하는 길이 15 [m] 이하의 전로에서 전기의 공급을 받는 경우
• 저압 옥내전로에 접속하는 전원측의 전로(그 전로에 가공 부분 또는 옥상 부분이 있는 경우에는 그 가공 부분 또는 옥상 부분보다 부하 측에 있는 부분에 한한다)의 그 저압 옥내 전로의 인입구에 가까운 곳에 전용의 개폐기를 쉽게 개폐할 수 있는 곳의 각 극에 시설하는 경우

10 지중 전선로는 기설 지중 약전류 전선로에 대하여 다음의 어느 것에 의하여 통신상의 장해를 주지 아니하도록 기설 약전류 전선로로부터 충분히 이격시키는가?

① 충전전류 또는 표피작용
② 충전전류 또는 유도작용
③ 누설전류 또는 표피작용
④ 누설전류 또는 유도작용

해설 | 지중약전류전선의 유도장해 방지 (334.5)
지중전선로는 기설 지중약전류전선로에 대하여 누설전류 또는 유도작용에 의하여 통신상의 장해를 주지 않도록 기설 약전류전선로로부터 충분히 이격시키거나 기타 적당한 방법으로 시설하여야 한다.

11 일반주택 및 아파트 각 호실의 현관등은 몇 분 이내에 소등되는 타임스위치를 시설하여야 하는가?

① 1분   ② 3분
③ 5분   ④ 10분

해설 | 점멸기의 시설(234.6)
• 숙박업에 이용되는 객실의 입구등 1분 이내에 소등
• 일반주택 및 아파트 각 호실의 현관등 3분 이내에 소등

12 발전소에서 장치를 시설하여 계측하지 않아도 되는 것은?

① 발전기의 회전자 온도
② 특고압용 변압기의 온도
③ 발전기의 전압 및 전류 또는 전력
④ 주요변압기의 전압 및 전류 또는 전력

해설 | 계측장치(351.6)
발전소에서는 다음의 사항을 계측하는 장치를 시설하여야 한다.
• 발전기·연료전지 또는 태양전지 모듈의 전압 및 전류 또는 전력
• 발전기의 베어링 및 고정자의 온도
• 정격출력이 10000 kW를 초과하는 증기 터빈에 접속하는 발전기의 진동의 진폭
• 주요 변압기의 전압 및 전류 또는 전력
• 특고압용 변압기의 온도

13 백열전등 또는 방전등에 전기를 공급하는 옥내전로의 대지전압은 몇 [V] 이하이어야 하는가?

① 440   ② 380
③ 300   ④ 100

해설 | 옥내전로의 대지 전압의 제한(231.6)
백열전등 또는 방전등에 전기를 공급하는 옥내의 전로의 대지전압은 300 [V] 이하

14 66000 [V] 가공전선과 6000 [V] 가공전선을 동일 지지물에 병가하는 경우, 특고압 가공전선으로 사용하는 경동연선의 굵기는 몇 [mm²] 이상이어야 하는가?

① 22
② 38
③ 50
④ 100

해설 | 특고압 가공전선과 저, 고압 가공전선 등의 병행설치(333.17)
- 사용전압이 35 [kV] 이하
  저압 또는 고압 가공전선은 인장강도 8.31 [kN] 이상의 것 또는 케이블
- 사용전압이 35 [kV] 초과 100 [kV] 미만 인장강도 21.67 [kN] 이상 또는 50 [mm²] 이상인 경동연선

15 저압 또는 고압의 가공 전선로와 기설 가공 약전류 전선로가 병행할 때 유도작용에 의한 통신상의 장해가 생기지 않도록 전선과 기설 약전류 전선간의 이격거리는 몇 [m] 이상이어야 하는가? (단, 전기철도용 급전선로는 제외한다)

① 2
② 3
③ 4
④ 6

해설 | 가공약전류전선로의 유도장해 방지 (332.1)
저, 고압 가공전선로와 기설 가공약전류전선로가 병행하는 경우 이격거리는 2 [m] 이상

16 가공전선로의 지지물에 하중이 가하여지는 경우에 그 하중을 받는 지지물의 기초 안전율은 특별한 경우를 제외하고 최소 얼마 이상인가?

① 1.5
② 2
③ 2.5
④ 3

해설 | 가공전선로 지지물의 기초의 안전율 (331.7)

안전율	내용
1.33	이상 시 상정하중
1.5	안테나, 케이블트레이
2.0	지지물의 기초
2.2	경동선, 내열동합금선
2.5	지선, ACSR, 기타전선

정답 14 ③ 15 ① 16 ②

2019년 4회

01 최대사용전압이 360 [kV]인 가공전선이 교량과 제1차 접근상태로 시설되는 경우에 전선과 교량과의 이격거리는 최소 몇 [m] 이상이어야 하는가?

① 5.96　　② 6.96
③ 7.95　　④ 8.95

해설 | 특고압 가공전선과 도로 등과 접근 또는 교차 시 이격거리(333.24)

사용전압	이격거리
35 [kV] 이하	3 [m] 이상
35 [kV] 초과	3 [m] + (초과 10 [kV]마다 0.15 [m])

$$\frac{360-35}{10} = 32.5 = 33단$$

$$3 + (33 \times 0.15) = 7.95 [m]$$

02 옥내에 시설하는 저압용 배선기구의 시설에 관한 설명으로 틀린 것은?

① 옥내에 시설하는 저압용 배선기구의 충전 부분은 노출되지 않도록 시설한다.
② 옥내에 시설하는 저압용 비포장 퓨즈는 불연성으로 제작한 함 내부에 시설하여야 한다.
③ 옥내에 시설하는 저압용의 배선기구에 전선을 접속하는 경우에는 나사로 고정해서는 안 된다.
④ 욕실 등 인체가 물에 젖어있는 상태에서 전기를 사용하는 장소에서는 인체 감전보호용 누전차단기가 부착된 콘센트를 시설하여야 한다.

해설 | 전기자동차 전원공급설비의 저압전로 시설(241.17.2)
옥내에 시설하는 저압용의 배선기구에 전선을 접속하는 경우에는 나사로 고정시키거나 기타 이와 동등 이상의 효력이 있는 방법에 의하여 견고하고 또한 전기적으로 완전히 접속하고 접속점에 장력이 가하여지지 아니하도록 하여야 한다.

03 154 [kV] 가공전선과 가공약전류 전선이 교차하는 경우에 시설하는 보호망을 구성하는 금속선 중 가공전선의 바로 아래에 시설되는 것 이외의 가공약전류 전선을 아연도철선으로 조가하여 시설하는 경우 지름 몇 [mm] 이상인가?

① 2.6　　② 3.2
③ 3.6　　④ 4.0

해설 | 특고압 가공전선과 저고압 가공전선 등의 접근 또는 교차(333.26)
보호망을 구성하는 금속선은 그 외주 및 특고압 가공전선의 직하에 시설하는 금속선에는 인장강도 8.01 [kN] 이상의 것 또는 지름 5 [mm] 이상의 경동선을 사용하고 그 밖의 부분에 시설하는 금속선에는 인장강도 3.64 [kN] 이상의 것 또는 지름 4 [mm] 이상의 경동선을 사용할 것

정답　01 ③　02 ③　03 ④

04 사용전압 22.9 [kV]의 가공전선이 철도를 횡단하는 경우, 전선의 레일면상의 높이는 몇 [m] 이상인가?

① 5   ② 5.5
③ 6   ④ 6.5

해설 | 특고압 가공전선의 높이(333.7)

사용전압의 구분	지표상의 높이(m 이상)				
	철도 횡단	도로 횡단	산지	횡단 보도	그 외 평지
35 [kV] 이하	6.5	6	5	4	5
35 [kV] 초과 160 [kV] 이하	6.5	6	5	5	6
160 [kV] 초과	최고 높이 + (초과 10 [kV]마다 0.12 [m])				

05 그림은 전력선 반송통신용 결합장치의 보안장치이다. 여기에서 FD는 무엇인가?

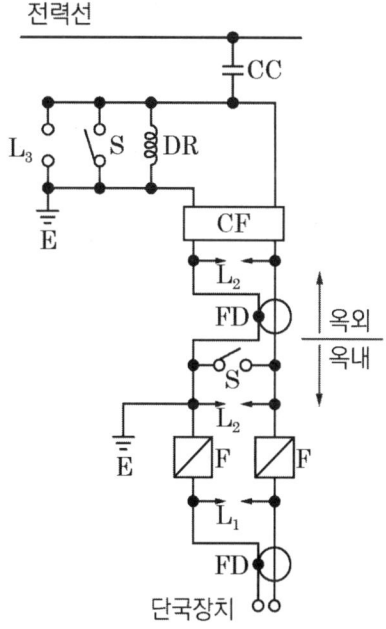

① 절연전선   ② 결합필터
③ 동축케이블   ④ 배류중계선륜

해설 | 전력선 반송 통신용 결합장치의 보안장치 (362.11)
• FD : 동축케이블
• F : 정격전류 10 [A] 이하의 포장 퓨즈
• DR : 전류 용량 2 [A] 이상의 배류 선륜
• L_1 : 교류 300 [V] 이하에서 동작하는 피뢰기
• L_2 : 동작 전압이 교류 1.3 [kV]를 초과하고 1.6 [kV] 이하로 조정된 방전갭
• L_3 : 동작 전압이 교류 2 [kV]를 초과하고 3 [kV] 이하로 조정된 구상 방전갭
• S : 접지용 개폐기
• CF : 결합 필타
• CC : 결합 커패시터(결합 안테나를 포함한다)
• E : 접지

06 발전기 등의 보호장치의 기준과 관련하여 발전기를 자동적으로 전로로부터 차단하는 장치를 시설하여야 하는 경우로 옳은 것은?

① 발전기에 과전류가 생긴 경우
② 발전기에 역상전류가 생긴 경우
③ 발전기의 전류에 고조파가 포함된 경우
④ 발전기의 부하에 누설전류가 포함된 경우

해설 | 발전기 등의 자동차단장치의 시설 (351.3)
- 발전기에 과전류나 과전압이 생긴 경우
- 용량이 100 [kVA] 이상의 발전기를 구동하는 풍차
- 용량이 500 [kVA] 이상의 발전기를 구동하는 수차
- 용량이 2000 [kVA] 이상인 수차 발전기
- 용량이 10000 [kVA] 이상인 발전기의 내부에 고장이 생긴 경우
- 정격출력이 10000 kW를 초과하는 증기 터빈

07 22000 [V]의 특고압 가공전선으로 경동연선을 시가지에 시설할 경우 전선의 지표상 높이는 몇 [m] 이상이어야 하는가?

① 4　　② 6
③ 8　　④ 10

해설 | 시가지 등에서 170 [kV] 이하 특고압 가공전선로 높이(333.1)

사용전압	높이	
35 [kV] 이하	10 [m] 이상	
	특고압 절연전선	8 [m] 이상
35 [kV] 초과	10 [m] + (초과 10 [kV]마다 0.12 [m])	

08 변압기 전로의 절연내력시험에서 최대 사용전압이 22.9 [kV]인 경우 시험전압은 최대 사용전압의 몇 배인가? (단, 권선은 중성점 접지식 전로 중성선을 가지는 것으로서 그 중성선에서 다중접지를 하는 것에 한한다)에 접속하였다.

① 0.92　　② 1.1
③ 1.25　　④ 1.5

해설 | 전로의 절연내력 시험전압(132)

구분	최대사용전압	시험전압	최소전압
비접지	7 [kV] 이하	1.5배	500 [V]
	7 [kV] 초과	1.25배	10.5 [kV]
중성선 다중접지	7~25 [kV]	0.92배	-
중성점 접지식	60 [kV] 초과	1.1배	75 [kV]
중성점 직접접지	60~170 [kV]	0.72배	-
	170 [kV] 초과	0.64배	-

09
고압 가공전선과 건조물의 상부 조영재와의 옆쪽 이격거리는 몇 [m] 이상인가? (단, 전선에 사람이 쉽게 접촉할 우려가 있고 케이블이 아닌 경우이다)

① 1.0 ② 1.2
③ 1.5 ④ 2.0

해설 | 저압, 고압 가공전선과 건조물의 접근 (222.11, 332.11)

구분		이격거리	
상부 조영재	위쪽	2 [m]	케이블인 경우 1 [m]
	옆쪽 또는 아래쪽	1.2 [m]	접촉할 우려가 없는 경우 0.8 [m]
			케이블 경우 0.4 [m]

10
전로의 중성점 접지의 접지선을 연동선으로 할 경우 공칭단면적은 몇 [mm²] 이상인가? (단, 저압 전로의 중성점에 시설하는 것은 제외한다)

① 6 ② 10
③ 16 ④ 25

해설 | 접지도체 (142.3.1)
- 특고압·고압용 접지도체 6 [mm²] 이상 연동선
- 중성점 접지용 접지도체 16 [mm²] 이상 연동선

11
사용전압이 35000 [V] 이하이고 또한 전선에 케이블을 사용하는 경우에 특고압 가공 인입선의 높이는 그 특고압 가공 인입선이 도로·횡단보도교·철도 및 궤도를 횡단하는 이외의 경우에 한하여 지표상 몇 [m]까지로 감할 수 있는가?

① 3 ② 4
③ 5 ④ 6

해설 | 특고압 가공인입선의 시설(331.12.2)
사용전압이 35000 [V] 이하이고 또한 전선에 케이블을 사용하는 경우에 특고압 가공 인입선의 높이는 그 특고압 가공 인입선이 도로·횡단보도교·철도 및 궤도를 횡단하는 이외의 경우에 한하여 지표상 4 [m]까지 감할 수 있다.

12
사용전압이 22.9 [kV]의 특고압 가공전선로에는 전화선로의 길이 12 [km]마다 유도전류가 몇 [μA]를 넘지 않아야 하는가?

① 1.5 ② 2
③ 2.5 ④ 3

해설 | 특고압 가공 전선로 유도장해의 방지 (333.2)
- 사용전압이 60 [kV] 이하인 경우에는 전화선로의 길이 12 [km]마다 유도전류가 2 [μA]를 넘지 아니하도록 할 것
- 사용전압이 60 [kV]를 초과하는 경우에는 전화선로의 길이 40 [km]마다 유도전류가 3 [μA]을 넘지 아니하도록 할 것

정답 09 ② 10 ③ 11 ② 12 ②

13 지중 전선로의 시설에 관한 기준으로 옳은 것은?

① 전선은 케이블을 사용하고 관로식, 암거식 또는 직접 매설식에 의하여 시설한다.
② 전선은 절연전선을 사용하고 관로식, 암거식 또는 직접 매설식에 의하여 시설한다.
③ 전선은 나전선을 사용하고 내화성능이 있는 비닐관에 인입하여 시설한다.
④ 전선은 절연전선을 사용하고 내화성능이 있는 비닐관에 인입하여 시설한다.

해설 | 지중전선로(334)
• 지중 전선로는 전선에 케이블을 사용
• 종류 : 관로식, 암거식, 직접 매설식

14 3300 [V] 고압 가공전선을 교통이 번잡한 도로를 횡단하여 시설하는 경우 지표상 높이를 몇 [m] 이상으로 하여야 하는가?

① 5.0   ② 5.5
③ 6.0   ④ 6.5

해설 | 가공전선의 높이(332.5)

구분	도로	철도 궤도	횡단 보도교 위	이외의 경우
저고압 가공 전선	6 [m] 이상	6.5 [m] 이상	3.5 [m] 이상	5 [m] 이상

15 발전소의 압축공기장치의 사용압력이 10 [kg/cm^2]이다. 주 공기탱크의 압력계의 눈금은 최대 몇 [kg/cm^2]까지 사용할 수 있는가?

① 15   ② 20
③ 25   ④ 30

해설 | 압축공기계통(341.15)
주 공기탱크 또는 이에 근접한 곳에는 사용압력의 1.5배 이상 3배 이하의 최고 눈금이 있는 압력계를 시설할 것

16 동일 지지물에 고압 가공전선과 저압 가공전선(다중접지된 중성선은 제외한다)을 병가할 때 저압 가공전선의 위치는?

① 동일 완금류에 평행되게 시설
② 별도의 규정이 없으므로 임의로 시설
③ 저압 가공전선을 고압 가공전선의 위에 시설
④ 저압 가공전선을 고압 가공전선의 아래에 시설

해설 | 가공전선 등의 병행설치(332.8)
• 저압 가공전선을 고압 가공전선의 아래로 하고 별개의 완금류에 시설
• 저압과 고압 가공전선 사이의 이격거리 0.5 [m] 이상
• 고압가공전선이 케이블인 경우 이격거리 0.3 [m] 이상

2018년 1회

01 태양전지 모듈의 시설에 대한 설명으로 옳은 것은?

① 충전부분은 노출하여 시설할 것
② 출력배선은 극성별로 확인 가능토록 표시할 것
③ 전선은 공칭단면적 1.5 [mm²] 이상의 연동선을 사용할 것
④ 전선을 옥내에 시설할 경우에는 애자사용 공사에 준하여 시설할 것

해설 | 태양광설비의 시설(522.1)
- 접속점에 장력이 가해지지 않도록 한다.
- 배선시스템은 외부영향에 잘 견디도록 시설한다.
- 모듈의 출력배선은 극성별로 확인할 수 있도록 표시한다.
- 모듈의 배선은 스트링 양극간의 배선간격이 최소가 되도록 배치한다.
- 전선의 공칭단면적 : 2.5 [mm²] 이상의 연동선
- 공사방법 : 합성수지관배선, 금속관배선, 가요전선관배선, 케이블 배선

02 저압 옥상전선로를 전개된 장소에 시설하는 내용으로 틀린 것은?

① 전선은 절연전선일 것
② 전선은 2.5 [mm²] 이상의 경동선일 것
③ 전선과 그 저압 옥상전선로를 시설하는 조영재와의 이격거리는 2 [m] 이상일 것
④ 전선은 조영재에 내수성이 있는 애자를 사용하여 지지하고 그 지지점 간의 거리는 15 [m] 이하일 것

해설 | 저압 옥상전선로의 시설(221.3)
- 전선은 절연전선(OW전선을 포함한다) 또는 이와 동등 이상의 절연성능이 있는 것을 사용할 것
- 전선은 인장강도 2.30 [kN] 이상의 것 또는 지름 2.6 [mm] 이상의 경동선을 사용
- 전선은 조영재에 견고하게 붙인 지지주 또는 지지대에 절연성·난연성 및 내수성이 있는 애자를 사용하여 지지하고 또한 그 지지점 간의 거리는 15 [m] 이하일 것
- 전선과 그 저압 옥상 전선로를 시설하는 조영재와의 이격거리는 2 [m](전선이 고압 절연전선, 특고압 절연전선 또는 케이블인 경우에는 1 [m]) 이상일 것

정답 01 ② 02 ②

03
무대, 무대마루 밑, 오케스트라 박스, 영사실 기타 사람이나 무대 도구가 접촉할 우려가 있는 곳에 시설하는 저압 옥내배선, 전구선 또는 이동전선은 사용전압이 몇 [V] 미만이어야 하는가?

① 60
② 110
③ 220
④ 400

해설 | 전시회, 쇼 및 공연장의 전기설비(242.6)
무대·무대마루 밑·오케스트라 박스·영사실 기타 사람이나 무대 도구가 접촉할 우려가 있는 곳에 시설하는 저압 옥내배선, 전구선 또는 이동전선은 사용전압이 400 [V] 이하이어야 한다.

04
과전류차단기로 시설하는 퓨즈 중 고압전로에 사용하는 포장퓨즈는 정격전류의 몇 배의 전류에 견디어야 하는가?

① 1.1
② 1.25
③ 1.3
④ 1.6

해설 | 고압 및 특고압 전로 중의 과전류차단기의 시설(341.10)

종류	정격전류	용단 시간
포장 퓨즈	1.3배의 전류에 견딤	120분
비포장 퓨즈	1.25배의 전류에 견딤	2분

05
터널 안 전선로의 시설방법으로 옳은 것은?

① 저압전선은 지름 2.6 [mm]의 경동선의 절연전선을 사용하였다.
② 고압전선은 절연전선을 사용하여 합성수지관 공사로 하였다.
③ 저압전선을 애자사용 공사에 의하여 시설하고 이를 레일면상 또는 노면상 2.2 [m]의 높이로 시설하였다.
④ 고압전선을 금속관공사에 의하여 시설하고 이를 레일면상 또는 노면상 2.4 [m]의 높이로 시설하였다.

해설 | 터널 안 전선로의 시설(335.1)

	전선굵기	시설높이	시설방법
저압	인장강도 2.30 [kN] 이상, 지름 2.6 [mm] 이상 경동선	2.5 [m] 이상	애자공사 또는 그 외 모든공사
고압	인장강도 5.26 [kN] 이상, 지름 4 [mm] 이상 경동선	3 [m] 이상	애자공사 케이블 공사

06
저압 옥측전선로에서 목조의 조영물에 시설할 수 있는 공사방법은?

① 금속관공사
② 버스덕트 공사
③ 합성수지관공사
④ 연피 또는 알루미늄 케이블공사

해설 | 저압 옥측전선로의 공사방법(221.2)
- 애자공사(전개된 장소)
- 합성수지관 공사
- 금속관공사(목조 이외 조영물에 시설)
- 버스덕트 공사(목조 이외 조영물에 시설)
- 케이블공사(연피 케이블, 알루미늄피 케이블 또는 무기물절연(MI) 케이블을 사용하는 경우에는 목조 이외 조영물에 시설)

07 특고압을 직접 저압으로 변성하는 변압기를 시설하여서는 아니 되는 변압기는?

① 광산에서 물을 양수하기 위한 양수기용 변압기
② 전기로 등 전류가 큰 전기를 소비하기 위한 변압기
③ 교류식 전기철도용 신호회로에 전기를 공급하기 위한 변압기
④ 발전소, 변전소, 개폐소 또는 이에 준하는 곳의 소내용 변압기

해설 | 특고압을 직접 저압으로 변성하는 변압기의 시설(341.3)
- 전기로 등 전류가 큰 전기를 소비하기 위한 변압기
- 발전소·변전소·개폐소 또는 이에 준하는 곳의 소내용 변압기
- 특고압 전선로에 접속하는 변압기
- 사용전압이 35 [kV] 이하인 변압기로서 그 특고압 측 권선과 저압측 권선이 혼촉한 경우에 자동적으로 변압기를 전로로부터 차단하기 위한 장치를 설치한 것
- 사용전압이 100 [kV] 이하인 변압기로서 그 특고압 측 권선과 저압측 권선 사이에 접지공사(접지저항 값이 10 [Ω] 이하인 것에 한한다)를 한 금속제의 혼촉방지판이 있는 것
- 교류식 전기철도용 신호회로에 전기를 공급하기 위한 변압기

08 케이블트레이 공사에 사용하는 케이블트레이의 시설기준으로 틀린 것은?

① 케이블트레이 안전율은 1.3 이상이어야 한다.
② 비금속제 케이블트레이는 난연성 재료의 것이어야 한다.
③ 전선의 피복 등을 손상시킬 돌기 등이 없이 매끈해야 한다.
④ 케이블트레이 안에서 전선을 접속하는 경우에는 전선 접속부분에 사람이 접근할 수 있고 또한 그 부분이 측면 레일 위로 나오지 않도록 한다.

해설 | 케이블트레이의 선정(232.41.2)
- 안전율 : 1.5 이상
- 금속재의 경우 내식성을 갖추어야 한다.
- 비금속재의 경우 난연성 재료이어야 한다.
- 금속재 트레이는 접지공사를 실시한다.

09 전로에 대한 설명 중 옳은 것은?

① 통상의 사용 상태에서 전기를 절연한 곳
② 통상의 사용 상태에서 전기를 접지한 곳
③ 통상의 사용 상태에서 전기가 통하고 있는 곳
④ 통상의 사용 상태에서 전기가 통하고 있지 않은 곳

해설 | 전로
전로(電路) : 전기가 흐르는 길

10 최대사용전압 23 [kV]의 권선으로 중성점 접지식 전로(중성선을 가지는 것으로 그 중성선에 다중 접지를 하는 전로)에 접속되는 변압기는 몇 [V]의 절연내력 시험전압에 견디어야 하는가?

① 21160
② 25300
③ 38750
④ 34500

해설 | 전로의 절연내력 시험전압(132)

구분	최대사용전압	시험전압	최소전압
비접지	7 [kV] 이하	1.5배	500 [V]
	7 [kV] 초과	1.25배	10.5 [kV]
중성선 다중접지	7 ~ 25 [kV]	0.92배	-
중성점 접지식	60 [kV] 초과	1.1배	75 [kV]
중성점 직접접지	60 ~ 170 [kV]	0.72배	-
	170 [kV] 초과	0.64배	-

$22,900 \times 0.92 = 21,160 [V]$

11 고압 가공전선으로 경동선 또는 내열 동합금선을 사용할 때 그 안전율은 최소 얼마 이상이 되는 이도로 시설하여야 하는가?

① 2.0
② 2.2
③ 2.5
④ 3.3

해설 | 가공전선의 안전율 (222.6, 332.4, 333.6)

안전율	내용
1.33	이상 시 상정하중
1.5	안테나, 케이블트레이
2.0	지지물의 기초
2.2	경동선, 내열동합금선
2.5	지선, ACSR, 기타전선

12 고압 보안공사에서 지지물이 A종 철주인 경우 경간은 몇 [m] 이하인가?

① 100
② 150
③ 250
④ 400

해설 | 고압 보안공사 경간 제한(332.10)

지지물의 종류	표준 경간
목주, A종주	100 [m] 이하
B종주	150 [m] 이하
철탑	400 [m] 이하

※ 저압 보안공사의 경간도 동일

정답 09 ③ 10 ① 11 ② 12 ①

13 가공전선로 지지물의 승탑 및 승주방지를 위한 발판 볼트는 지표상 몇 [m] 미만에 시설하여서는 아니 되는가?

① 1.2   ② 1.5
③ 1.8   ④ 2.0

해설 | 가공전선로 지지물의 철탑오름 및 전주오름 방지(331.4)
발판 볼트는 지표상 1.8 [m] 이상에 설치

14 저압 옥내간선에서 분기하여 전기사용 기계기구에 이르는 저압 옥내전로는 분기점에서 전선의 길이가 몇 [m] 이하인 곳에 개폐기 및 과전류차단기를 시설하여야 하는가?

① 2   ② 3
③ 4   ④ 5

해설 | 과부하 전류에 대한 보호(212.4)
분기회로의 보호장치는 분기점으로부터 3 [m] 이내에 설치 가능

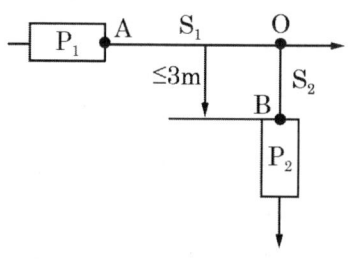

15 사용전압이 60 [kV] 이하인 경우 전화선로의 길이 12 [km]마다 유도전류는 몇 [μA]를 넘지 않도록 하여야 하는가?

① 1   ② 2
③ 3   ④ 5

해설 | 특고압 가공 전선로 유도장해의 방지 (333.2)
- 사용전압이 60 [kV] 이하인 경우에는 전화선로의 길이 12 [km]마다 유도전류가 2 [μA]를 넘지 아니하도록 할 것
- 사용전압이 60 [kV]를 초과하는 경우에는 전화선로의 길이 40 [km]마다 유도전류가 3 [μA]을 넘지 아니하도록 할 것

16 발전소, 변전소, 개폐소 또는 이에 준하는 곳에서 개폐기 또는 차단기에 사용하는 압축공기장치의 공기압축기는 최고 사용압력의 1.5배의 수압을 연속하여 몇 분간 가하여 시험을 하였을 때에 이에 견디고 또한 새지 아니하여야 하는가?

① 5   ② 10
③ 15   ④ 20

해설 | 압축공기계통(341.15)
- 최고 사용압력의 1.5배의 수압을 연속하여 10분간 가했을 때 견뎌야 한다.
- 수압시험을 하기 어려울 때에는 최고 사용압력의 1.25배의 기압을 가한다.

정답 13 ③ 14 ② 15 ② 16 ②

17 금속덕트 공사에 의한 저압 옥내배선공사 시설에 대한 설명으로 틀린 것은?

① 덕트의 끝부분은 막을 것
② 금속덕트는 두께 1.0 [mm] 이상인 철판으로 제작하고 덕트 상호 간에 완전하게 접속한다.
③ 덕트를 조영재에 붙이는 경우 덕트 지지점 간의 거리를 3 [m] 이하로 견고하게 붙인다.
④ 금속덕트에 넣은 전선의 단면적의 합계가 덕트의 내부 단면적의 20 [%] 이하가 되도록 한다.

해설 | 금속덕트 공사(232.31)
- 경제적이며 증설, 변경이 용이하여 다수의 전선을 수용할 때 사용한다.
- 폭 4 [cm]를 넘고, 두께 1.2 [mm] 이상인 철판으로 제작
- 지지점 간 거리 : 3 [m] 이하(취급자가 출입할 수 없도록 설비한 곳에서 수직으로 붙이는 경우 : 6 [m])
- 이물질의 침입을 방지하기 위해 덕트 끝부분은 막는다.
- 내부에 전선의 접속점이 없도록 하고 접지공사를 실시한다.

18 그림은 전력선 반송통신용 결합장치의 보안장치를 나타낸 것이다. S의 명칭으로 옳은 것은?

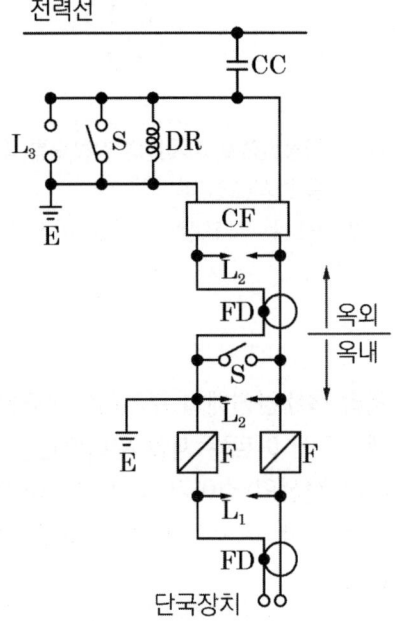

① 동축 케이블 ② 결합 콘덴서
③ 접지용 개폐기 ④ 구상용 방전갭

해설 | 전력선 반송 통신용 결합장치의 보안장치 (362.11)
- FD : 동축케이블
- F : 정격전류 10 [A] 이하의 포장 퓨즈
- DR : 전류 용량 2 [A] 이상의 배류 선륜
- L_1 : 교류 300 [V] 이하에서 동작하는 피뢰기
- L_2 : 동작 전압이 교류 1.3 [kV]를 초과하고 1.6 [kV] 이하로 조정된 방전갭
- L_3 : 동작 전압이 교류 2 [kV]를 초과하고 3 [kV] 이하로 조정된 구상 방전갭
- S : 접지용 개폐기
- CF : 결합 필타
- CC : 결합 커패시터(결합 안테나를 포함)
- E : 접지

정답 17 ② 18 ③

2018년 2회

01 애자사용 공사에 의한 저압 옥내배선 시설 중 틀린 것은?

① 전선은 인입용 비닐 절연전선일 것
② 전선 상호 간의 간격은 6 [cm] 이상일 것
③ 전산의 지지점 간의 거리는 전선을 조영재의 윗면에 따라 붙일 경우에는 2 [m] 이하일 것
④ 전선과 조영재 사이의 이격거리는 사용 전압이 400 [V] 미만인 경우에는 2.5 [cm] 이상일 것

해설 | 저압옥내배선의 애자공사(232.56)

- 전선은 다음의 경우 이외에는 절연전선 (옥외용 비닐절연전선 및 인입용 비닐절연전선을 제외)일 것
- 전선 상호 간의 간격은 0.06 [m] 이상일 것
- 전선의 지지점 간의 거리는 전선을 조영재의 윗면 또는 옆면에 따라 붙일 경우에는 2 [m] 이하일 것

구분	400 [V] 이하	400 [V] 초과
전선 상호 간 거리	6 [cm] 이상	6 [cm] 이상
전선과 조영재의 거리	2.5 [cm] 이상	4.5 [m] 이상 (건조한 곳은 2.5 [cm] 이상)

02 저압 및 고압 가공전선의 높이는 도로를 횡단하는 경우와 철도를 횡단하는 경우에 각각 몇 [m] 이상이어야 하는가?

① 도로 : 지표상 5, 철도 : 레일면상 6
② 도로 : 지표상 5, 철도 : 레일면상 6.5
③ 도로 : 지표상 6, 철도 : 레일면상 6
④ 도로 : 지표상 6, 철도 : 레일면상 6.5

해설 | 가공전선의 높이(222.7, 332.5)

구분	도로	철도 궤도	횡단 보도교 위	이외의 경우
저고압 가공 전선	6 [m] 이상	6.5 [m] 이상	3.5 [m] 이상	5 [m] 이상

03 접지공사의 접지극을 시설할 때 동결 깊이를 감안하여 지하 몇 [cm] 이상의 깊이로 매설해야 하는가?

① 60
② 75
③ 90
④ 100

해설 | 접지극의 매설 방법(142.2.3)

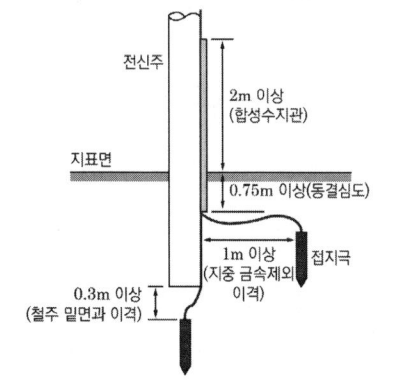

정답 01 ① 02 ④ 03 ②

04 전기울타리용 전원 장치에 전기를 공급하는 전로의 사용전압은 몇 [V] 이하이어야 하는가?

① 150　　② 200
③ 250　　④ 300

해설 | 전기울타리(241.1)
전기울타리용 전원장치에 전원을 공급하는 전로의 사용전압 : 250 [V] 이하

05 사용전압이 22.9 [kV]인 특고압 가공전선로(중성선 다중접지식의 것으로서 전로의 지락이 생겼을 때에 2초 이내에 자동적으로 이를 전로로부터 차단하는 장치가 되어 있는 것에 한 한다)가 상호 간 접근 또는 교차하는 경우 사용전선이 양쪽 모두 케이블인 경우 이격거리는 몇 [m] 이상인가?

① 0.25　　② 0.5
③ 0.75　　④ 1.0

해설 | 15 [kV] 초과 25 [kV] 이하 특고압 가공전선로 상호 간 이격거리(333.32)

전선의 종류	이격거리
나전선	1.5 [m] 이상
특고압 절연전선	1.0 [m] 이상
케이블	0.5 [m] 이상

06 전력계통의 일부가 전력계통의 전원과 전기적으로 분리된 상태에서 분산형 전원에 의해서만 가압되는 상태를 무엇이라 하는가?

① 계통연계　　② 접속설비
③ 단독운전　　④ 단순 병렬운전

해설 | 용어정리(112)
전력계통의 일부가 전력계통의 전원과 전기적으로 분리된 상태에서 분산형 전원에 의해서만 운전되는 상태

07 고압 가공인입선이 케이블 이외의 것으로서 그 전선의 아래쪽에 위험표시를 하였다면 전선의 지표상 높이는 몇 [m]까지로 감할 수 있는가?

① 2.5　　② 3.5
③ 4.5　　④ 5.5

해설 | 고압 가공인입선의 시설(331.12.1)
고압 가공인입선은 케이블 이외의 것일 때, 그 전선의 아래쪽에 위험표시를 하는 경우 지표상 3.5 [m] 높이에 시설 가능

08 특고압의 기계기구·모선 등을 옥외에 시설하는 변전소의 구내에 취급자 이외의 자가 들어가지 못하도록 시설하는 울타리·담 등의 높이는 몇 [m] 이상으로 하여야 하는가?

① 2   ② 2.2
③ 2.5 ④ 3

해설 | 발전소 등의 울타리·담 등의 시설 (351.1)
• 울타리·담 등의 높이 : 2 [m] 이상
• 지표면과 울타리·담 등의 하단 사이의 간격 : 0.15 [m] 이하

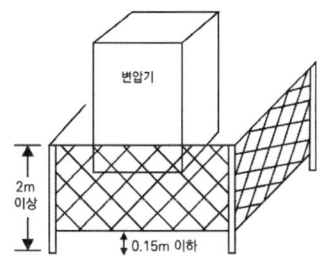

09 가반형의 용접 전극을 사용하는 아크용접장치의 용접변압기의 1차 측 전로의 대지전압은 몇 [V] 이하이어야 하는가?

① 60   ② 150
③ 300 ④ 400

해설 | 아크 용접기(241.10)
용접변압기의 1차 측 전로의 대지전압은 300 [V] 이하일 것

10 지중 전선로를 직접 매설식에 의하여 시설하는 경우에 차량 기타 중량물의 압력을 받을 우려가 없는 장소의 매설 깊이는 몇 [cm] 이상이어야 하는가?

① 60   ② 100
③ 120 ④ 150

해설 | 지중전선로의 매설깊이(334)
• 차량 기타 중량물의 압력을 받을 우려가 있는 장소 : 1.0 [m] 이상
• 기타 장소 : 0.6 [m] 이상

11 특고압을 옥내에 시설하는 경우 그 사용전압의 최대한도는 몇 [kV] 이하인가? (단, 케이블트레이 공사는 제외)

① 25   ② 80
③ 100 ④ 160

해설 | 특고압 옥내 전기설비의 시설(342.4)
사용전압은 100 [kV] 이하일 것. 다만 케이블트레이배선에 의하여 시설하는 경우에는 35 [kV] 이하일 것

정답 08 ① 09 ③ 10 ① 11 ③

12 샤워시설이 있는 욕실 등 인체가 물에 젖어있는 상태에서 전기를 사용하는 장소에 콘센트를 시설할 경우 인체감전보호용 누전차단기의 정격감도전류는 몇 [mA] 이하인가?

① 5 ② 10
③ 15 ④ 30

해설 | 콘센트의 시설(234.5)
욕실 또는 화장실 등은 누전차단기(전류동작형)가 부착된 콘센트를 시설
- 정격감도전류 : 15 [mA] 이하
- 동작시간 : 0.03초 이하

13 전로의 사용전압이 600 [V]인 저압 전로의 대지 간의 절연저항 값은 몇 [MΩ] 이상이어야 하는가?

① 0.1 ② 0.2
③ 0.5 ④ 1

해설 | 전로의 절연저항(기술기준 52조)

전로의 사용전압 [V]	DC 시험전압	절연저항 [MΩ]
SELV 및 PELV	250	0.5
FELV, 500 [V] 이하	500	1.0
500 [V] 초과	1000	1.0

14 ( ) 안에 들어갈 내용으로 옳은 것은?

유희용 전차에 전기를 공급하는 전로의 사용전압은 직류의 경우는 ( ) [V] 이하 교류의 경우는 ( ) [V] 이하이어야 한다.

① Ⓐ 60, Ⓑ 40 ② Ⓐ 40, Ⓑ 60
③ Ⓐ 30, Ⓑ 60 ④ Ⓐ 60, Ⓑ 30

해설 | 유희용 전차(241.8)
- 변압기의 1차 전압은 400 [V] 이하
- 승압하려는 경우 절연변압기의 2차 전압은 150 [V] 이하
- 전로와 대지 절연저항은 사용전압에 대한 누설전류 규정 전류의 5000분의 1을 넘지 않을 것
- 전원장치의 2차 측 단자의 최대사용전압은 직류의 경우 60 [V] 이하, 교류의 경우 40 [V] 이하일 것

15 철탑의 강도계산을 할 때 이상 시 상정하중이 가하여지는 경우 철탑의 기초에 대한 안전율은 얼마 이상이어야 하는가?

① 1.33 ② 1.83
③ 2.25 ④ 2.75

해설 | 가공전선로 지지물의 기초의 안전율 (331.7)

안전율	내용
1.33	이상 시 상정하중
1.5	안테나, 케이블트레이
2.0	지지물의 기초
2.2	경동선, 내열동합금선
2.5	지선, ACSR, 기타전선

정답 12 ③ 13 ④ 14 ① 15 ①

16 발전기를 자동적으로 전로로부터 차단하는 장치를 반드시 시설하지 않아도 되는 경우는?

① 발전기에 과전류나 과전압이 생긴 경우
② 용량 5000 [kVA] 이상인 발전기의 내부에 고장이 생긴 경우
③ 용량 500 [kVA] 이상의 발전기를 구동하는 수차의 압유 장치의 유압이 현저히 저하한 경우
④ 용량 2000 [kVA] 이상인 수차 발전기의 스러스트 베어링의 온도가 현저히 상승하는 경우

해설 | 발전기 등의 자동차단장치의 시설(351.3)
- 발전기에 과전류나 과전압이 생긴 경우
- 용량이 100 [kVA] 이상의 발전기를 구동하는 풍차
- 용량이 500 [kVA] 이상의 발전기를 구동하는 수차
- 용량이 2000 [kVA] 이상인 수차 발전기
- 용량이 10000 [kVA] 이상인 발전기의 내부에 고장이 생긴 경우
- 정격출력이 10000 kW를 초과하는 증기 터빈

정답 16 ②

2018년 3회

01 최대사용전압이 220 [V]인 전동기의 절연내력시험을 하고자할 때 시험전압은 몇 [V]인가?

① 300　　② 330
③ 450　　④ 500

해설 | 회전기의 절연내력 시험전압(133)

최대사용전압		시험전압 배율	시험최저 전압 [V]
회전기	발전기 전동기	7 [kV] 이하	1.5배	500
		7 [kV] 초과	1.25배	10500
	회전변류기		1배	500
정류기	60 [kV] 이하		1배	500
	60 [kV] 초과		1.1배	-

시험전압 $220 \times 1.5 = 330\,[V]$
최저전압은 500 [V]이다.

02 66 [kV] 가공전선과 6 [kV] 가공전선을 동일 지지물에 병가하는 경우에 특고압 가공전선은 케이블인 경우를 제외하고는 단면적이 몇 [mm²] 이상인 경동연선을 사용하여야 하는가?

① 22　　② 38
③ 50　　④ 100

해설 | 특고압 가공전선과 저고압 가공전선 등의 병행설치(333.17)
- 사용전압이 35 [kV] 이하
  저압 또는 고압 가공전선은 인장강도 8.31 [kN] 이상의 것 또는 케이블
- 사용전압이 35 [kV] 초과 100 [kV] 미만 인장강도 21.67 [kN] 이상 또는 50 [mm²] 이상인 경동연선

03 발전소의 개폐기 또는 차단기에 사용하는 압축공기장치의 주 공기탱크에 시설하는 압력계의 최고 눈금의 범위로 옳은 것은?

① 사용압력의 1배 이상 2배 이하
② 사용압력의 1.15배 이상 2배 이하
③ 사용압력의 1.5배 이상 3배 이하
④ 사용압력의 2배 이상 3배 이하

해설 | 압축공기계통(341.15)
주 공기탱크 또는 이에 근접한 곳에는 사용압력의 1.5배 이상 3배 이하의 최고 눈금이 있는 압력계를 시설할 것

정답　01 ④　02 ③　03 ③

04 고압 가공전선로의 지지물로서 사용하는 목주의 풍압하중에 대한 안전율은 얼마 이상이어야 하는가?

① 1.2
② 1.3
③ 2.2
④ 2.5

해설 | 목주의 풍압하중에 대한 안전율(332.7)

저압	고압	특고압
1.2 이상	1.3 이상	1.5 이상

05 다음 그림에서 L_1은 어떤 크기로 동작하는 기기의 명칭인가?

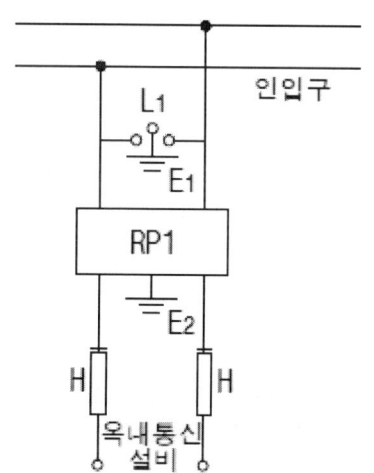

① 교류 1000 [V] 이하에서 동작하는 단로기
② 교류 1000 [V] 이하에서 동작하는 피뢰기
③ 교류 1500 [V] 이하에서 동작하는 단로기
④ 교류 1500 [V] 이하에서 동작하는 피뢰기

해설 | 저압용 보안장치(362.5)
- RP_1 : 교류 300 [V] 이하에서 동작하는 릴레이 보안기
- L_1 : 교류 1 [kV] 이하에서 동작하는 피뢰기
- H : 250 [mA] 이하에서 동작하는 열 코일
- E_1 및 E_2 : 접지

06 지중 전선로에 있어서 폭발성 가스가 침입할 우려가 있는 장소에 시설하는 지중함은 크기가 몇 [m³] 이상일 때 가스를 방산시키기 위한 장치를 시설하여야 하는가?

① 0.25
② 0.5
③ 0.75
④ 1.0

해설 | 지중함의 시설(334.2)
- 지중함은 견고하고 압력에 충분히 견디는 구조
- 지중함 안에 고인 물을 제거 가능
- 지중함의 크기는 1 [m³] 이상이어야 하고 통풍장치를 시설
- 지중함의 뚜껑은 시설자 외 쉽게 열 수 없도록 할 것

07 최대사용전압 22.9 [kV]인 3상 4선식 다중접지방식의 지중 전선로의 절연내력시험을 직류로 할 경우 시험전압은 몇 [V]인가?

① 16448
② 21068
③ 32796
④ 42136

해설 | 전로의 절연내력 시험전압(132)

구분	최대사용전압	시험전압	최소전압
비접지	7 [kV] 이하	1.5배	500 [V]
	7 [kV] 초과	1.25배	10.5 [kV]
중성선 다중접지	7 ~ 25 [kV]	0.92배	-
중성점 접지식	60 [kV] 초과	1.1배	75 [kV]
중성점 직접접지	60 ~ 170 [kV]	0.72배	-
	170 [kV] 초과	0.64배	-

직류는 2배의 값을 가지므로
$22,900 \times 0.92 \times 2 = 42,136 [V]$

08 특고압용 타냉식 변압기의 냉각장치에 고장이 생긴 경우를 대비하여 어떤 보호장치를 하여야 하는가?

① 경보장치
② 속도조정장치
③ 온도시험장치
④ 냉매흐름장치

해설 | 특고압용 변압기의 보호장치(351.4)

뱅크용량	동작조건	작동장치
5000 [kVA] 이상 10000 [kVA] 미만	변압기 내부고장	자동차단장치 또는 경보장치
10000 [kVA] 이상	변압기 내부고장	자동차단장치
타냉식 변압기	냉각장치고장 또는 변압기 온도 현저히 상승	경보장치

09 금속덕트 공사에 적당하지 않은 것은?

① 전선은 절연전선을 사용한다.
② 덕트의 끝부분은 항시 개방시킨다.
③ 덕트 안에는 전선의 접속점이 없도록 한다.
④ 덕트의 안쪽 면 및 바깥 면에는 산화 방지를 위하여 아연도금을 한다.

해설 | 금속덕트(232.31)
• 경제적이며 증설, 변경이 용이하여 다수의 전선을 수용할 때 사용한다.
• 폭 4 [cm]를 넘고, 두께 1.2 [mm] 이상인 철판으로 제작
• 지지점 간 거리 : 3 [m] 이하(취급자가 출입할 수 없도록 설비한 곳에서 수직으로 붙이는 경우 : 6 [m])
• 이물질의 침입을 방지하기 위해 덕트 끝 부분은 막는다.
• 내부에 전선의 접속점이 없도록 하고 접지공사를 실시한다.

10 특고압 옥외 배전용 변압기가 1대일 경우 특고압 측에 일반적으로 시설하여야 하는 것은?

① 방전기
② 계기용 변류기
③ 계기용 변압기
④ 개폐기 및 과전류차단기

해설 | 특고압 배전용 변압기의 시설(341.2)
- 변압기의 1차 전압은 35 [kV] 이하, 2차 전압은 저압 또는 고압
- 변압기의 특고압 측에 개폐기 및 과전류 차단기를 시설
- 2차 전압이 고압인 경우 개폐기는 고압측에 시설

11 가공 전선로에 사용하는 지지물의 강도계산에 적용하는 갑종 풍압하중을 계산할 때 구성재의 수직 투영면적 1 [m²]에 대한 풍압의 기준으로 틀린 것은?

① 목주 : 588 [Pa]
② 원형 철주 : 588 [Pa]
③ 원형 철근콘크리트주 : 882 [Pa]
④ 강관으로 구성(단주는 제외)된 철탑 : 1255 [Pa]

해설 | 갑종 풍압하중 (331.6)

풍압을 받는 구분		투영면적 1 [m²]에 풍압
목주		588 [Pa]
철주	원형의 것	588 [Pa]
	삼각형 또는 마름모형의 것	1412 [Pa]
	강관에 의하여 구성되는 4각형의 것	1117 [Pa]
철근콘크리트주	원형의 것	588 [Pa]
	기타의 것	882 [Pa]
철탑	강관으로 구성되는 것(단주는 제외함)	1255 [Pa]
애자장치(특고압 전선용의 것에 한한다)		1039 [Pa]
가섭선	다도체 전선	666 [Pa]
	기타	745 [Pa]

12 3상 4선식 22.9 [kV], 중성선 다중접지 방식의 특고압 가공전선 아래에 통신선을 첨가 하고자 한다. 특고압 가공전선과 통신선과의 이격거리는 몇 [cm] 이상인가?

① 60
② 75
③ 100
④ 120

해설 | 가공전선과 첨가 통신선과의 이격거리 (362.2)

가공전선	일반	케이블	기타
저압	0.6 [m]	0.3 [m]	
고압	0.6 [m]	0.3 [m]	
특고압	1.2 [m]	0.3 [m]	다중접지 중성선 0.6 [m] / 25 [kV] 이하 0.75 [m]

13 특고압 가공전선이 도로 등과 교차하는 경우에 특고압 가공전선이 도로 등의 위에 시설되는 때에 설치하는 보호망에 대한 설명으로 옳은 것은?

① 보호망을 운전이 빈번한 철도선로의 위에 시설하는 경우에는 금속선을 사용하지 말 것
② 보호망을 구성하는 금속선의 인장강도는 6 [kN] 이상으로 한다.
③ 보호망을 구성하는 금속선은 지름 1.0 [mm] 이상의 경동선을 사용한다.
④ 보호망을 구성하는 금속선 상호의 간격은 가로, 세로 각 1.5 [m] 이하로 한다.

해설 | 특고압 가공전선과 도로 등과 접근 또는 교차 시 보호망의 시설(333.24)
- 인장강도 8.01 [kN] 이상의 것 또는 지름 5 [mm] 이상의 경동선을 사용
- 보호망을 구성하는 금속선 상호의 간격은 가로, 세로 각 1.5 [m] 이하일 것
- 보호망이 특고압 가공전선의 외부에 뻗은 폭은 특고압 가공전선과 보호망과의 수직 거리의 2분의 1 이상일 것

14 옥내에 시설하는 고압용 이동전선으로 옳은 것은?

① 6 [mm] 연동선
② 비닐외장케이블
③ 옥외용 비닐절연전선
④ 고압용의 캡타이어케이블

해설 | 옥내 고압용 이동전선의 시설(342.2)
옥내에 시설하는 고압의 이동전선은 고압용의 캡타이어케이블을 사용

15 교통이 번잡한 도로를 횡단하여 저압 가공전선을 시설하는 경우 지표상 높이는 몇 [m] 이상으로 하여야 하는가?

① 4.0   ② 5.0
③ 6.0   ④ 6.5

해설 | 저압 가공전선의 높이(222.7)

철도 궤도	6.5 [m] 이상	
도로	6 [m] 이상	
횡단 보도	3.5 [m] 이상	
	저압절연전선, 케이블	3 [m] 이상
그 외	5 [m] 이상	
	교통에 지장이 없는 경우	4 [m] 이상

16 방전등용 안정기를 저압의 옥내배선과 직접 접속하여 시설할 경우 옥내전로의 대지 전압은 최대 몇 [V]인가?

① 100   ② 150
③ 300   ④ 450

해설 | 옥내전로의 대지 전압의 제한(231.6)
백열전등 또는 방전등에 전기를 공급하는 옥내의 전로의 대지전압은 300 [V] 이하

17 사용전압이 22.9 [kV]인 특고압 가공전선이 도로를 횡단하는 경우, 지표상 높이는 최소 몇 [m] 이상인가?

① 4.5
② 5
③ 5.5
④ 6

해설 | 특고압 가공전선의 높이(333.7)

사용전압의 구분	지표상의 높이(m 이상)				
	철도 횡단	도로 횡단	산지	횡단 보도	그 외 평지
35 [kV] 이하	6.5	6	5	4	5
35 [kV] 초과 160 [kV] 이하	6.5	6	5	5	6
160 [kV] 초과	최고 높이 + (초과 10 [kV]마다 0.12 [m])				

18 관광숙박업 또는 숙박업을 하는 객실의 입구등에 조명용 전등을 설치 할 때는 몇 분 이내에 소등되는 타임스위치를 시설하여야 하는가?

① 1
② 3
③ 5
④ 10

해설 | 점멸기의 시설(234.6)
- 숙박업에 이용되는 객실의 입구등 1분 이내에 소등
- 일반주택 및 아파트 각 호실의 현관등 3분 이내에 소등

19 철근 콘크리트주를 사용하는 25 [kV] 교류 전차선로를 도로등과 제1차 접근 상태에 시설하는 경우 경간의 최대한도는 몇 [m]인가?

① 40
② 50
③ 60
④ 70

해설 | 25 [kV] 이하인 특고압 가공전선로의 시 (333.32)

특고압 가공전선과 교류 전차선 사이의 수평거리가 1차 접근상태 일 때
- 교류 전차선로의 지지물로는 철주 또는 철근 콘크리트주를 사용
- 지지물의 경간은 60 [m] 이하

정답 17 ④ 18 ① 19 ③

01
사용전압 15 [kV] 이하인 특고압 가공전선로의 중성선 다중접지식에 사용되는 접지선의 공칭단면적은 몇 [mm²]의 연동선 또는 이와 동등이상의 굵기로서 고장전류를 안전하게 통할 수 있는 것이어야 하는가? (단, 전로에 지락이 생긴 경우 2초 이내에 전로로부터 자동차단하는 장치를 하였다)

① 2.5　　② 6
③ 8　　　④ 16

해설 | 25 [kV] 이하인 특고압 가공전선의 시설 (333.32)
중성선 다중접지식에 사용되는 접지선의 공칭단면적은 6 [mm²]의 연동선 또는 이와 동등이상의 굵기

02
22 [kV]의 특고압 가공전선로의 전선을 특고압 절연전선으로 시가지에 시설할 경우, 전선의 지표상의 높이는 최소 몇 [m] 이상인가?

① 8　　　② 10
③ 12　　 ④ 14

해설 | 시가지 등에서 특고압 가공전선로의 시설 (333.1)

사용전압	높이	
35 [kV] 이하	10 [m] 이상	
	특고압 절연전선	8 [m] 이상
35 [kV] 초과	10 [m] + (초과 10 [kV]마다 0.12 [m])	

03
특고압용 변압기의 내부에 고장이 생겼을 경우에 자동차단장치 또는 경보장치를 하여야 하는 최소 뱅크용량은 몇 [kVA]인가?

① 1000　　② 3000
③ 5000　　④ 10000

해설 | 특고압용 변압기의 보호장치(351.4)

뱅크용량	동작조건	작동장치
5000 [kVA] 이상 10000 [kVA] 미만	변압기 내부고장	자동차단 장치 또는 경보장치
10000 [kVA] 이상	변압기 내부고장	자동차단 장치
타냉식 변압기	냉각장치고장 또는 변압기 온도 현저히 상승	경보장치

04
35 [kV] 이하의 모선에 접속되는 전력용 콘덴서에 울타리를 시설하는 경우에 울타리의 높이와 울타리로부터 충전부분까지의 거리의 합계는 최소 몇 [m] 이상이 되어야 하는가?

① 3　　　② 4
③ 5　　　④ 6

정답　01 ②　02 ①　03 ③　04 ③

해설 | 특고압용 기계기구의 시설(341.4)

사용전압의 구분	울타리의 높이와 울타리로부터 충전부분까지의 거리 합계
35 [kV] 이하	5 [m]
35 [kV] 초과 160 [kV] 이하	6 [m]
160 [kV] 초과	6 [m] + (초과 10 [kV]마다 0.12 [m])

해설 | 사람이 상시 통행하는 터널안의 배선의 시설(242.7.1)
- 공칭단면적 2.5 [mm^2]의 연동선 및 절연전선(OW, DV 제외)
- 노면상 2.5 [m] 이상의 높이로 시설
- 터널의 입구에서 가까운 곳에 전용개폐기를 시설

05 지중 전선로를 관로식에 의하여 시설하는 경우 매설 깊이를 최소 몇 [m] 이상으로 하여야 하는가?

① 0.6　　② 1
③ 1.2　　④ 1.5

해설 | 지중전선로의 매설깊이(334)
- 차량 기타 중량물의 압력을 받을 우려가 있는 장소 : 1.0 [m] 이상
- 기타 장소 : 0.6 [m] 이상

06 사람이 상시 통행하는 터널 안의 배선을 애자사용공사에 의하여 시설하는 경우 설치 높이는 노면상 몇 [m] 이상이어야 하는가?

① 1.5　　② 2.0
③ 2.5　　④ 3.0

07 전력 보안 가공통신선을 시설할 때 철도의 궤도를 횡단하는 경우에는 레일면상 몇 [m] 이상의 높이이어야 하는가?

① 5　　② 5.5
③ 6　　④ 6.5

해설 | 전력보안통신선의 시설 높이(362.2)

장소		가공 통신선	첨가 통신선	
			저압, 고압	특고압
도로	일반	5 [m]	6 [m]	6 [m]
	교통 지장 Xf	4.5 [m]	5 [m]	
철도 또는 궤도를 횡단		6.5 [m]		
횡단보도교 위에 시설		3 [m]	3.5 [m] (절연성능 3 [m])	5 [m] (광섬유 케이블 4 [m])
이외		3.5 [m]	4 [m] (광섬유 케이블 3.5 [m])	5 [m]

08 사무실 건물의 조명설비에 사용되는 백열전등 또는 방전등에 전기를 공급하는 옥내전로의 대지전압은 몇 [V] 이하인가?

① 250 ② 300
③ 350 ④ 400

해설 | 옥내전로의 대지 전압의 제한(231.6)
백열전등 또는 방전등에 전기를 공급하는 옥내의 전로의 대지전압은 300 [V] 이하

09 고압 또는 특고압의 전로 중에서 기계 기구 및 전선을 보호하기 위하여 필요한 곳에 시설하는 것은?

① 단로기
② 리액터
③ 전력용콘덴서
④ 과전류차단기

해설 | 고압 및 특고압 전로 중의 과전류차단기의 시설(341.10)
고압 또는 특고압의 전로 중에서 기계 기구 및 전선을 보호하기 위하여 필요한 곳에 시설하는 것은 과전류 차단기 이다.

10 발전기·전동기·조상기·기타 회전기(회전 변류기 제외)의 절연내력 시험 시 시험전압은 권선과 대지 사이에 연속하여 몇 분간 가하여야 하는가?

① 10 ② 15
③ 20 ④ 30

해설 | 회전기 및 정류기 시험전압(133)
시험전압을 전로와 대지 사이에 연속하여 10분간 가하여 시험하였을 때 이에 견뎌야 한다

11 가공인입선 및 수용장소의 조영물의 옆면 등에 시설하는 전선으로서 그 수용장소의 인입구에 이르는 부분의 전선을 무엇이라고 하는가?

① 인입선   ② 옥외배선
③ 옥측배선 ④ 배전간선

해설 | 용어정리 – 인입선(112)
가공인입선 및 수용장소의 조영물의 옆면 등에 시설하는 전선으로서 그 수용장소의 인입구에 이르는 부분의 전선을 인입선이라 한다.

정답 08 ② 09 ④ 10 ① 11 ①

12 옥내에 시설하는 저압전선에 나전선을 사용할 수 있는 경우는?

① 금속관 공사에 의하여 시설
② 합성수지관 공사에 의하여 시설
③ 라이팅덕트 공사에 의하여 시설
④ 취급자 이외의 자가 쉽게 출입할 수 있는 장소에 시설

해설 | 나전선의 사용 가능한 경우(231.4)
- 전개된 곳의 애자공사
  - 전기로용 전선
  - 전선의 피복 절연물이 부식하는 장소에 시설하는 전선
  - 취급자 이외의 자가 출입할 수 없도록 설비한 장소에 시설하는 전선
- 버스덕트 공사 라이팅덕트 공사
- 접촉 전선을 시설하는 경우

13 발전소, 변전소 또는 이에 준하는 곳의 최소 몇 [V]를 초과하는 전로에는 그의 보기 쉬운 곳에 상별 표시를 하여야 하는가?

① 7000   ② 13200
③ 22900   ④ 35000

해설 | 특고압전로의 상 및 접속 상태의 표시 (351.2)
발전소·변전소 또는 이에 준하는 곳의 최소 7 [kV]를 초과하는 특고압 전로에는 그의 보기 쉬운 곳에 상별표시를 하여야 한다.

14 철주가 강관에 의하여 구성되는 사각형의 것일 때 갑종 풍압하중을 계산하려 한다. 수직 투영면적 1 [m²]에 대한 풍압하중은 몇 [Pa]를 기초하여 계산하는가?

① 588   ② 882
③ 1117   ④ 1255

해설 | 갑종 풍압하중(331.6)

풍압을 받는 구분		투영면적 1 [m²]에 풍압
목주		588 [Pa]
철주	원형의 것	588 [Pa]
	삼각형 또는 마름모형의 것	1412 [Pa]
	강관에 의하여 구성되는 4각형의 것	1117 [Pa]
철근콘크리트주	원형의 것	588 [Pa]
	기타의 것	882 [Pa]
철탑	강관으로 구성되는 것(단주는 제외함)	1255 [Pa]
애자장치(특고압 전선용의 것에 한한다)		1039 [Pa]
가섭선	다도체 전선	666 [Pa]
	기타	745 [Pa]

정답 12 ③ 13 ① 14 ③

15 사용전압 60 [kV] 이하의 특고압 가공전선로는 가공전화선로에 통신상의 장해를 방지하기 위하여 전화선로의 길이 12 [km]마다 유도전류가 최대 몇 [μA]를 넘지 않도록 시설하여야 하는가?

① 1 ② 2
③ 4 ④ 6

해설 | 특고압 가공 전선로 유도장해의 방지 (333.2)
- 사용전압이 60 [kV] 이하인 경우에는 전화선로의 길이 12 [km]마다 유도전류가 2 [μA]를 넘지 아니하도록 할 것
- 사용전압이 60 [kV]를 초과하는 경우에는 전화선로의 길이 40 [km]마다 유도전류가 3 [μA]을 넘지 아니하도록 할 것

16 고압 가공전선로를 가공케이블로 시설하는 경우 틀린 것은?

① 조가용선은 단면적 22 [mm^2]인 아연도철연선을 사용하였다.
② 조가용선에 조가하여 시설하는 경우에 규정에 순하여 시설하고 또한 전선이 고압 옥측전선로를 시설하는 조영재에 접촉하지 아니하도록 시설하였다.
③ 케이블은 조가용선에 행거로 시설할 경우 그 행거의 간격을 60 [cm]로 시설하였다.
④ 조가용선의 케이블에 접촉시켜 그 위에 쉽게 부식하지 아니하는 금속 테이프 등을 20 [cm] 이하의 간격을 유지하며 나선상으로 감아 붙였다.

해설 | 가공케이블의 시설 - 조가용선(332.2)
가공전선에 케이블을 사용하는 경우
- 케이블은 조가용선에 행거로 시설할 것 (행거의 간격은 0.5 [m] 이하)
- 조가용선은 인장강도 5.93 [kN] 이상의 것 또는 단면적 22 [mm^2] 이상인 아연도 금강연선일 것
- 조가용선 및 케이블의 피복에 사용하는 금속체에는 접지공사를 할 것
- 조가용선의 케이블에 금속 테이프 등을 감을 때 간격 : 0.2 [m] 이하

정답 15 ② 16 ③

전기설비기술기준 및 판단기준 — 2017년 1회

01 가섭선에 의하여 시설하는 안테나가 있다. 이 안테나 주위에 경동연선을 사용한 고압 가공전선이 지나가고 있다면 수평 이격거리는 몇 [cm] 이상이어야 하는가?

① 40　　② 60
③ 80　　④ 100

해설 | 저, 고압 가공전선과 안테나의 접근 또는 교차(222.13, 332.13)

가공전선	이격거리(이상)	
저압 가공전선	0.6 [m]	
	고압, 특고압 절연전선 또는 케이블인 경우	0.3 [m]
고압 가공전선	0.8 [m]	
	케이블인 경우	0.4 [m]

02 지중에 매설되어 있는 금속제 수도관로를 각종 접지공사의 접지극으로 사용하려면 대지와의 전기저항 값이 몇 [Ω] 이하의 값을 유지하여야 하는가?

① 1　　② 2
③ 3　　④ 5

해설 | 수도관 등을 접지극으로 사용하는 경우 (142.2)
- 대지와의 사이에 전기저항 값이 2 Ω 이하 철골, 기타의 금속제 사용가능
- 대지와의 사이에 전기저항 값이 3 Ω 이하 수도관 사용가능

03 가공전선로의 지지물에 시설하는 지선으로 연선을 사용할 경우에는 소선이 최소 몇 가닥 이상이어야 하는가?

① 3　　② 4
③ 5　　④ 6

해설 | 지선의 시설(331.11)
- 지선의 안전율 : 2.5
- 인장하중 : 4.31 [kN] 이상
- 지선의 소선 : 3가닥 이상의 연선이며 지름이 2.6 [mm] 이상의 금속선
- 지선로드 : 내식성을 가진 아연도금철봉으로 지표상 30 [cm] 이상
- 지선높이 : 도로 5 [m], 보도 2.5 [m]
- 철탑은 지선사용 금지

04 옥내의 저압전선으로 나전선 사용이 허용되지 않는 경우는?

① 금속관공사에 의하여 시설하는 경우
② 버스덕트 공사에 의하여 시설하는 경우
③ 라이팅덕트 공사에 의하여 시설하는 경우
④ 애자사용공사에 의하여 전개된 곳에 전기로용 전선을 시설하는 경우

정답 01 ③ 02 ③ 03 ① 04 ①

해설 | 나전선의 사용 가능한 경우(231.4)
- 전개된 곳의 애자공사
  - 전기로용 전선
  - 전선의 피복 절연물이 부식하는 장소에 시설하는 전선
  - 취급자 이외의 자가 출입할 수 없도록 설비한 장소에 시설하는 전선
- 버스덕트 공사 라이팅덕트 공사
- 접촉 전선을 시설하는 경우

해설 | 터널 안 전선로의 시설(335.1)

	전선굵기	시설높이	시설방법
저압	인장강도 2.30 [kN] 이상, 지름 2.6 [mm] 이상 경동선	2.5 [m] 이상	애자공사 또는 그 외 모든공사
고압	인장강도 5.26 [kN] 이상, 지름 4 [mm] 이상 경동선	3 [m] 이상	애자공사 케이블 공사

05 가공전선로의 지지물에 취급자가 오르고 내리는 데 사용하는 발판 볼트 등은 지표상 몇 [m] 미만에 시설하여서는 아니 되는가?

① 1.2　　② 1.5
③ 1.8　　④ 2.0

해설 | 가공전선로 지지물의 철탑오름 및 전주오름 방지(331.4)
발판 볼트는 지표상 1.8 [m] 이상에 설치

06 철도·궤도 또는 자동차도의 전용터널 안의 전선로의 시설 방법으로 틀린 것은?

① 고압전선은 케이블공사로 하였다
② 저압전선을 가요전선관 공사에 의하여 시설하였다
③ 저압전선으로 지름 2.0 [mm]의 경동선을 사용하였다
④ 저압전선을 애자사용공사에 의하여 시설하고 이를 레일면상 또는 노면상 2.5 [m] 이상의 높이로 유지하였다

07 수소냉각식 발전기 등의 시설기준으로 틀린 것은?

① 발전기 안의 수소의 온도를 계측하는 장치를 시설 할 것
② 수소를 통하는 관은 수소가 대기압에서 폭발하는 경우에 생기는 압력에 견디는 강도를 가질 것
③ 발전기 안의 수소의 순도가 95 [%] 이하로 저하한 경우에 이를 경보하는 장치를 시설할 것
④ 발전기 안의 수소의 압력을 계측하는 장치 및 그 압력이 현저히 변동한 경우에 이를 경보하는 장치를 시설할 것

정답　05 ③　06 ③　07 ③

해설 | 수소냉각식 발전기 등의 시설(351.10)
- 발전기축의 밀봉부에는 질소 가스를 봉입할 수 있는 장치 또는 발전기 축의 밀봉부로부터 누설된 수소 가스를 안전하게 외부에 방출할 수 있는 장치를 시설할 것
- 발전기 내부 또는 조상기 내부의 수소의 순도가 85 [%] 이하로 저하한 경우에 이를 경보하는 장치를 시설할 것
- 발전기 내부 또는 조상기 내부의 수소의 압력을 계측하는 장치 및 그 압력이 현저히 변동한 경우에 이를 경보하는 장치를 시설할 것
- 발전기 내부 또는 조상기 내부의 수소의 온도를 계측하는 장치를 시설할 것

08 조상기의 내부에 고장이 생긴 경우 자동적으로 전로로 부터 차단하는 장치는 조상기의 뱅크용량이 몇 [kVA] 이상 이어야 시설하는가?

① 5000　　　② 10000
③ 15000　　④ 20000

해설 | 조상설비의 보호장치(351.5)

설비종별	뱅크용량의 구분	자동적으로 전로로부터 차단하는 장치
전력용 커패시터 분로 리액터	500 [kVA] 초과 15000 [kVA] 미만	내부 고장, 과전류가 생긴 경우 동작하는 장치
	15000 [kVA] 이상	내부 고장, 과전류 과전압이 생긴 경우 동작하는 장치
조상기	15000 [kVA] 이상	내부 고장이 생긴 경우에 동작하는 장치

09 발열선을 도로, 주차장 또는 조영물의 조영재에 고정시켜 시설하는 경우 발열선에 전기를 공급하는 전로의 대지전압은 몇 [V] 이하이어야 하는가?

① 100　　　② 150
③ 200　　　④ 300

해설 | 도로 등의 전열장치(241.12)
발열선에 전기를 공급하는 전로의 대지전압은 300 [V] 이하일 것

10 사람이 접촉할 우려가 있는 경우 고압 가공전선과 상부 조영재의 옆쪽에서의 이격거리는 몇 [m] 이상이어야 하는가? 단, 전선은 경동연선이라고 한다.

① 0.6　　　② 0.8
③ 1.0　　　④ 1.2

해설 | 고압 가공전선과 건조물의 접근 (332.11)

구분		이격거리	
상부 조영재	위쪽	2 [m]	케이블인 경우 1 [m]
	옆쪽 또는 아래쪽	1.2 [m]	접촉할 우려가 없는 경우 0.8 [m]
			케이블 경우 0.4 [m]

11 특고압 가공전선로에서 사용전압이 60 [kV]를 넘는 경우, 전화선로의 길이 몇 [km]마다 유도전류가 3 [μA]를 넘지 않도록 하여야 하는가?

① 12 ② 40
③ 80 ④ 100

해설 | 특고압 가공 전선로 유도장해의 방지 (333.2)
- 사용전압이 60 [kV] 이하인 경우에는 전화선로의 길이 12 [km]마다 유도전류가 2 [μA]를 넘지 아니하도록 할 것
- 사용전압이 60 [kV]를 초과하는 경우에는 전화선로의 길이 40 [km]마다 유도전류가 3 [μA]을 넘지 아니하도록 할 것

12 직선형의 철탑을 사용한 특고압 가공전선로가 연속하여 10기 이상 사용하는 부분에는 몇 기 이하마다 내장 애자 장치가 되어 있는 철탑 1기를 시설하여야 하는가?

① 5   ② 10
③ 15 ④ 20

해설 | 특고압 가공전선로의 철주·철근 콘크리트주 또는 철탑의 종류(333.11)

구분	특징
직선형	전선로의 직선부분 사용 (수평각도 3° 이하)
각도형	전선로중 3°를 초과하는 수평각도를 이루는 곳에 사용
인류형	전가섭선을 인류하는 곳에 사용
내장형	전선로의 지지물 양쪽의 경간의 차가 큰 곳에 사용
보강형	전선로의 직선부분에 그 보강을 위하여 사용

- 내장형 : 10기 이하마다 1기를 시설
- 보강형 : 5기 이하마다 1기를 시설

13 옥외용 비닐절연전선을 사용한 저압가공전선이 횡단보도교 위에 시설되는 경우에 그 전선의 노면상 높이는 몇 [m] 이상으로 하여야 하는가?

① 2.5 ② 3.0
③ 3.5 ④ 4.0

해설 | 저압 가공전선의 높이(222.7)

철도 궤도	6.5 [m] 이상	
도로	6 [m] 이상	
횡단 보도	3.5 [m] 이상	
	저압절연전선, 케이블	3 [m] 이상
그 외	5 [m] 이상	
	교통에 지장이 없는 경우	4 [m] 이상

정답 11 ② 12 ② 13 ②

14 애자사용 공사를 습기가 많은 장소에 시설하는 경우 전선과 조영재 사이의 이격거리는 몇 [cm] 이상이어야 하는가? 단, 사용전압은 440 [V]인 경우이다.

① 2.0
② 2.5
③ 4.5
④ 6.0

해설 | 애자공사(232.56)

구분	400 [V] 이하	400 [V] 초과
전선 상호 간 거리	6 [cm] 이상	6 [cm] 이상
전선과 조영재의 거리	2.5 [cm] 이상	4.5 [m] 이상 (건조한 곳은 2.5 [cm] 이상)

15 터널 등에 시설하는 사용전압이 220 [V]인 전구선이 0.6/1 [kV] EP 고무 절연 클로로프렌 캡타이어 케이블일 경우 단면적은 최소 몇 [mm^2] 이상이어야 하는가?

① 0.5
② 0.75
③ 1.25
④ 1.4

해설 | 터널 등의 전구선(242.7)
- 단면적 0.75 [mm^2] 이상의 300/ 300 [V] 편조고무코드
- 0.6/1 [kV] EP 고무절연 클로로프렌 캡타이어케이블

정답 14 ③ 15 ②

전기설비기술기준 및 판단기준 — 2017년 2회

01 가공전선로의 지지물에 시설하는 지선에 관한 사항으로 옳은 것은?

① 소선은 지름 2.0 [mm] 이상인 금속선을 사용한다.
② 도로를 횡단하여 시설하는 지선의 높이는 지표상 6.0 [m] 이상이다.
③ 지선의 안전율은 1.2 이상이고 허용 인장하중의 최저는 4.31 [kN]으로 한다.
④ 지선에 연선을 사용할 경우에는 소선은 3가닥 이상의 연선을 사용한다.

해설 | 지선의 시설(331.11)
- 지선의 안전율 : 2.5
- 인장하중 : 4.31 [kN] 이상
- 지선의 소선 : 3가닥 이상의 연선이며 지름이 2.6 [mm] 이상의 금속선
- 지선로드 : 내식성을 가진 아연도금철봉으로 지표상 30 [cm] 이상
- 지선높이 : 도로 5 [m], 보도 2.5 [m]
- 철탑은 지선사용 금지

02 옥내배선의 사용 전압이 400 [V] 이하일 때 전광표시 기타 이와 유사한 장치 또는 제어회로 등의 배선에 다심 케이블을 시설하는 경우 배선의 단면적은 몇 [mm²] 이상인가?

① 0.75   ② 1.5
③ 1   ④ 2.5

해설 | 저압 옥내배선의 사용전선(231.3)
- 저압 옥내배선의 전선은 단면적 2.5 [mm²] 이상의 연동선
- 옥내배선의 사용 전압이 400 [V] 이하인 경우
 - 단면적 1.5 [mm²] 이상의 연동선
 - 전광표시장치 : 0.75 [mm²] 이상인 다심케이블 또는 다심 캡타이어케이블
 - 진열장, 이동전선, 전구선 : 0.75 [mm²] 이상인 코드 또는 캡타이어케이블

03 154 [kV] 가공 송전선로를 제1종 특고압 보안공사로 할 때 사용되는 경동연선의 굵기는 몇 [mm²] 이상인가?

① 100   ② 150
③ 200   ④ 250

해설 | 특고압 보안공사(333.22)
제1종 특고압 보안공사 시 전선의 단면적

사용전압	인장강도	단면적
100 [kV] 미만	21.67 [kN] 이상	55 [mm²] 이상
100 [kV] 이상 300 [kV] 미만	58.84 [kN] 이상	150 [mm²] 이상
300 [kV] 이상	77.47 [kN] 이상	200 [mm²] 이상

정답 01 ④ 02 ① 03 ②

04
전동기 과부하 보호 장치의 시설에서 전원측 전로에 시설한 배선용 차단기의 정격전류가 몇 [A] 이하의 것이면 이 전로에 접속하는 단상 전동기에는 과부하 보호 장치를 생략할 수 있는가?

① 15
② 20
③ 30
④ 50

해설 | 과부하 보호장치의 설치예외(212.6.3)
- 정격출력이 0.2 [kW] 이하인 옥내에 시설하는 전동기
- 정격전류가 16 [A] 이하인 단상전동기
- 정격전류가 20 [A] 이하인 배선차단기

05
사용전압이 35 [kV] 이하인 특고압 가공전선과 가공 약전류 전선 등을 동일 지지물에 시설하는 경우, 특고압 가공전선로는 어떤 종류의 보안 공사로 하여야 하는가?

① 고압 보안공사
② 제1종 특고압 보안공사
③ 제2종 특고압 보안공사
④ 제3종 특고압 보안공사

해설 | 가공전선과 가공약전류전선 등의 공용설치(333.19)
- 특고압 가공전선로는 제2종 특고압 보안공사에 의할 것
- 특고압 가공전선은 가공약전류전선의 위로 하고 별개의 완금류에 시설할 것
- 특고압 가공전선은 인장강도 21.67 [kN] 이상의 연선 또는 단면적이 50 [mm^2] 이상인 경동연선일 것(케이블인 경우 제외)

06
사용전압이 고압인 전로의 전선으로 사용할 수 없는 케이블은?

① MI 케이블
② 연피 케이블
③ 비닐외장 케이블
④ 폴리에틸렌 외장 케이블

해설 | 고압케이블(122.5)
- 연피케이블
- 알루미늄피 케이블
- 클로로프렌 외장 케이블
- 비닐 외장 케이블
- 폴리에틸렌 외장 케이블
- 저독성 난연 폴리올레핀 외장 케이블
- 콤바인 덕트 케이블

07
금속관 공사에서 절연부싱을 사용하는 가장 주된 목적은?

① 관의 끝이 터지는 것을 방지
② 관내 해충 및 이물질 출입 방지
③ 관의 단구에서 조영재의 접촉 방지
④ 관의 단구에서 전선 피복의 손상 방지

해설 | 금속관 및 부속품의 시설(232.12.3)
관의 끝 부분에는 전선의 피복을 손상하지 않도록 적당한 구조의 부싱을 사용

08 최대 사용전압이 3.3 [kV]인 차단기 전로의 절연내력 시험전압은 몇 [V]인가?

① 3036
② 4125
③ 4950
④ 6600

해설 | 전로의 절연내력 시험전압(132)

구분	최대사용전압	시험전압	최소전압
비접지	7 [kV] 이하	1.5배	500 [V]
	7 [kV] 초과	1.25배	10.5 [kV]
중성선 다중접지	7 ~ 25 [kV]	0.92배	-
중성점 접지식	60 [kV] 초과	1.1배	75 [kV]
중성점 직접접지	60 ~ 170 [kV]	0.72배	-
	170 [kV] 초과	0.64배	-

$3,300 \times 1.5 = 4,950 [V]$

09 가반형(이동형)의 용접전극을 사용하는 아크 용접장치를 시설할 때 용접 변압기의 1차 측 전로의 대지전압은 몇 [V] 이하이어야 하는가?

① 200
② 250
③ 300
④ 600

해설 | 아크 용접기(241.10)
- 용접변압기는 절연변압기일 것
- 용접변압기의 1차 측 전로의 대지전압은 300 [V] 이하일 것
- 용접변압기의 1차 측 전로에는 용접 변압기에 가까운 곳에 쉽게 개폐할 수 있는 개폐기를 시설할 것

10 지중전선로를 직접 매설식에 의하여 차량 기타 중량물의 압력을 받을 우려가 있는 장소에 시설할 경우에는 그 매설 깊이를 최소 몇 [m] 이상으로 하여야 하는가?

① 1
② 1.0
③ 1.5
④ 1.8

해설 | 지중전선로의 매설깊이(334)
- 차량 기타 중량물의 압력을 받을 우려가 있는 장소 : 1.0 [m] 이상
- 기타 장소 : 0.6 [m] 이상

11 사용전압이 22.9 [kV]인 특고압 가공전선과 그 지지물·완금류·지주 또는 지선 사이의 이격거리는 몇 [cm] 이상이어야 하는가?

① 15
② 20
③ 25
④ 30

해설 | 특고압가공전선과 지지물 등의 이격거리 (333.5)

사용전압	이격거리(이상)
15 [kV] 미만	0.15 [m]
15 [kV] 이상 25 [kV] 미만	0.2 [m]
25 [kV] 이상 35 [kV] 미만	0.25 [m]
35 [kV] 이상 50 [kV] 미만	0.3 [m]
50 [kV] 이상 60 [kV] 미만	0.35 [m]
60 [kV] 이상 70 [kV] 미만	0.4 [m]
70 [kV] 이상 80 [kV] 미만	0.45 [m]
80 [kV] 이상 130 [kV] 미만	0.65 [m]
130 [kV] 이상 160 [kV] 미만	0.9 [m]
160 [kV] 이상 200 [kV] 미만	1.1 [m]
200 [kV] 이상 230 [kV] 미만	1.3 [m]
230 [kV] 이상	1.6 [m]

정답 08 ③ 09 ③ 10 ② 11 ②

12 건조한 장소로서 전개된 장소에 고압 옥내배선을 시설할 수 있는 공사방법은?

① 덕트 공사
② 금속관 공사
③ 애자사용 공사
④ 합성 수지관 공사

해설 | 고압 옥내배선 등의 시설(342.1)
고압 옥내배선은 다음 중 하나에 의하여 시설할 것
- 애자사용배선
  (건조한 장소로서 전개된 장소)
- 케이블배선
- 케이블트레이배선

13 고압 가공전선에 케이블을 사용하는 경우 케이블을 조가용선에 행거로 시설하고자 할 때 행거의 간격은 몇 [cm] 이하로 하여야 하는가?

① 30   ② 50
③ 80   ④ 100

해설 | 가공케이블의 시설 – 조가용선(332.2)
- 케이블은 조가용선에 행거로 시설할 것
  (행거의 간격은 0.5 [m] 이하)
- 조가용선은 인장강도 5.93 [kN] 이상의 것 또는 단면적 22 [mm²] 이상인 아연도금강연선일 것
- 조가용선 및 케이블의 피복에 사용하는 금속체에는 접지공사를 할 것
- 조가용선의 케이블에 금속 테이프 등을 감을 때 간격 : 0.2 [m] 이하

14 고압 가공전선로의 지지물에 시설하는 통신선의 높이는 도로를 횡단하는 경우 교통에 지장을 줄 우려가 없다면 지표상 몇 [m]까지로 감할 수 있는가?

① 4   ② 4.5
③ 5   ④ 6

해설 | 전력보안통신선의 높이(362.2)

장소		가공 통신선	첨가 통신선	
			저압,고압	특고압
도로	일반	5 [m]	6 [m]	6 [m]
	교통 지장 X	4.5 [m]	5 [m]	
철도 또는 궤도를 횡단		6.5 [m]		
횡단보도교 위에 시설		3 [m]	3.5 [m] (절연성능 3 [m])	5 [m] (광섬유 케이블 4 [m])
이외		3.5 [m]	4 [m] (광섬유 케이블 3.5 [m])	5 [m]

2017년 3회

전기기사 필기
전기설비기술기준 및 판단기준

01 가공전선로에 사용하는 지지물의 강도 계산 시 구성재의 수직 투영면적 1 [m²]에 대한 풍압을 기초로 적용하는 갑종 풍압하중 값의 기준으로 틀린 것은?

① 목주 : 588 [Pa]
② 원형 철주 : 588 [Pa]
③ 철근 콘크리트주 : 1117 [Pa]
④ 강관으로 구성된 철탑(단주는 제외) : 1255 [Pa]

해설 | 갑종 풍압하중(331.6)

풍압을 받는 구분		투영면적 1 [m²]에 풍압
목주		588 [Pa]
철주	원형의 것	588 [Pa]
	삼각형 또는 마름모형의 것	1412 [Pa]
	강관에 의하여 구성되는 4각형의 것	1117 [Pa]
철근콘크리트주	원형의 것	588 [Pa]
	기타의 것	882 [Pa]
철탑	강관으로 구성되는 것(단주는 제외함)	1255 [Pa]
애자장치(특고압 전선용의 것에 한한다)		1039 [Pa]
가섭선	다도체 전선	666 [Pa]
	기타	745 [Pa]

02 최대 사용전압 7 [kV] 이하 전로의 절연내력을 시험할 때 시험 전압을 연속하여 몇 분간 가하였을 때 이에 견디어야 하는가?

① 5분 ② 10분
③ 15분 ④ 30분

해설 | 전로의 절연저항 및 절연내력(132)
절연내력 시험시간 : 10분

03 고압 인입선 시설에 대한 설명으로 틀린 것은?

① 15 [m] 떨어진 다른 수용가에 고압 연접인입선을 시설하였다.
② 전선은 5 [mm] 경동선과 동등한 세기의 고압 절연전선을 사용하였다.
③ 고압 가공인입선 아래에 위험표시를 하고 지표상 3.5 [m]의 높이에 설치하였다.
④ 횡단 보도교 위에 시설하는 경우 케이블을 사용하여 노면상에서 3.5 [m]의 높이에 시설하였다.

정답 01 ③ 02 ② 03 ①

해설 | 고압 가공인입선의 시설(331.12.1)
- 고압 가공인입선에는 인장강도 8.01 [kN] 이상의 고압 절연전선, 특고압 절연전선 또는 지름 5 [mm] 이상의 경동선의 고압 절연전선, 특고압 절연전선을 애자사용배선에 의하여 시설
- 고압 가공인입선의 높이는 지표상 3.5 [m]까지로 감할 수 있다. 이 경우에 그 고압 가공인입선이 케이블 이외의 것인 때에는 그 전선의 아래쪽에 위험 표시를 하여야 한다.
- 고압 연접인입선은 시설하여서는 아니된다.

04 공통접지공사 적용 시 상도체의 단면적이 16 [mm²] 인 경우 보호도체(PE)에 적합한 단면적은? (단, 보호도체의 재질이 상도체와 같은 경우)

① 4
② 6
③ 10
④ 16

해설 | 보호도체(PE)의 최소 단면적 산정방법

상도체의 단면적 S	보호도체의 최소 단면적 (mm², 구리)	
	상도체와 같은 재질	상도체와 다른 재질
S ≤ 16	S	$(k_1/k_2) \times S$
16 < S ≤ 35	16	$(k_1/k_2) \times 16$
S > 35	S / 2	$(k_1/k_2) \times (S/2)$

05 일반 변전소 또는 이에 준하는 곳의 주요 변압기에 반드시 시설하여야 하는 계측장치가 아닌 것은?

① 주파수
② 전압
③ 전류
④ 전력

해설 | 계측장치(351.6)
변전소에서 계측해야 할 내용
- 주요변압기의 전압 및 전류 또는 전력
- 특고압용 변압기의 온도

06 345 [kV] 가공전선이 154 [kV] 가공전선과 교차하는 경우 이들 양 전선 상호 간의 이격거리는 몇 [m] 이상이어야 하는가?

① 4.48
② 4.96
③ 5.48
④ 5.82

해설 | 특고압 가공전선 상호 간의 접근 또는 교차(333.27)

사용전압	이격거리	
35 [kV] 이하	케이블 상호 간	0.5 [m] 이상
	절연전선 상호 간	1 [m] 이상
35 [kV] 초과 60 [kV] 이하	2 [m] 이상	
60 [kV] 초과	2 [m] + (초과 10 [kV]마다 0.12 [m])	

$\dfrac{345-60}{10} = 28.5 \, (29단)$

- $2 + 29 \times 0.12 = 5.48 \, [m]$

07 애자사용공사에 의한 저압 옥내배선을 시설할 때 전선의 지지점 간의 거리는 전선을 조영재의 윗면 또는 옆면에 따라 붙일 경우 몇 [m] 이하인가?

① 1.5　　② 2
③ 2.5　　④ 3

해설 | 저압옥내배선의 애자공사(232.56)
- 전선은 다음의 경우 이외에는 절연전선(옥외용 비닐절연전선 및 인입용 비닐절연전선을 제외)일 것
- 전선 상호 간의 간격은 0.06 [m] 이상일 것
- 전선의 지지점 간의 거리는 전선을 조영재의 윗면 또는 옆면에 따라 붙일 경우에는 2 [m] 이하일 것

구분	400 [V] 이하	400 [V] 초과
전선 상호 간 거리	6 [cm] 이상	6 [cm] 이상
전선과 조영재의 거리	2.5 [cm] 이상	4.5 [m] 이상 (건조한 곳은 2.5 [cm] 이상)

08 고압 가공전선으로 경동선을 사용하는 경우 안전율은 얼마 이상이 되는 이도(弛度)로 시설하여야 하는가?

① 2.0　　② 2.2
③ 2.5　　④ 4.0

해설 | 가공전선의 안전율
(222.6, 332.4, 333.6)

안전율	내용
1.33	이상 시 상정하중
1.5	안테나, 케이블트레이
2.0	지지물의 기초
2.2	경동선, 내열동합금선
2.5	지선, ACSR, 기타전선

09 백열전등 또는 방전등에 전기를 공급하는 옥내전로의 대지전압은 몇 [V] 이하인가?

① 120　　② 150
③ 200　　④ 300

해설 | 옥내전로의 대지 전압의 제한(231.6)
백열전등 또는 방전등에 전기를 공급하는 옥내의 전로의 대지전압은 300 [V] 이하

10 특수 장소에 시설하는 전선로의 기준으로 틀린 것은?

① 교량의 윗면에 시설하는 저압전선로는 교량 노면상 5 [m] 이상으로 할 것
② 교량에 시설하는 고압전선로에서 전선과 조영재 사이의 이격거리는 20 [cm] 이상일 것
③ 저압전선로와 고압전선로를 같은 벼랑에 시설하는 경우 고압 전선과 저압전선 사이의 이격거리는 50 [cm] 이상일 것
④ 벼랑과 같은 수직부분에 시설하는 전선로는 부득이한 경우에 시설하며, 이때 전선의 지지점 간의 거리는 15 [m] 이하로 할 것

정답　07 ②　08 ②　09 ④　10 ②

해설 | 교량에 시설하는 전선로(335.6)

구분	전선	높이	조영재와의 거리 (이상)	
			케이블	이 외
저압	인장강도 2.30 [kN] 이상 지름 2.6 [mm] 이상 경동선	5 [m]	0.15 [m]	0.3 [m]
고압	인장강도 5.26 [kN] 이상 지름 4 [mm] 이상 경동선	5 [m]	0.3 [m]	0.6 [m]

11 고압 옥내배선의 시설 공사로 할 수 없는 것은?

① 케이블 공사
② 가요 전선관 공사
③ 케이블트레이 공사
④ 애자사용 공사
   (건조한 장소로서 전개된 장소)

해설 | 고압 옥내배선 등의 시설방법(342.1)
- 애자사용배선(건조한 장소로서 전개된 장소)
- 케이블배선
- 케이블트레이배선

12 사용전압 154 [kV]의 특고압 가공전선로를 시가지에 시설하는 경우 지표상 몇 [m] 이상에 시설하여야 하는가?

① 7
② 8
③ 9.44
④ 11.44

해설 | 시가지 등에서 170 [kV] 이하 특고압 가공전선로 높이(333.1)

사용전압	높이	
35 [kV] 이하	10 [m] 이상	
	특고압 절연전선	8 [m] 이상
35 [kV] 초과	10 [m] + (초과 10 [kV]마다 0.12 [m])	

$$\frac{154-35}{10} = 11.9$$

(소수점 첫째자리에서 절상하면 12)
$10 + (12 \times 0.12) = 11.44 [m]$

13 가공전선로 지지물 기초의 안전율은 일반적으로 얼마 이상인가?

① 1.5
② 2
③ 2.2
④ 2.5

해설 | 가공전선로 지지물의 기초의 안전율 (331.7)

안전율	내용
1.33	이상 시 상정하중
1.5	안테나, 케이블트레이
2.0	지지물의 기초
2.2	경동선, 내열동합금선
2.5	지선, ACSR, 기타전선

정답 11 ② 12 ④ 13 ②

14 "지중관로"에 대한 정의로 가장 옳은 것은?

① 지중전선로 · 지중 약전류 전선로와 지중 매설지선 등을 말한다.
② 지중전선로 · 지중 약전류 전선로와 복합 케이블선로 · 기타 이와 유사한 것 및 이들에 부속되는 지중함을 말한다.
③ 지중전선로 · 지중 약전류 전선로 · 지중에 시설하는 수관 및 가스관과 지중 매설지선을 말한다
④ 지중전선로 · 지중 약전류 전선로 · 지중 광섬유 케이블 선로 · 지중에 시설하는 수관 및 가스관과 기타 이와 유사한 것 및 이들에 부속하는 지중함 등을 말한다.

해설 | 용어정리 – 지중관로(112)
전선로 · 지중 약전류 전선로 · 지중 광섬유 케이블 선로 · 지중에 시설하는 수관 및 가스관과 이와 유사한 것 및 이들에 부속하는 지중함 등

15 가공전선로의 지지물에 시설하는 지선의 시설기준으로 옳은 것은?

① 지선의 안전율은 1.2 이상일 것
② 소선은 최소 5가닥 이상의 연선일 것
③ 도로를 횡단하여 시설하는 지선의 높이는 일반적으로 지표상 5 [m] 이상으로 할 것
④ 지중부분 및 지표상 60 [cm]까지의 부분은 아연도금을 한 철봉 등 부식하기 어려운 재료를 사용할 것

해설 | 지선의 시설(331.11)
• 지선의 안전율 : 2.5
• 인장하중 : 4.31 [kN] 이상
• 지선의 소선 : 3가닥 이상의 연선이며 지름이 2.6 [mm] 이상의 금속선
• 지선로드 : 내식성을 가진 아연도금철봉으로 지표상 30 [cm] 이상
• 지선높이 : 도로 5 [m], 보도 2.5 [m]
• 철탑은 지선사용 금지

16 저압 옥내배선에 적용하는 사용전선의 내용 중 틀린 것은?

① 단면적 2.5 [mm²] 이상의 연동선이어야 한다.
② 미네럴인슈레이션케이블로 옥내배선을 하려면 케이블 단면적은 2 [mm²] 이상이어야 한다.
③ 진열장 등 사용전압이 400 [V] 미만인 경우 0.75 [mm²] 이상인 코드 또는 캡타이어 케이블을 사용할 수 있다.
④ 전광표시장치 또는 제어회로에 사용전압이 400 [V] 미만인 경우 사용하는 배선은 단면적 1.5 [mm²] 이상의 연동선을 사용하고 합성수지관 공사로 할 수 있다.

해설 | 저압 옥내배선의 사용전선(231.3.1)
- 저압 옥내배선의 전선은 단면적 2.5 [mm²] 이상의 연동선
- 옥내배선의 사용 전압이 400 [V] 이하인 경우
  - 단면적 1.5 [mm²] 이상의 연동선
  - 전광표시장치 : 0.75 [mm²] 이상인 다심케이블 또는 다심 캡타이어케이블
  - 진열장, 이동전선, 전구선 : 0.75 [mm²] 이상인 코드 또는 캡타이어케이블

17 지중전선로의 시설에서 관로식에 의하여 시설하는 경우 매설깊이는 몇 [m] 이상으로 하여야 하는가?

① 0.6　② 1.0
③ 1.2　④ 1.5

해설 | 지중전선로의 매설깊이(334)
- 차량 기타 중량물의 압력을 받을 우려가 있는 장소 : 1.0 [m] 이상
- 기타 장소 : 0.6 [m] 이상

18 케이블트레이 공사 적용 시 적합한 사항은?

① 난연성 케이블을 사용한다.
② 케이블트레이의 안전율은 2.0 이상으로 한다.
③ 케이블트레이 안에서 전선 접속은 허용하지 않는다.
④ 측면 레일 또는 이와 유사한 구조재를 부착해서는 안 된다.

해설 | 케이블트레이의 선정(232.41.2)
- 안전율 : 1.5 이상
- 금속재의 경우 내식성을 갖추어야 한다.
- 비금속재의 경우 난연성 재료이어야 한다.
- 금속재 트레이는 접지공사를 실시한다.

2017년 4회

01 전선의 접속법으로 틀린 것은?

① 나전선 상호 간의 접속인 경우에는 전선의 세기를 20 [%] 이상 감소시키지 않아야 한다.
② 두개 이상의 전선을 병렬로 사용할 때 각 전선의 굵기를 35 [mm^2] 이상의 동선을 사용한다.
③ 알루미늄과 동을 사용하는 전선을 접속하는 경우에는 접속 부분에 전기적 부식이 생기지 않아야 한다.
④ 절연전선 상호 간을 접속하는 경우에는 접속부분을 절연효력이 있는 것으로 충분히 피복 하여야 한다.

해설 | 전선의 접속(123)
두 개 이상의 전선을 병렬로 사용하는 경우 전선의 굵기
- 동선 : 50 [mm^2] 이상
- 알루미늄선 : 70 [mm^2] 이상

02 사용전압이 몇 [V]를 초과하는 특고압 가공전선과 가공 약전류 전선 등은 동일 지지물에 시설하여서는 아니 되는가?

① 6600 ② 22900
③ 30000 ④ 35000

해설 | 가공전선과 가공약전류전선 등의 공용설치(222.21, 332.21, 333.19)
가공전선과 가공약전류전선 등을 동일 지지물에 시설하는 경우

사용전압의 구분	가공전선과 가공약전류전선의 이격거리	
	일반전선	케이블
저압	0.75 [m] 이상	0.3 [m] 이상
고압	1.5 [m] 이상	0.5 [m] 이상
특고압 35 [kV] 이하	2 [m] 이상	0.5 [m] 이상
특고압 35 [kV] 초과	동일지지물에 시설금지	

03 고압 가공전선으로 사용한 경동선은 안전율이 얼마 이상인 이도로 시설하여야 하는가?

① 2.0 ② 2.2
③ 2.5 ④ 3.0

해설 | 가공전선의 안전율
(222.6, 332.4, 333.6)

안전율	내용
1.33	이상 시 상정하중
1.5	안테나, 케이블트레이
2.0	지지물의 기초
2.2	경동선, 내열동합금선
2.5	지선, ACSR, 기타전선

정답 01 ② 02 ④ 03 ②

04
주상변압기 전로의 절연내력을 시험할 때 최대 사용전압이 23000 [V]인 권선으로서 중성점 접지식 전로(중성선을 가지는 것으로서 그 중성선에 다중접지를 한 것)에 접속하는 것의 시험전압은?

① 16560
② 21160
③ 25300
④ 28750

해설 | 전로의 절연내력 시험전압(132)

구분	최대사용전압	시험전압	최소전압
비접지	7 [kV] 이하	1.5배	500 [V]
	7 [kV] 초과	1.25배	10.5 [kV]
중성선 다중접지	7 ~ 25 [kV]	0.92배	-
중성점 접지식	60 [kV] 초과	1.1배	75 [kV]
중성점 직접접지	60 ~ 170 [kV]	0.72배	-
	170 [kV] 초과	0.64배	-

시험전압 = 23000 × 0.92 = 21160 [V]

05
특고압 가공전선이 건조물과 제1차 접근상태로 시설되는 경우에 특고압 가공전선로는 어떤 보안공사를 하여야 하는가?

① 고압 보안공사
② 제1종 특고압 보안공사
③ 제2종 특고압 보안공사
④ 제3종 특고압 보안공사

해설 | 특고압 가공전선과 건조물의 접근 (333.23)
- 건조물과 1차 접근상태로 시설되는 경우 제3종 특고압 보안공사를 실시
- 건조물과 2차 접근상태로 시설되는 경우 제2종 특고압 보안공사를 실시

06
철도·궤도 또는 자동차도 전용터널 안 전선로에 경동선을 저압 및 고압 전선으로 사용하는 경우 경동선의 지름은 몇 [mm]인가?

① 저압 : 2.6 [mm] 이상
 고압 : 3.2 [mm] 이상
② 저압 : 2.6 [mm] 이상
 고압 : 4 [mm] 이상
③ 저압 : 3.2 [mm] 이상
 고압 : 4 [mm] 이상
④ 저압 : 3.2 [mm] 이상
 고압 : 4.5 [mm] 이상

해설 | 터널 안 전선로의 시설(335.1)

	전선굵기	시설높이	시설방법
저압	인장강도 2.30 [kN] 이상, 지름 2.6 [mm] 이상 경동선	2.5 [m] 이상	애자공사 또는 그 외 모든공사
고압	인장강도 5.26 [kN] 이상, 지름 4 [mm] 이상 경동선	3 [m] 이상	애자공사 케이블공사

정답 04 ② 05 ④ 06 ②

07 특고압 가공전선로의 지지물로 사용하는 철탑은 상시 상정하중 또는 이상 시 상정 하중 의 몇 배의 하중 중 큰 것에 견뎌야 하는가? (단, 완금류는 제외한다)

① 1/2 ② 2/3
③ 1   ④ 3/2

해설 | 특고압 가공전선로의 철주·철근 콘크리트주 또는 철탑의 강도(333.12)
특고압 가공전선로의 지지물로 사용하는 철탑은 고온 계절이나 저온계절의 어느 계절에서도 상시 상정하중 또는 이상 시 상정하중의 3분의 2배(완금류에 대하여는 1배)의 하중 중 큰 것에 견디는 강도의 것이어야 한다.

08 라이팅 덕트 공사에 의한 저압 옥내배선에서 덕트의 지지점 간의 거리는 몇 [m] 이하인가?

① 2 ② 3
③ 4 ④ 5

해설 | 라이팅덕트 공사(232.71)
- 조명 기구나 소형 전기기기 등의 위치를 자주 바꾸는 곳에서 사용된다.
- 지지점 간의 거리 : 2 [m]
- 건조하고 노출된 장소 또는 점검할 수 있는 은폐 장소에 시설한다.
- 덕트의 끝부분은 막는다.
- 덕트는 조영재를 관통하여 시설하지 않는다.
- 금속재를 피복한 덕트를 사용하는 경우 접지공사 실시한다.

09 특고압 가공전선로의 지지물에 시설하는 통신선 또는 이에 직접 접속하는 통신선과 삭도 또는 다른 가공약전류 전선 등 사이의 이격거리는 몇 [cm]인가? (단, 통신선은 케이블이다)

① 30 ② 40
③ 50 ④ 60

해설 | 전력보안통신선의 이격거리(362.2)
통신선과 삭도 또는 다른 가공약전류전선 등 사이의 이격거리
- 일반적으로는 0.8 [m] 이상
- 통신선이 케이블 또는 광섬유 케이블일 때는 0.4 [m] 이상

10 피뢰기 설치기준으로 틀린 것은?

① 가공전선로와 특고압 전선로가 접속되는 곳
② 고압 및 특고압 가공전선로로부터 공급 받는 수용장소의 인입구
③ 발전소·변전소 또는 이에 준하는 장소의 가공전선의 인입구 및 인출구
④ 가공 전선로에 접속한 1차 측 전압이 35 [kV] 이하인 배전용 변압기의 고압 측 및 특고압 측

해설 | 피뢰기의 시설장소(341.13)
- 발전소·변전소 또는 이에 준하는 장소의 가공전선 인입구 및 인출구
- 특고압 가공전선로에 접속하는 배전용 변압기의 고압측 및 특고압 측
- 고압 및 특고압 가공전선로로부터 공급을 받는 수용장소의 인입구
- 가공전선로와 지중전선로가 접속되는 곳

정답 07 ② 08 ① 09 ② 10 ①

11 정류기의 전로로 대지전압이 220 [V] 라고 한다. 이 전로의 절연저항 값으로 옳은 것은?

① 1.0 [MΩ] 미만으로 유지하여야 한다.
② 0.2 [MΩ] 미만으로 유지하여야 한다.
③ 0.2 [MΩ] 이상으로 유지하여야 한다.
④ 1.0 [MΩ] 이상으로 유지하여야 한다.

해설 | 전로의 절연저항(기술기준 52조)

전로의 사용전압 [V]	DC 시험전압	절연저항 [MΩ]
SELV 및 PELV	250	0.5
FELV, 500 [V] 이하	500	1.0
500 [V] 초과	1000	1.0

12 길이 16 [m], 설계하중 8.2 [kN] 의 철근콘크리트주를 지반이 튼튼한 곳에 시설하는 경우 지지물 기초의 안전율과 무관하려면 땅에 묻는 깊이를 몇 [m] 이상으로 하여야 하는가?

① 2.0   ② 2.5
③ 2.8   ④ 3.2

해설 | 가공전선로 지지물의 매설깊이(331.7)

설계 하중 [kN]	지지물	전체의 길이 [m]	매설깊이 (이상)
6.8 이하	목주, 철주, 철근콘크리트주	15 이하	전체길이의 1/6
		15 초과 16 이하	2.5 [m]
	철근콘크리트주	16 초과 20 이하	2.8 [m]
6.8 ~ 9.8 이하	철근콘크리트주	14 이상 15 이하	전체길이의 1/6 + 0.3 [m]
		15 초과 20 이하	2.8 [m]
9.81 ~ 14.72 이하		14 이상 15 이하	전체길이의 1/6 + 0.5 [m]
		15 초과 18 이하	3 [m]
		18 초과	3.2 [m]

2.5 [m] + 0.3 [m] = 2.8 [m]

13 고압 보안공사를 할 때 지지물로 B종 철근콘크리트주를 사용하면 그 경간은 몇 [m] 이하인가?

① 75   ② 100
③ 150   ④ 200

해설 | 고압 보안공사(332.10)

지지물의 종류	표준 경간
목주, A종주	100 [m] 이하
B종주	150 [m] 이하
철탑	400 [m] 이하

정답 11 ④ 12 ③ 13 ③

14 저압 옥내배선용 전선의 굵기는 연동선을 사용할 때 몇 [mm²] 이상의 것을 사용하여야 하는가?

① 0.75 ② 2.5
③ 1.5   ④ 1

해설 | 저압 옥내배선의 사용전선의 굵기 (231.3)
- 저압 옥내배선의 전선은 단면적 2.5 [mm²] 이상의 연동선
- 옥내배선의 사용 전압이 400 [V] 이하인 경우
  - 단면적 1.5 [mm²] 이상의 연동선
  - 전광표시장치 : 0.75 [mm²] 이상인 다심케이블 또는 다심 캡타이어케이블
  - 진열장, 이동전선, 전구선 : 0.75 [mm²] 이상인 코드 또는 캡타이어케이블

15 애자사용공사에 의한 저압 옥내배선을 시설할 때 사용전압이 400 [V] 이상인 경우 전선과 조영재와의 이격거리는 몇 cm 이상이어야 하는가? (단, 건조한 장소임)

① 2.5 ② 5
③ 7.5 ④ 10

해설 | 저압옥내배선의 애자공사(232.56)
- 전선은 다음의 경우 이외에는 절연전선(옥외용 비닐절연전선 및 인입용 비닐절연전선을 제외)일 것
- 전선 상호 간의 간격은 0.06 [m] 이상일 것
- 전선의 지지점 간의 거리는 전선을 조영재의 윗면 또는 옆면에 따라 붙일 경우에는 2 [m] 이하일 것

구분	400 [V] 이하	400 [V] 초과
전선 상호 간 거리	6 [cm] 이상	6 [cm] 이상
전선과 조영재의 거리	2.5 [cm] 이상	4.5 [m] 이상 (건조한 곳은 2.5 [cm] 이상)

16 건조한 곳에 시설하고 또한 내부를 건조한 상태로 사용하는 진열장 안의 저압 옥내배선 공사에 사용할 수 있는 전압은 몇 [V] 미만인가?

① 110 ② 220
③ 400 ④ 380

해설 | 진열장 또는 이와 유사한 것의 내부배선 (234.8)
- 사용전압 : 400 [V] 이하
- 배선은 단면적 0.75 [mm²] 이상의 코드 또는 캡타이어케이블

정답 14 ② 15 ① 16 ③

모아바 www.moa-ba.com
모아소방전기학원 www.moate.co.kr

모아 전기기사 전기설비기술기준 필기 이론 + 과년도 8개년

발행일 2024년 11월 29일 초판 1쇄
지은이 김영언
발행인 황모아
발행처 (주)모아교육그룹
주 소 서울특별시 영등포구 영신로 32길 29 세화빌딩 2층
전 화 02-2068-2393(출판, 주문)
등 록 제2015-000006호 (2015.1.16.)
이메일 moagbooks@naver.com
ISBN 979-11-6804-353-4 (13560)

이 책의 가격은 뒤표지에 있습니다.

Copyright ⓒ (주)모아교육그룹 Co., Ltd. All Rights Reserved.

이 책은 저작권법에 의해 보호를 받는 저작물이므로 저자와 출판사의 서면 허락 없이 내용의 전부 또는 일부를 이용하는 것을 금합니다.

전기기사 합격!
여러분의 합격은 모아의 보람입니다.

끊임없이 변화를 추구하는 교육기업
모아교육그룹

모아를 선택해주신 여러분께 감사드립니다.

✔ 모아는 혁신적인 교육을 통해 인간의 사고(思考)를 확장 및 변화시킬 수 있다고 믿고 있습니다.

✔ 모아는 미래를 교육으로 변화시킬 수 있다고 믿고 있습니다.

✔ 모아는 청년부터 장년, 중년, 노년까지의 성인교육에 중점을 두고 사업을 진행하고 있습니다.

초고령화, 불확실성의 시대

모아는 당신의 미래를 함께 하는 혁신적인 교육 플랫폼이 되겠습니다.